中国石油和化学工业行业规划教材

高等职业教育规划教材

有机化学

王永丽　主编
黄少斌　席会平　副主编

化学工业出版社
·北京·

内容简介

《有机化学》分为两部分：第一部分为理论部分，即基础知识，包括绪论，烷烃，烯烃与二烯烃，炔烃，脂环烃，对映异构，芳香烃，卤代烃，醇、酚、醚，醛和酮，羧酸及其衍生物，有机含氮化合物，杂环化合物，糖，氨基酸、蛋白质和核酸；第二部分为实验部分，包括基本的有机实验技能和实训项目，即熔点的测定和温度计的校正；常压蒸馏和沸点的测定；旋光度的测定；折射率的测定；乙酸乙酯和乙酸异戊酯的分馏分离和乙酰苯胺的重结晶；八角茴香的水蒸气蒸馏；萃取；醇、酚、羧酸及其衍生物、糖的性质；乙酸乙酯的制备；黄连素的提取。《有机化学》理论部分做到够用、实用；实验部分则选择较为典型的知识内容进行训练。

本书的一大创新是将教材中的知识难点拍摄成微课，并以二维码的形式植入教材中，学生可随时随地扫描，打开微课预习和复习。

本书可作为高职院校应用化工类、轻工类、药学类、生物类、环境类、食品类等专业的教材使用，也可作为企业人员的参考书。

图书在版编目（CIP）数据

有机化学/王永丽主编. —北京：化学工业出版社，2020.10
 ISBN 978-7-122-37380-9

Ⅰ.①有… Ⅱ.①王… Ⅲ.①有机化学-高等职业教育-教材 Ⅳ.①O62

中国版本图书馆 CIP 数据核字（2020）第 122533 号

责任编辑：旷英姿　刘心怡　　　　　　文字编辑：于潘芬　陈小滔
责任校对：宋　夏　　　　　　　　　　装帧设计：李子姮

出版发行：化学工业出版社（北京市东城区青年湖南街 13 号　邮政编码 100011）
印　　装：大厂聚鑫印刷有限责任公司
787mm×1092mm　1/16　印张 18　字数 438 千字　2020 年 12 月北京第 1 版第 1 次印刷

购书咨询：010-64518888　　　　　　　　　　售后服务：010-64518899
网　　址：http://www.cip.com.cn

凡购买本书，如有缺损质量问题，本社销售中心负责调换。

定　价：46.00 元　　　　　　　　　　　　　　　　　　　　　版权所有　违者必究

《有机化学》编写人员

主　　编　王永丽
副 主 编　黄少斌　席会平
参编人员　（以姓氏笔画为序）
　　　　　李博仑（天津大学仁爱学院）
　　　　　余　兰（广东环境保护工程职业学院）
　　　　　邹颖楠（广东食品药品职业学院）
　　　　　黄　蓉（广东职业技术学院）

前言

有机化学是高职院校应用化工类、轻工类、药学类、生物类、环境类、食品类等专业的一门重要的专业基础课，该教材根据三个依据（即依据高职教育的培养目标，依据高职学生的生源特点，依据学生的可持续发展）精选教材内容，内容选择和难度上考虑到高职生源化学基础普遍比较薄弱的特点，删除或弱化过深的、枯燥的理论，理论内容上做到够用，实验项目上则选择较为典型的项目进行训练，没有设置使用有毒物质的实验项目。

本书分为两部分，第一部分为理论部分，相当于传统的基础知识。该部分包括：绪论，烷烃，烯烃与二烯烃，炔烃，脂环烃，对映异构，芳香烃，卤代烃，醇、酚、醚，醛和酮，羧酸及其衍生物，有机含氮化合物，杂环化合物，糖，氨基酸、蛋白质和核酸。

理论部分除了必需的理论知识外，内容设计上还包括几个栏目：案例导入、课内练习、反应应用、拓展窗、本章小结和习题，增强了教材的趣味性和知识性。具体是：理论部分的每章开始有案例导入，通过案例引出内容，符合教学规律；每个知识点在书中设置了课内练习，这符合学生的学习规律，可提高教学效果；增加了具体反应的反应应用，重视反应在企业生产中的应用，增强了教材的实用性；每章结束后设置有拓展窗，并附有本章小结，其中拓展窗主要是一些趣味性的、拓展性的课外阅读材料，可增大学生的知识面；而本章小结方便学生复习知识点。

第二部分为实验部分，包括基本的有机实验技能和实训项目，所选项目都是做了多年的成熟项目，并配有学时建议。实训项目有：熔点的测定和温度计的校正；常压蒸馏和沸点的测定；旋光度的测定；折射率的测定；乙酸乙酯和乙酸异戊酯的分馏分离和乙酰苯胺的重结晶；八角茴香的水蒸气蒸馏；萃取；醇、酚、羧酸及其衍生物、糖的性质；乙酸乙酯的制备；黄连素的提取。其中，对性质实验进行了整合，去掉了有毒的实训项目，这更利于实验的开设。

本书的一大创新是实现了教材的数字化，顺应了目前新形式发展的需要。将教材中的知识难点、习题和实训项目拍摄成微课，并以二维码的方式植入教材中，学生可随时随地扫描，打开微课预习或复习，为学生提供了一个新的学习平台。

本教材由广东食品药品职业学院王永丽担任主编，华南理工大学黄少斌、河南质量工程职业学院席会平任副主编。王永丽编写第一章、第四章、第六章、第七章、第十章、第十一章、第十二章、第十四章和实验部分；黄少斌编写第十三章和部分实验；席会平编写第五章、第八章和第九章；广东环境保护工程职业学院余兰编写第二章和第三章；天津大学仁爱学院李博仑编写第十五章；广东食品药品职业学院邹颖楠和广东职业技术学院黄蓉编写部分实验。全书由王永丽负责初稿的修改和统稿工作。

本书可作为高职院校应用化工类、轻工类、药学类、生物类、环境类、食品类等专业的教材使用，也可作为企业人员的参考书。

由于编者水平有限，书中不妥之处在所难免，请各位读者批评指正！

编者

2020年3月

目录

理论部分

第一章　绪论　002

第一节　有机化合物与有机化学概述　002
　一、有机化合物和有机化学　002
　二、有机化合物的特点　003
第二节　有机化合物的结构　003
　一、碳原子的结构特点　003
　二、有机物最常用的表示式——
　　　构造式　004
　三、共价键　005
第三节　有机化合物的分类　006
　一、按碳骨架分类　006
　二、按官能团分类　007
本章小结　008
习题　009

第二章　烷烃　010

**第一节　烷烃的通式、同系物和
　　　　同分异构**　010
　一、烷烃的通式和同系物　011
　二、烷烃的同分异构　012
第二节　烷烃的命名　013
　一、烷烃中碳原子和氢原子的类型　013
　二、烷基　013
　三、烷烃的命名方法　014
第三节　烷烃的结构　017
　一、碳原子的 sp^3 杂化　017
　二、烷烃的形成和结构　017
第四节　烷烃的物理性质　018
　一、状态　018
　二、沸点　019
　三、熔点　019
　四、相对密度　019
　五、溶解性　019
　六、折射率　019
第五节　烷烃的化学性质　020
　一、取代反应　020
　二、氧化反应　021
　三、异构化反应　022
　四、裂化与裂解　022
第六节　烷烃的来源与用途　023
　一、烷烃的来源　023
　二、常用烷烃及用途　023
本章小结　024
习题　025

第三章　烯烃与二烯烃　026

第一节　烯烃　026
　一、烯烃的通式和同分异构　027
　二、烯烃的结构　028
　三、烯烃的命名　029

目录

　　四、烯烃的物理性质　031
　　五、烯烃的化学性质　031
　　六、诱导效应与马氏规则　036
第二节　二烯烃　037
　　一、二烯烃的分类　037
　　二、二烯烃的命名　037
　　三、共轭二烯烃的结构　038
　　四、共轭二烯烃的化学性质　039
本章小结　041
习题　042

第四章　炔烃 ——————————————————— 045

第一节　炔烃的结构　045
　　一、碳原子的 sp 杂化　045
　　二、乙炔分子的结构　046
第二节　炔烃的同分异构和命名　047
　　一、炔烃的同分异构　047
　　二、炔烃和烯炔的命名　047
第三节　炔烃的物理性质　048
第四节　炔烃的化学性质　048
　　一、加成反应　049
　　二、氧化反应　050
　　三、炔氢的反应　051
　　四、聚合反应　052
第五节　常用的炔烃　053
　　一、乙炔　053
　　二、丙炔　053
本章小结　054
习题　055

第五章　脂环烃 ——————————————————— 057

第一节　脂环烃的分类和命名　057
　　一、脂环烃的分类　057
　　二、脂环烃的命名　058
第二节　环烷烃的结构　059
　　一、张力学说　059
　　二、近代理论（弯曲键）　059
第三节　环烷烃的物理性质　060
第四节　环烷烃的化学性质　060
　　一、取代反应　060
　　二、加成反应　060
　　三、氧化反应　061
第五节　重要的脂环烃　062
　　一、环己烷　062
　　二、环戊二烯　062
本章小结　064
习题　065

第六章　对映异构 ——————————————————— 066

第一节　物质的旋光性和旋光度　067
　　一、偏振光和旋光性　067
　　二、旋光仪和比旋光度　068
第二节　旋光性和分子结构的关系　069
　　一、手性和手性分子　069
　　二、分子手性的判断　070

第三节　含一个手性碳原子化合物的对映异构　071
　　一、对映异构体和外消旋体　071
　　二、对映异构体的构型表示法　072
　　三、对映异构体的构型标记法　074
第四节　含两个手性碳原子化合物的对映异构　076
　　一、含两个不同手性碳原子化合物的对映异构　076
　　二、含两个相同手性碳原子化合物的对映异构　076
本章小结　077
习题　079

第七章　芳香烃　082

第一节　苯的结构　082
　　一、凯库勒式　082
　　二、苯分子结构的近代研究　083
第二节　芳香烃和多官能团化合物的命名　084
　　一、芳香烃的分类　084
　　二、芳香烃的命名　084
　　三、多官能团化合物的命名　085
第三节　芳香烃的物理性质　087
第四节　芳香烃的化学性质　087
　　一、取代反应　087
　　二、氧化反应　091
　　三、加成反应　092
第五节　苯环上亲电取代反应的定位规律　092
　　一、一元取代定位规律　092
　　二、二元取代定位规律　093
　　三、定位规律的应用　094
第六节　稠环芳烃　095
　　一、萘　095
　　二、蒽、菲　097
第七节　常用的芳香烃　098
　　一、苯　098
　　二、甲苯　098
　　三、二甲苯　098
本章小结　099
习题　101

第八章　卤代烃　104

第一节　卤代烃的分类和命名　104
　　一、卤代烃的分类　104
　　二、卤代烃的命名　105
第二节　卤代烃的物理性质　107
第三节　卤代烃的化学性质　107
　　一、取代反应　108
　　二、消除反应　110
　　三、与金属镁反应　110
第四节　卤代烃的亲核取代反应机理　111
　　一、S_N1、S_N2反应历程　112
　　二、影响取代反应的主要因素　114
第五节　常用的卤代烃　114
　　一、三氯甲烷　114
　　二、四氯化碳　115
　　三、氯乙烯　115
本章小结　116
习题　118

目录

第九章 醇、酚、醚 — 120

第一节 醇 121
- 一、醇的分类和命名 121
- 二、醇的物理性质 123
- 三、醇的化学性质 124
- 四、重要的醇 129

第二节 酚 130
- 一、酚的分类和命名 130
- 二、酚的物理性质 131
- 三、酚的化学性质 131
- 四、重要的酚 135

第三节 醚 136
- 一、醚的分类和命名 136
- 二、醚的物理性质 137
- 三、醚的化学性质 138
- 四、重要的醚 139

本章小结 140

习题 142

第十章 醛和酮 — 145

第一节 醛、酮的结构及分类和命名 146
- 一、醛、酮的结构 146
- 二、醛、酮的分类 146
- 三、醛、酮的命名 146

第二节 醛、酮的物理性质 148

第三节 醛、酮的化学性质 149
- 一、醛、酮的亲核加成 149
- 二、α-H 的反应 152
- 三、氧化和还原反应 154
- 四、康尼查罗反应 156

第四节 重要的醛和酮 157
- 一、甲醛 157
- 二、乙醛 157
- 三、苯甲醛 158
- 四、丙酮 158

本章小结 159

习题 161

第十一章 羧酸及其衍生物 — 163

第一节 羧酸 163
- 一、羧酸的结构、分类和命名 163
- 二、羧酸的物理性质 166
- 三、羧酸的化学性质 166
- 四、重要的羧酸 171

第二节 羧酸衍生物 172
- 一、羧酸衍生物的分类和命名 172
- 二、羧酸衍生物的物理性质 173
- 三、羧酸衍生物的化学性质 174
- 四、重要的羧酸衍生物 176

本章小结 178

习题 181

目录

第十二章　有机含氮化合物 ———————————————————— 184

第一节　硝基化合物　184
一、芳香族硝基化合物的分类和命名　185
二、芳香族硝基化合物的性质　185

第二节　胺　187
一、胺的分类和命名　187
二、胺的物理性质　188
三、胺的化学性质　189
四、重要的胺　193

第三节　重氮化合物和偶氮化合物　193
一、重氮化合物和偶氮化合物的结构　193
二、重氮化合物　193
三、偶氮化合物　194

第四节　腈　195
一、腈的命名　195
二、腈的物理性质　195
三、腈的化学性质　195

本章小结　196
习题　198

第十三章　杂环化合物 ———————————————————— 201

第一节　杂环化合物的分类和命名　202
一、杂环化合物的分类　202
二、杂环化合物的命名　202

第二节　五元杂环化合物　204
一、呋喃、吡咯和噻吩的结构　204
二、呋喃、吡咯和噻吩的性质　204

第三节　六元杂环化合物　206
一、吡啶的结构　206
二、吡啶的性质　207

第四节　重要的杂环化合物及其衍生物　208
一、噻唑　208
二、糠醛　209
三、吲哚　209
四、喹啉和异喹啉　209

本章小结　210
习题　211

第十四章　糖 ———————————————————— 213

第一节　糖的定义和分类　214
一、单糖　214
二、低聚糖　214
三、多糖　214

第二节　单糖　214
一、葡萄糖的结构　214
二、果糖的结构　216
三、单糖的化学性质　217
四、重要的单糖　220

第三节　双糖　220
一、麦芽糖　220
二、蔗糖　220
三、乳糖　221

第四节　多糖　221
一、淀粉　222
二、纤维素　223

本章小结　223
习题　226

目录

第十五章　氨基酸、蛋白质和核酸 ——————— 229

第一节　氨基酸　229
一、氨基酸的分类和命名　230
二、氨基酸的性质　231

第二节　蛋白质　233
一、蛋白质的结构　233
二、蛋白质的性质　234

第三节　核酸　235
一、核酸的组成　235
二、核酸的功能　235

本章小结　236
习题　237

实验部分

第十六章　有机化学实验的基本知识 ——————— 240

第一节　有机化学实验的目的及学习方法　240
一、有机化学实验的目的　240
二、有机化学实验的学习方法　240

第二节　有机化学实验常用玻璃仪器　241

第十七章　有机化学实验的基本操作 ——————— 242

第一节　常用的熔点测定方法和温度计的校正　242
一、毛细管法　242
二、熔点仪测定法　243
三、温度计的校正　244
实训项目一　熔点的测定和温度计的校正　245

第二节　常压蒸馏和沸点的测定　246
一、常量法　246
二、微量法　248
实训项目二　常压蒸馏和沸点的测定　248

第三节　旋光仪和旋光度的测定　249
一、旋光仪　249
二、操作方法　250
实训项目三　旋光度的测定　252

第四节　阿贝折射仪和折射率的测定　253
一、阿贝折射仪　253
二、操作方法　253
三、注意事项　254
实训项目四　折射率的测定　255

第五节　分馏　256
实训项目五　乙酸乙酯和乙酸异戊酯的分馏分离　256

第六节　重结晶　257
实训项目六　乙酰苯胺的重结晶　257

第七节　水蒸气蒸馏　258

一、原理及应用范围　259
　　二、水蒸气蒸馏装置　259
　　三、水蒸气蒸馏操作流程　260
　　实训项目七　八角茴香的水蒸气蒸馏　260
　第八节　萃取　261
　　一、萃取原理——相似相溶规则　261
　　二、萃取剂的选用　262
　　三、萃取方法　262
　　实训项目八　萃取　263

第十八章　有机化合物性质实验 ——— 265

　第一节　醇、酚、羧酸及其衍生物、糖的性质　265
　　一、醇的性质　265
　　二、酚的性质　265
　　三、羧酸的性质　265
　　四、羧酸衍生物的性质　265
　　五、糖的性质　266
　　实训项目九　醇、酚、羧酸及其衍生物、糖的性质　266
　第二节　胺、氨基酸和蛋白质的性质　268
　　一、胺的性质　268
　　二、氨基酸和蛋白质的性质　268
　　实训项目十　胺、氨基酸和蛋白质的性质　268

第十九章　有机物的制备和提取 ——— 271

　实训项目十一　乙酸乙酯的制备　271
　实训项目十二　黄连素的提取　272

参考文献 ——— 274

理论部分

第一章 绪论

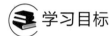 学习目标

1. 掌握有机化合物的定义；
2. 掌握有机化合物的分类；
3. 理解共价键的断裂方式；
4. 熟悉常见的官能团。

第一节 有机化合物与有机化学概述

物质是人类赖以生存的基础，自然界中的物质大体上可分为两类：无机化合物和有机化合物。有机化合物和人类的日常生活密切相关。人类赖以生存的三大基础物质——脂肪、蛋白质和糖类都是有机化合物；人类赖以生存的能源——煤、石油和天然气都是有机化合物；人们使用的化妆品、治病的各种药物等也都含有机化合物。可以说，人类生存一刻也离不开有机化合物和有机化学。

一、有机化合物和有机化学

在 17 世纪以前，人类已经能从动植物体中获取蛋白质、油脂、糖类和染料等有机化合物作为吃、穿、用方面的必需品。德国化学家维勒在 1828 年首次用无机物氰酸铵合成了有机物——尿素。1884 年后，人们又陆续合成出了甲烷、乙炔、乙酸、油脂和糖类等有机化合物，预示着有机化学进入了合成时代。

随着越来越多有机化合物的合成，人们发现有机物和无机物在组成、结构和性质等方面存在明显不同。发展到现代，人们普遍认为：烃类化合物及其衍生物为有机化合物，简称有机物；人们将研究有机化合物的化学称为有机化学。

随着有机化学的发展，人们如今能合成许多自然界已有的或没有的有机物，如合成塑料、合成树脂、合成纤维、药物、染料等，而且还有越来越多新的有机物在不断地被发现和被合成出来。这些合成有机物进入了千家万户，不断充实、丰富着人们的物质生活，提高了人们的生活质量。

二、有机化合物的特点

和无机化合物相比，有机化合物有以下特点。

1. 可燃性

由于有机化合物是烃类化合物及其衍生物，因此绝大多数有机化合物都可以燃烧，如汽油、煤油、天然气、石蜡、乙醇和乙醚等。而无机化合物大多不能燃烧。

2. 熔、沸点低

有机化合物的熔点和沸点都比较低，熔点一般不超过400℃。多数有机物常温下为易挥发的气体、液体或低熔点固体。与有机物相比，无机物的熔点比较高。

3. 难溶于水，易溶于有机溶剂

大多数有机化合物是弱极性或非极性分子，而水是极性分子，根据"相似相溶"原理，大多数有机物都难溶于水，而易溶于有机溶剂。但极性较大的有机物除外，如乙醇、乙酸，由于其可以和水形成氢键，易溶于水。与有机物相比，无机物大多易溶于水，难溶于有机溶剂。

4. 反应速率慢，反应产物复杂

大多数有机化学反应速率比较慢，有的需要几天，甚至更长时间才能完成，因此常通过加入催化剂或加热等方式提高有机化学反应速率。而无机化合物之间的反应速率比较快，很多反应瞬间即可完成。

有机化学反应除了反应速率慢之外，还常伴有副反应发生，因此有机化学反应的产物常常是混合物，且比较复杂。而无机化学反应则很少有副反应发生。

课内练习

简述有机化合物有哪些特点。

第二节　有机化合物的结构

有机化合物的结构特点主要由碳原子决定，因此首先要学习碳原子的结构。

一、碳原子的结构特点

1. 碳原子的价态

碳元素位于元素周期表的第二周期第ⅣA族，最外层有四个电子，这决定了它既不容易得电子，也不容易失电子，因此碳原子只能通过共用电子对以共价键的方式与其他原子结合，其可形成四个共用电子对，因此在有机化合物中碳原子是四价的。由于碳原子最外层电子会发生激发，由基态的两个成单电子变成四个成单电子，然后又发生杂化，从而产生了碳-碳单键、碳-碳双键和碳-碳三键三种连接方式。

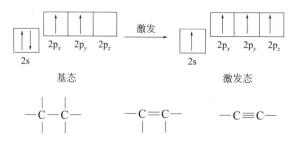

在有机化合物中，碳原子的结合方式多种多样，既可形成碳-碳单键、碳-碳双键和碳-碳三键，也可形成开放碳链和环状碳链，这些结构特点是造成有机化合物种类繁多的重要原因之一。

2. 同分异构现象

分子式为 C_4H_{10} 的化合物有两种性质不同的丁烷：正丁烷和异丁烷，如表 1-1 所示。

表 1-1　正丁烷和异丁烷的物理常数

名称	熔点/℃	沸点/℃	相对密度 d_4^{20}
正丁烷	−138.4	−0.5	0.5788
异丁烷	−159.6	−11.7	0.557

正丁烷和异丁烷的分子组成和分子量完全一样，性质却差别较大，这是由它们的分子结构不同造成的。其结构如下：

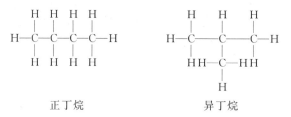

这种分子式相同而结构不同的化合物，互称为同分异构体，这种现象称为同分异构现象。同分异构现象在有机化合物中普遍存在，这是有机化合物种类繁多的又一个重要原因。

课内练习

> 有机化合物的组成元素比较少，为什么种类比较繁多？

二、有机物最常用的表示式——构造式

在有机化合物中普遍存在着同分异构现象，显然用分子式无法清楚地区别它们。要区别它们，需要表示出分子内原子间相互结合的顺序和方式，这种表示分子内原子间相互连接的顺序和方式的化学式称为构造式。有机化合物的构造式主要有以下几种。

1. 短线式

短线式用一条短线表示一对共用电子对，即代表一个共价键；两条短线表示两对共用电子对，即双键；三条短线则表示三键。例如：

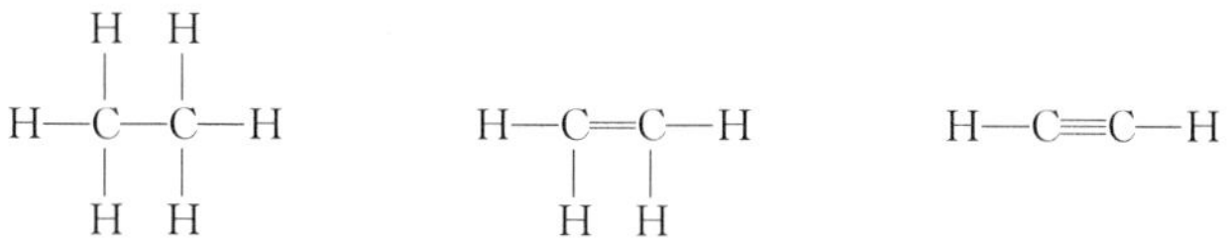

| 乙烷 | 乙烯 | 乙炔 |

2. 构造简式

在短线式的基础上，省略掉一些代表单键的短线，就是构造简式。例如：

$$CH_3CH_3 \qquad CH_2=CH_2 \qquad CH\equiv CH$$

乙烷　　　　　乙烯　　　　　乙炔

3. 键线式

碳氢省略不写，用短线代表碳-碳键，短线的端点和连接点表示碳原子，这种构造式称为键线式。例如：

正丁烷　　　　　环丙烷　　　　　环己烷

三、共价键

（一）共价键的形成

有机化合物分子中，原子与原子之间是通过共价键结合的。下面通过共价键理论介绍共价键的形成。

1. 现代共价键理论的要点

① 要形成共价键，成键的两原子要有自旋方向相反的未成对电子。
② 成键原子的原子轨道重叠越多，核间电子云密度越大，形成的共价键越稳定。
③ 形成共价键的数目等于原子未成对电子的数目，即一个原子有几个未成对电子，就只能和同数目的自旋方向相反的未成对电子成键。

2. 共价键的类型

（1）σ键　当成键原子轨道沿两原子核的连线（键轴）以"头碰头"的方式重叠时，重叠部分集中在两核之间，通过并对称于键轴，这种键称为σ键。

（2）π键　原子轨道垂直于两核连线，以"肩并肩"方式重叠，重叠部分在键轴的两侧并对称于与键轴垂直的平面，这样形成的键称为π键。

（二）共价键的属性

1. 键长

形成共价键的两个原子核之间的距离称为键长，单位是 nm。一般来说，C—C 的键长为 0.154nm；C=C 的键长为 0.134nm；C≡C 的键长为 0.120nm。同一类型共价键的键长在不同化合物中可能稍有差别，原因是构成共价键的原子在分子中不是孤立的，而是相互影响的。

2. 键角

分子中某一原子若与另外两个原子形成两个共价键，则这两个共价键键轴之间的夹角叫做键角。例如甲烷分子中 H—C—H 的键角为 109.5°。

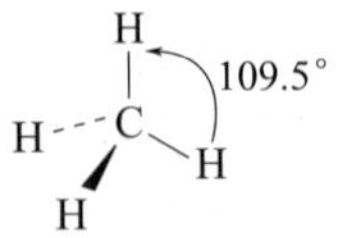

3. 键能

键能是指共价键断裂时所需要的能量或共价键形成时所放出的能量。对于双原子分子，键能就是键的离解能；对于多原子分子，同类共价键的键离解能可能有所不同，其键能一般是指同一类共价键键离解能的平均值。

4. 键的极性

共价键分为非极性共价键和极性共价键，极性共价键极性的大小以偶极矩来度量。偶极矩（μ）为电荷值（q）与正负电荷中心之间距离（d）的乘积：$\mu=qd$。偶极矩的单位为库仑·米（$C·m$），是由成键两原子的电负性之差决定的。

（三）共价键的断裂方式和有机反应的类型

有机化学反应实质上就是旧键的断裂和新键的生成，共价键在断裂时有以下两种方式。

1. 均裂

共价键在断裂时，共用的一对电子平均分配给两个成键原子，此断裂方式称为共价键的均裂。

$$A:B \longrightarrow A· + B·$$

均裂反应生成的 A 和 B 各带一个单电子，称为自由基或游离基。自由基的活性比较高，会引发一系列的反应，称为自由基反应。

2. 异裂

共价键断裂时，组成共价键的两个电子完全被其中一个原子或基团独占，这种断裂方式称为异裂。

$$A:B \longrightarrow A^+ + B^-$$

异裂反应生成的是带正、负电荷的离子，有离子参与的反应称为离子型反应。

第三节　有机化合物的分类

有机化合物种类繁多，为便于学习，需要对有机化合物进行合理的分类。一般有两种分类方法：按碳骨架分类和按官能团分类。

一、按碳骨架分类

1. 开链化合物（脂肪族化合物）

在开链化合物中，分子中的碳原子彼此连接形成链状结构，又称脂肪族化合物。如：

$$CH_3CH_2CH_3 \qquad CH_3CH{=}CH_2 \qquad CH_3CH_2CH_2OH$$
丙烷　　　　　　　丙烯　　　　　　　丙醇

2. 环状化合物

在环状化合物中，碳原子或碳原子和其他原子之间连接成环状。根据环结构的不同，又分为脂环化合物、芳香族化合物和杂环化合物。

（1）脂环化合物 分子中碳原子连接成环状（苯环除外），在性质上和脂肪族化合物相似。如：

（2）芳香族化合物 分子中至少含有一个苯环结构的环状化合物，而且具有特殊的芳香性，性质上不同于脂环化合物。例如：

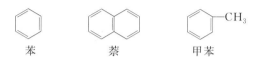

（3）杂环化合物 也具有环状结构，但组成环的原子除了碳原子外，还有其他原子（如O、N、S）。例如：

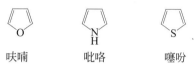

二、按官能团分类

官能团是指决定有机化合物主要化学性质的原子或基团，如烯烃中的 C=C、—X（卤原子）、醇中的—OH（羟基）、—COOH（羧基）等。含有相同官能团的化合物，其化学性质相似。表1-2列出了一些常见的官能团及相应有机化合物的类别。

表1-2 一些常见的官能团及相应有机化合物的类别

官能团	官能团名称	有机化合物类型	实	例
C=C	碳-碳双键	烯烃	CH_2=CH_2	乙烯
—C≡C—	碳-碳三键	炔烃	CH≡CH	乙炔
—X	卤原子	卤代烃	CH_3CH_2Br	溴乙烷
—OH	醇羟基	醇	CH_3CH_2OH	乙醇
	酚羟基	酚	C_6H_5OH	苯酚
—C—O—C—	醚键	醚	$C_2H_5OC_2H_5$	乙醚
—CHO	醛基	醛	CH_3CHO	乙醛
R—CO—R'	酮基	酮	CH_3COCH_3	丙酮
—COOH	羧基	羧酸	CH_3COOH	乙酸
—NO_2	硝基	硝基化合物	$C_6H_5NO_2$	硝基苯
—NH_2	氨基	胺	$C_6H_5NH_2$	苯胺

课内练习

指出下列化合物的官能团。

CH₂=CH—CH₃   CH₃CHO   CH₃CH₂OH   CH₃COOH $CH_3\overset{O}{\underset{\|}{C}}CH_3$

拓展窗

化学家——维勒

跨越鸿沟的时代巨人——人工合成尿素的创始人弗里德里希·维勒（Friedrich Wöhler），1800 年 7 月 31 日—1882 年 9 月 23 日，德国化学家。他因人工合成了尿素，打破了有机化合物的生命力学说而闻名。

维勒幼时喜欢化学，尤其对化学实验感兴趣。维勒自 1824 年起开始研究氰酸铵的合成，但是他发现氰酸中加入氨水后蒸干得到的白色晶体并不是铵盐，到了 1828 年，他终于证明了这个实验的产物是尿素。维勒由于偶然地发现了从无机物合成有机物的方法，而被认为是有机化学研究的先锋。在此之前，人们普遍认为：有机物只能依靠一种生命力在动物或植物体内产生；人工只能合成无机物而不能合成有机物。维勒的老师贝采里乌斯当时也支持生命力学说，他写信给维勒问他能不能在实验室里"制造出一个小孩来"。

维勒将自己的发现和实验过程写成题为"论尿素的人工制成"的论文，发表在 1828 年《物理学和化学年鉴》第 12 卷上。他的论文详尽记述了如何用氰酸与氨水或氯化铵与氰酸银来制备纯净的尿素。随着其他化学家对他实验的重现成功，人们认识到有机物是可以在实验室由人工合成的，这打破了多年来占据有机化学领域的生命力学说。随后，乙酸、酒石酸等有机物相继被合成出来，支持了维勒的观点。

本章小结

一、有机化合物的定义和特点

1. 有机化合物的定义

有机化合物简称有机物，是含有碳元素的化合物，指烃类化合物及其衍生物。

2. 有机化合物的特点

有机化合物的组成和碳原子结构的特点决定了有机化合物的特点：可燃；熔、沸点低，受热不稳定；难溶于水，易溶于有机溶剂；反应速率慢，反应产物复杂，伴有副反应，普遍存在同分异构现象。

二、有机化合物的结构

1. 有机化合物的结构特点

大多数有机化合物以共价键形式结合而成。碳原子为四价，碳原子之间可形成碳-碳单键、双键或三键，可连接形成链状或环状化合物。

2.有机化合物的构造式

表示分子内原子间相互连接的顺序和方式的化学式称为构造式。构造式有短线式、构造简式和键线式。常用构造简式表示有机化合物。

3.共价键的属性

共价键的键长、键角、键能以及键的极性都是共价键的属性，共价键的键长愈短，键能愈大，键愈牢固，表现在该有机化合物的化学性质上就愈不活泼。

三、有机化合物的分类

按碳骨架分，可分为开链化合物和环状化合物；按官能团分，可分为卤代烃、醇、酚、醚、醛、酮和羧酸等不同类别的有机化合物。

含有相同官能团的化合物，其化学性质相似。

习题

一、单选题

(1) 下列不属于有机化合物特点的是（　　）。
　　A.可燃烧　　　B.熔点低　　　C.产物复杂　　　D.反应速率快

(2) 表示有机化合物分子内原子间相互结合顺序和方式的化学式称为（　　）。
　　A.实验式　　　B.分子式　　　C.构造式　　　D.结构简式

(3) 按碳骨架分类，下列化合物中属于脂肪族化合物的是（　　）。

　　A. CH_3CH_3　　　B. ⬡　　　C. ▢　　　D. 都不是

(4) 下列化合物中有极性的是（　　）。
　　A. CH_4　　　B. $CHCl_3$　　　C. CCl_4　　　D. CO_2

二、填空题

(1) 与无机物相比，绝大多数有机物具有_____、_____、_____、_____等特点。

(2) 造成有机化合物种类繁多的主要原因是_____、_____。

(3) 按碳骨架分类，有机化合物可分为_____、_____两大类。

三、把下列分子式写成任何一种可能的构造式

(1) C_3H_8　　(2) C_4H_{10}　　(3) C_3H_6

四、指出下列各化合物所含的官能团

(1) $CH_3CH=CH_2$　　(2) CH_3CH_2Br　　(3) CH_3CH_2OH

(4) CH_3CH_2CHO　　(5) CH_3CH_2COOH　　(6) ⬡—NO_2

(7) ⬡—SO_3H　　(8) ⬡—NH_2　　(9) ⬡—OH

第二章 烷 烃

学习目标

1. 掌握烷烃的组成、结构、通式和命名；
2. 掌握烷烃的物理性质；
3. 掌握常见烷基的命名；
4. 理解同系物和同分异构现象；
5. 掌握烷烃的化学性质。

案例导入

由于煤矿井下工作环境的特殊性和复杂性，灾难事故时有发生，尤以瓦斯爆炸最为严重。据统计，在煤矿一次死亡 10 人以上的特大事故中，瓦斯爆炸占总数的 70% 以上。那么瓦斯爆炸是如何产生的呢？瓦斯爆炸是一种热——链式反应（链锁反应）。当爆炸混合物吸收一定能量（通常是引火源给予的热能）后，反应分子的链即行断裂，离解成两个或两个以上的自由基（游离基）。这类自由基具有很强的化学活性，成为反应连续进行的活化中心。在适合的条件下，每个自由基又可进一步分解，再产生两个或两个以上的自由基。如此循环，自由基越来越多，化学反应速率也越来越快，最后就可以发展为燃烧或爆炸式的氧化反应。所以，瓦斯爆炸就其本质来说，是一定浓度的甲烷和空气中的氧气在一定温度作用下产生的激烈氧化反应。

第一节 烷烃的通式、同系物和同分异构

只由碳和氢两种元素组成的化合物，称为碳氢化合物，简称烃。烃分为开链烃和环烃，其中开链烃又称脂肪烃。脂肪烃分为饱和链烃和不饱和链烃；环烃分为脂环烃和芳香烃。具体分类如下：

```
           ┌─ 开链烃（脂肪烃）┬─ 饱和链烃（烷烃）
           │                │                ┌─ 烯烃
烃 ─┤                └─ 不饱和链烃 ─┼─ 炔烃
           │                                 └─ 二烯烃
           └─ 环烃 ┬─ 脂环烃
                   └─ 芳香烃
```

本章将学习烃类化合物中的饱和链烃（烷烃）。

一、烷烃的通式和同系物

在有机化合物中，有一类物质的结构和性质与甲烷（ $H-\underset{\underset{H}{|}}{\overset{\overset{H}{|}}{C}}-H$ ）相似，其分子全部以碳-碳单键和碳-氢单键结合成链状。人们把分子中化学键全部是共价单键的开链烃称为饱和链烃，简称烷烃。

烷烃可以看作是有机化合物的母体，其他化合物则可以看作是烷烃分子中的氢原子被其他原子或基团所取代后的化合物，因此首先熟悉烷烃的结构和性质对于学习其他各类有机化合物是非常必要的。

1. 烷烃的通式

几种最简单烷烃的结构简式如下：

$$CH_4 \qquad CH_3CH_3 \qquad CH_3CH_2CH_3 \qquad CH_3CH_2CH_2CH_3$$
甲烷　　　乙烷　　　　丙烷　　　　　　丁烷

观察上面几种烷烃的分子式可发现，每增加一个碳原子，则增加两个氢原子。如果碳原子的数目是 n，则氢原子的数目是 $2n+2$，由此可得到烷烃的通式：C_nH_{2n+2}。

2. 烷烃的同系物

当烷烃中的碳原子数为 1（通式中 $n=1$）时，通式变为 CH_4，其是最简单的烷烃甲烷。当通式中的 n 依次增加时，烷烃的名称及结构简式如表 2-1 所示。

表 2-1　一些直链烷烃的名称及结构简式

碳原子数	名称	英文	分子式	结构简式
1	甲烷	methane	CH_4	CH_4
2	乙烷	ethane	C_2H_6	CH_3CH_3
3	丙烷	propane	C_3H_8	$CH_3CH_2CH_3$
4	丁烷	butane	C_4H_{10}	$CH_3(CH_2)_2CH_3$
5	戊烷	pentane	C_5H_{12}	$CH_3(CH_2)_3CH_3$
6	己烷	hexane	C_6H_{14}	$CH_3(CH_2)_4CH_3$
7	庚烷	heptane	C_7H_{16}	$CH_3(CH_2)_5CH_3$

续表

碳原子数	名称	英文	分子式	结构简式
8	辛烷	octane	C_8H_{18}	$CH_3(CH_2)_6CH_3$
9	壬烷	nonane	C_9H_{20}	$CH_3(CH_2)_7CH_3$
10	癸烷	decane	$C_{10}H_{22}$	$CH_3(CH_2)_8CH_3$
11	十一烷	undecane	$C_{11}H_{24}$	$CH_3(CH_2)_9CH_3$
12	十二烷	dodecane	$C_{12}H_{26}$	$CH_3(CH_2)_{10}CH_3$

从上表可知，含一个碳原子的烷烃叫甲烷；含两个碳原子的烷烃叫乙烷，含三个碳原子的烷烃叫丙烷，以此类推。

从上述构造式可以看出，相邻两个烷烃在组成上相差一个 CH_2，不相邻的两个烷烃，在组成上相差 CH_2 的整数倍，这种具有同一通式、组成上相差一个或多个 CH_2 基团的一系列化合物，称为同系列。同系列中的各化合物互为同系物，CH_2 叫做同系列的系差。例如，上述甲烷、乙烷、丙烷和丁烷等属于同系列，它们互为同系物。

同系物的结构相似，化学性质相近，但是反应速率往往有较大的差异，物理性质也呈现规律性变化。因此掌握同系列中几个典型化合物的性质，便可以推测其他同系物的化学性质，从而为学习和研究提供了方便。

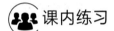

课内练习

> 下列是化合物的分子式，指出哪个属于烷烃。
> (1) C_9H_{18} (2) $C_{50}H_{102}$ (3) $C_{13}H_{24}$

二、烷烃的同分异构

甲烷、乙烷和丙烷分子中的原子都只有一种连接顺序，没有同分异构体。丁烷有两个同分异构体，戊烷有三个同分异构体，如下。

丁烷：　　　　$CH_3—CH_2—CH_2—CH_3$　　　　$\underset{\underset{CH_3}{|}}{CH_3—CH—CH_3}$

　　　　　　　　　正丁烷　　　　　　　　　　　　异丁烷

戊烷：　$CH_3—CH_2—CH_2—CH_2—CH_3$　　$\underset{\underset{CH_3}{|}}{CH_3—CH—CH_2—CH_3}$　　$\underset{\underset{CH_3}{|}}{\overset{\overset{CH_3}{|}}{CH_3—C—CH_3}}$

　　　　　　　　　正戊烷　　　　　　　　　　　异戊烷　　　　　　　　新戊烷

烷烃的构造异构是由碳骨架不同造成的，这种异构也叫做碳架异构，随着烷烃分子中碳原子数的增加，构造异构体的数目显著增多。例如，己烷 C_6H_{14} 有 5 种同分异构体，庚烷 C_7H_{16} 有 9 种同分异构体，辛烷 C_8H_{18} 有 18 种同分异构体，而 $C_{20}H_{42}$ 则有多达 366319 种同分异构体。

课内练习

(1) 什么是同分异构现象？
(2) 写出戊烷全部的构造异构体。

第二节　烷烃的命名

一、烷烃中碳原子和氢原子的类型

1. 伯、仲、叔、季碳原子

在有机化合物分子中，一个碳原子可能与1个、2个、3个或4个碳原子直接相连，按照碳原子所连碳原子数目的不同，常把碳原子分为以下4类。

(1) 伯碳原子　只与一个碳原子相连的碳原子，又称一级碳原子，常用1°表示。
(2) 仲碳原子　与两个碳原子直接相连的碳原子，又称二级碳原子，常用2°表示。
(3) 叔碳原子　与三个碳原子直接相连的碳原子，又称三级碳原子；常用3°表示。
(4) 季碳原子　与四个碳原子直接相连的碳原子，又称四级碳原子，常用4°表示。

在下面烷烃分子中，标明了这4种类型的碳原子：

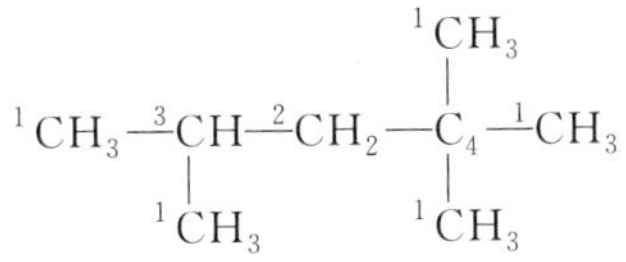

$$^1CH_3-^3CH-^2CH_2-^4C-^1CH_3$$
$$\quad\quad\ |\quad\quad\quad\ |$$
$$\quad\ ^1CH_3\quad\quad ^1CH_3$$

2. 伯、仲、叔氢原子

连接在伯碳、仲碳和叔碳原子上的氢原子，相应地称为伯氢、仲氢和叔氢。季碳原子不能再连接氢原子。

课内练习

标出下列化合物中的伯碳、仲碳和叔碳原子，并指出对应的伯氢、仲氢和叔氢。

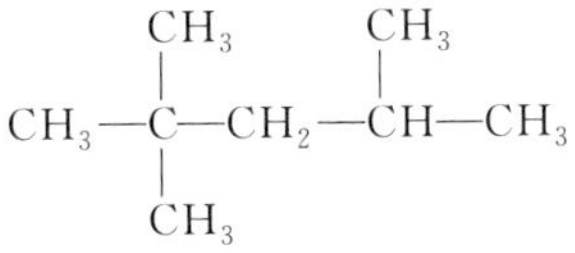

$$\begin{array}{c}\quad\quad CH_3\quad\quad CH_3\\ \quad\quad\ |\quad\quad\quad\ |\\ CH_3-C-CH_2-CH-CH_3\\ \quad\quad\ |\\ \quad\quad CH_3\end{array}$$

二、烷基

烷烃分子中去掉一个氢原子后剩下的基团叫做烷基，通常用R—表示，通式为C_nH_{2n+1}。简单烷基的命名是把对应烷烃中的"烷"字改为"基"字即可，如：

$$CH_4 \xrightarrow{\text{去掉一个氢}} CH_3-$$
甲烷　　　　　　　　甲基

$$CH_3CH_3 \xrightarrow{\text{去掉一个氢}} CH_3CH_2-$$
乙烷　　　　　　　　乙基

从丙烷开始，由于分子中的氢原子不完全相同，因此去掉的氢原子不同，得到的烷基也不同。例如：

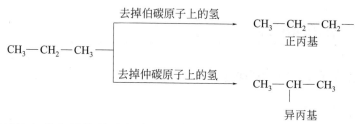

一些常见烷基的名称和结构简式如表 2-2 所示。

表 2-2　常见烷基的名称和结构简式

烷基名称	结构简式	烷基名称	结构简式
甲基	CH_3-	正丁基	$CH_3CH_2CH_2CH_2-$
乙基	CH_3CH_2- 或 C_2H_5-	异丁基	$(CH_3)_2CHCH_2-$
正丙基	$CH_3CH_2CH_2-$	仲丁基	$CH_3CHCH_2CH_3$ |
异丙基	$(CH_3)_2CH-$	叔丁基	$(CH_3)_3C-$

课内练习

1. 写出下列烷基的名称。
   (1) $CH_3CH_2CH_2-$　　(2) $(CH_3)_2CH-$　　(3) $(CH_3)_3C-$
2. 写出下列烷基的构造式。
   (1) 乙基　　(2) 异丙基　　(3) 异丁基

三、烷烃的命名方法

（一）普通命名法

普通命名法也叫习惯命名法，是人们早期对有机化合物进行命名的一种方法，它是按照烷烃分子中的碳原子数来命名的。含 1～10 个碳原子的直链烷烃可用天干表示碳原子数，即用甲、乙、丙、丁、戊、己、庚、辛、壬、癸表示碳原子数。碳原子数为 10 以上时，用中文数字十一、十二、十三……表示碳原子数，后面再加上"烷"即可。例如：

　　　　　　CH_4　　　$CH_3CH_2CH_3$　　　$CH_3(CH_2)_{10}CH_3$　　　$CH_3(CH_2)_{15}CH_3$
　　　　　　甲烷　　　　丙烷　　　　　　十二烷　　　　　　　　十七烷

同分异构体命名时可用正、异、新等词头来区别。没有支链的直链烷烃叫做"正"某烷;"异"表示碳链端有异丙基（CH_3）$_2$CH—且链其他部位无支链的烷烃;"新"表示碳链端有叔丁基（CH_3）$_3$C—且链其他部位无支链的烷烃。例如：

$CH_3-CH_2-CH_2-CH_2-CH_3$　　　　$CH_3-\underset{\underset{}{}}{\overset{\overset{CH_3}{|}}{CH}}-CH_2-CH_3$　　　　$CH_3-\underset{\underset{CH_3}{|}}{\overset{\overset{CH_3}{|}}{C}}-CH_3$

正戊烷 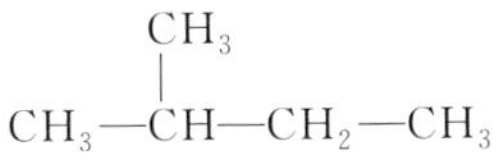　　　　　　　　　异戊烷 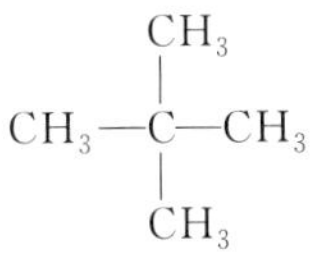　　　　　　　　　新戊烷

普通命名法虽然简单，但应用范围有限，只能对碳原子数少的烷烃异构体进行命名，而不能命名碳原子数多的某些烷烃及其异构体。

（二）系统命名法

系统命名法可以克服普通命名法的局限性，是一种普遍适用的命名方法。它源于国际纯粹与应用化学联合会（International Union of Pure and Applied Chemistry，IUPAC）命名原则。我国现行的系统命名法，是根据 1960 年的《有机化学物质的系统命名原则》，并参考 1979 年 IUPAC 公布的《有机化学命名法》(Nomenclature of Organic Chemistry)，结合我国文字特点制定、增补和修订而成的。

1. 直链烷烃的系统命名法

直链烷烃的系统命名法与普通命名法基本相同，某烷前面不需要加"正"字，1~12 个碳原子直链烷烃的名称如表 2-3 所示。

表 2-3　1~12 个碳原子直链烷烃的名称

烷烃	名称	烷烃	名称	烷烃	名称
CH_4	甲烷	C_5H_{12}	戊烷	C_9H_{20}	壬烷
C_2H_6	乙烷	C_6H_{14}	己烷	$C_{10}H_{22}$	癸烷
C_3H_8	丙烷	C_7H_{16}	庚烷	$C_{11}H_{24}$	十一烷
C_4H_{10}	丁烷	C_8H_{18}	辛烷	$C_{12}H_{26}$	十二烷

2. 含支链烷烃的系统命名法

（1）**主链的选择**　选择烷烃分子中最长的碳链作为主链，支链看作取代基，按主链上的碳原子数称为某烷。若分子中含有两条及以上等长的最长碳链时，则选择含支链最多的那条最长碳链作为主链。例如：

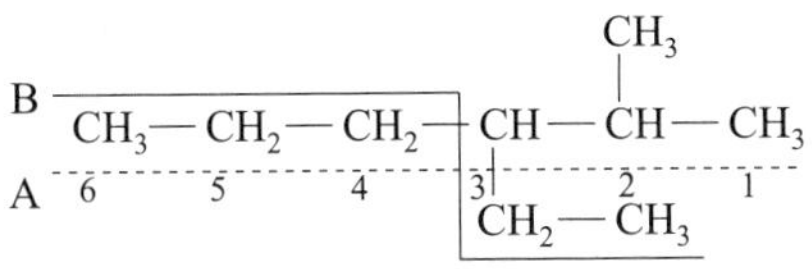

$\underset{A}{\overset{B}{}}\ CH_3-CH_2-CH_2-\underset{\underset{\underset{}{CH_2-CH_3}}{|}}{\overset{\overset{CH_3}{|}}{CH}}-\underset{}{\overset{}{CH}}-CH_3$
　　　　6　　5　　4　　3　　2　　1

2-甲基-3-乙基己烷

在此化合物中 A 链和 B 链都含六个碳原子，但 A 链含 2 个取代基，B 链含 1 个取代基，因此选择 A 链作为主链。

（2）**主链的编号**　从靠近取代基的一端开始，用阿拉伯数字对主链碳原子依次编号。若左右第一个取代基两端同样靠近，则从结构简单的取代基一端开始编号；若主链两端第一个取代基相同，则从使所有取代基位次和尽可能小的一端开始编号。例如：

$$\underset{\text{错误}}{\overset{CH_3-CH_2-CH-CH-CH_2-CH_3}{\underset{6\quad 5\quad 4\quad 3\quad 2\quad 1}{\underset{CH_3}{|}\underset{CH_2CH_3}{|}}}} \qquad \underset{\text{正确}}{\overset{CH_3-CH_2-CH-CH-CH_2-CH_3}{\underset{1\quad 2\quad 3\quad 4\quad 5\quad 6}{\underset{CH_3}{|}\underset{CH_2CH_3}{|}}}}$$

（3）书写名称　按照取代基位次、数目、名称、母体名称的顺序写出烷烃的名称，相同取代基合并。具体如下。

① 先命名取代基，再命名母体。

② 取代基的位次用阿拉伯数字表示，写在取代基名称前面，两者之间用半字线（-）相连。

③ 有相同取代基时，用阿拉伯数字分别表示出它们的位置，阿拉伯数字之间用逗号隔开，相同取代基合并在一起，数目用汉字表示，写在该取代基的位次和名称之间。例如：

$$\overset{CH_3-CH_2-CH-CH-CH_2-CH_3}{\underset{6\quad 5\quad 4\quad 3\quad 2\quad 1}{\underset{CH_3}{|}\underset{CH_3}{|}\underset{CH_3}{|}}}$$

2,3,4-三甲基己烷

④ 当有不同取代基时，按甲基、乙基、正丙基、异丙基的顺序书写，母体名称写在最后。例如：

$$\overset{CH_3-CH_2-CH_2-CH-CH-CH_3}{\underset{6\quad 5\quad 4\quad 3\quad 2\quad 1}{\underset{\underset{CH_3}{|}}{CH_2}\underset{}{CH_3}}}$$

2-甲基-3-乙基己烷

课内练习

用系统命名法给下列化合物命名。

(1) $CH_3-CH_2-\underset{\underset{CH_3}{|}}{\overset{\overset{CH_3}{|}}{C}}-CH-CH_3$

(2) $CH_3-CH_2-\underset{\underset{CH_3}{|}}{\overset{\overset{CH_2CH_2CH_3}{|}}{C}}-CH_3$

(3) $CH_3-CH_2-\underset{\underset{CH_3}{|}}{\overset{\overset{CH_2CH_3}{|}}{C}}-CH_2-CHCH_3$

（三）《有机化合物命名原则》（2017）命名法

2017年12月20日，中国化学会正式发布了《有机化合物命名原则》(2017)一书，该书主要修订如下。

① 放弃取代基的大小顺序规则，建议使用英文字母顺序排列次序。由于取代基的大小有时难以确定，本次修订采用IUPAC按其英文名称字母顺序排列的方法。例如：

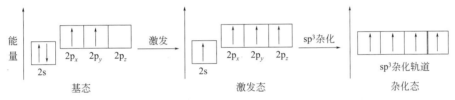

4-乙基-2,4-二甲基己烷
(4-ethyl-2,4-dimethylhexane)

② 官能团一词在某些场合下难以认定，因此 IUPAC 在有机化合物命名时改而使用特性基团。为此，中文"官能团"一词在不引起误解的情况下，也可作为特性基团俗称使用。

第三节　烷烃的结构

一、碳原子的 sp^3 杂化

基态时，碳原子的电子排布式是：$1s^2 2s^2 2p_x^1 2p_y^1$，其中 2p 轨道上的两个电子是未成对电子。碳原子在形成烷烃时，2s 轨道上的一个电子跃迁到 $2p_z$ 轨道上，形成激发态。如下：

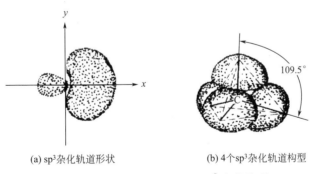

激发态中的 1 个 s 轨道和 3 个 p 轨道重新组合形成 4 个能量完全相同的新轨道，这个重新组合的过程称为杂化。碳原子通过 sp^3 杂化形成了 4 个完全相同的 sp^3 杂化轨道。新的杂化轨道既不是球形也不是哑铃形，而是一种含有原来轨道成分的新轨道，新轨道的形状如图 2-1 所示。

(a) sp^3 杂化轨道形状　　(b) 4个sp^3杂化轨道构型

图 2-1　烷烃分子中碳原子的 sp^3 杂化轨道

二、烷烃的形成和结构

1. sp^3 杂化和甲烷的结构

实验证明，甲烷分子是正四面体结构，碳原子位于正四面体的中心，4 个 C—H 是等同的，每两个 C—H 间的夹角是 109.5°，4 个 σ 键从四面体中心分别伸向 4 个顶

sp³杂化

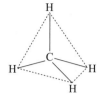

图 2-2 甲烷的正四面体结构

点，如图 2-2 所示。

甲烷分子中，碳原子的 4 个 sp^3 杂化轨道在空间上呈正四面体排列，如图 2-1(b) 所示，4 个 sp^3 杂化轨道分别与 4 个氢原子的 s 轨道"头碰头"重叠，形成甲烷，因此甲烷是正四面体结构。

2. σ 键的特点

像甲烷分子中 C—H 的形成那样，原子轨道沿着对称轴"头碰头"重叠形成的共价键称为 σ 键。σ 键的特点是："头碰头"重叠，重叠程度大，比较稳定。形成 σ 键的两个原子可以旋转，且不改变 σ 键的强度。

3. 其他烷烃的形成

烷烃分子中，每个碳原子均采用 sp^3 杂化，其中碳原子与碳原子之间各以一个 sp^3 杂化轨道重叠形成一个 C—C σ 键，其他的三个 sp^3 杂化轨道再分别与氢原子的 s 轨道形成 C—H σ 键，这样就形成了烷烃分子。

课内练习

> 请解释下列名词。
> （1）杂化　（2）sp^3 杂化

第四节　烷烃的物理性质

一、状态

由于烷烃是由碳和氢两种元素组成的，因此烷烃基本上是非极性分子。

低级烷烃是气体，随着碳原子数的增加，分子间的作用力增大，烷烃逐渐变成液体。随着碳原子数的进一步增加，分子间作用力逐渐增大，烷烃则由液体变成固体，因此碳原子数较高的烷烃是固体。

对于直链烷烃，甲烷～丁烷是气体，戊烷～十六烷是液体，十七烷及以上为固体，如表 2-4 所示。

表 2-4　30 个 C 及以下直链烷烃的物理常数

名称	分子式	状态	沸点(bp)/℃	熔点(mp)/℃	相对密度(d_4^{20})	折射率(n_D)
甲烷	CH_4	气体	−161.7	−182.5	—	—
乙烷	C_2H_6		−88.6	−183.3	—	—
丙烷	C_3H_8		−42.1	−187.7	—	—
丁烷	C_4H_{10}		−0.5	−138.3		

续表

名称	分子式	状态	沸点(bp)/℃	熔点(mp)/℃	相对密度(d_4^{20})	折射率(n_D)
戊烷	C_5H_{12}	液体	36.1	-129.8	0.5005	1.3575
己烷	C_6H_{14}		68.7	-94.3	0.5787	1.3751
庚烷	C_7H_{16}		98.4	-90.6	0.5572	1.3878
辛烷	C_8H_{18}		125.7	-56.8	0.6603	1.3974
壬烷	C_9H_{20}		150.8	-53.7	0.6837	1.4054
癸烷	$C_{10}H_{22}$		174.0	-29.7	0.7026	1.4102
十一烷	$C_{11}H_{24}$		195.8	-25.6	0.7177	1.4172
十二烷	$C_{12}H_{26}$		216.3	-9.6	0.7299	1.4216
十三烷	$C_{13}H_{28}$		235.4	-5.5	0.7402	1.4256
十四烷	$C_{14}H_{30}$		253.7	5.9	0.7487	1.4290
十五烷	$C_{15}H_{32}$		270.6	10	0.7564	1.4315
十六烷	$C_{16}H_{34}$		287	18.1	0.7734	
十七烷	$C_{17}H_{36}$	固体	302	22	0.7886	
三十烷	$C_{30}H_{62}$		449.7	65.8	0.8097	

二、沸点

直链烷烃的沸点随碳原子数的增加而升高，但升高的数值基本上逐渐减少，如表 2-4 所示。虽然相邻两个烷烃的组成都差一个 CH_2，但沸点差值并不相同，一般是随着碳原子数的增加，相邻两个烷烃沸点的差值逐渐减小。这是由于低级烷烃和高级烷烃相比，虽同样增加一个 CH_2，但在分子量中所增加的比例不同，因此对整个分子的影响不同，沸点变化也不同。

三、熔点

直链烷烃熔点的变化规律与沸点的变化规律相似，但有所不同的是，偶数碳原子升高的幅度比奇数碳原子大。这是由于偶数碳原子烷烃的对称性比奇数碳原子烷烃的对称性高，在晶格中的排列比较紧密，故熔点较高。烷烃分子的对称性越高，其熔点一般越高。

四、相对密度

烷烃是所有有机化合物中密度最小的一类。直链烷烃的相对密度随着碳原子数的增加而逐渐增大，但都小于1，即烷烃比水轻。

五、溶解性

液体烷烃溶解符合"相似互溶"规则。烷烃几乎没有极性，不溶于极性很强的水，而溶于非极性或极性很小的四氯化碳、苯、乙醚等有机溶剂，可作为非极性有机化合物的溶剂。

六、折射率

折射率是液体有机化合物的纯度标志，也可作为定性鉴定的手段之一。直链烷烃的折射率随着碳原子数的增加逐渐缓慢加大，如表 2-4 所示。

> **课内练习**
>
> 1. 预测在下列各组化合物中,哪一个沸点高,哪一个熔点高,并说明理由。
>   (1) 正丁烷和异丁烷   (2) 正辛烷和2,2,3,3-四甲基丁烷
> 2. 石蜡是否溶于己烷?

第五节　烷烃的化学性质

烷烃分子中的碳原子和氢原子是通过C—C σ键和C—H σ键结合的,由于σ键比较牢固,分子中又没有官能团,因而烷烃的化学性质比较稳定。烷烃在常温下与强酸、强碱、强氧化剂和强还原剂等不发生反应,但在适当条件下,如光照、高温或催化剂作用下,烷烃能够发生一系列化学反应。

一、取代反应

在光照或加热条件下,烷烃分子中的氢原子被卤素取代的反应称为烷烃的卤代反应。

1. 甲烷的卤代

常温下,烷烃与氯不发生反应,但在光照或加热条件下可发生剧烈反应,控制不好甚至可能发生爆炸。

若控制好条件,烷烃与氯气反应可生成氯代烃,即烷烃分子中的一个或多个氢原子被氯原子取代。例如,在光照(日光或紫外光)或加热(350~400℃)条件下,甲烷与氯气反应生成一氯甲烷、二氯甲烷、三氯甲烷(氯仿)和四氯化碳。

$$CH_4 + Cl_2 \xrightarrow{350\sim400℃} CH_3Cl + HCl$$

$$CH_3Cl + Cl_2 \xrightarrow{350\sim400℃} CH_2Cl_2 + HCl$$

$$CH_2Cl_2 + Cl_2 \xrightarrow{350\sim400℃} CHCl_3 + HCl$$

$$CHCl_3 + Cl_2 \xrightarrow{350\sim400℃} CCl_4 + HCl$$

产物通常是四种氯化物的混合物,并且难以分离。如果调节甲烷和氯气的配比,使甲烷过量到体积比10∶1,就可得到以一氯甲烷为主的产物;甲烷和氯气体积比为0.26∶1时,可得到以四氯化碳为主的产物,四氯化碳可用作灭火剂。

2. 其他烷烃的卤代

在光或热作用下,其他烷烃的卤代反应与甲烷的卤代反应相似,与氯气也能发生氯代反应,决定反应速率的步骤是氯原子夺取烷烃中的氢这一步。多数烷烃的一卤代物往往不止一个,反应产物较复杂,常生成几种异构体的混合物。例如:

$$CH_3CH_2CH_3 + Cl_2 \xrightarrow{光} \underset{(45\%)}{CH_3CH_2CH_2Cl} + \underset{(55\%)}{CH_3\underset{|}{\overset{}{C}}HCH_3} \\ \phantom{CH_3CH_2CH_3 + Cl_2 \xrightarrow{光} CH_3CH_2CH_2Cl + CH_3CH}Cl$$

丙烷中有两个仲氢原子和 6 个伯氢原子，因此仲氢原子和伯氢原子的活性比为：

$$2°H : 1°H = \frac{55}{2} : \frac{45}{6} \approx 4 : 1$$

$$\underset{\underset{CH_3}{|}}{CH_3CHCH_3} + Cl_2 \xrightarrow{\text{光}} \underset{\underset{Cl}{|}}{\overset{\overset{CH_3}{|}}{CH_3CCH_3}} + \underset{\underset{}{}}{\overset{\overset{CH_3}{|}}{CH_3CHCH_2Cl}}$$

$$\text{(37\%)} \qquad \text{(63\%)}$$

同上，异丁烷中叔氢原子和伯氢原子的活性比为：

$$3°H : 1°H = \frac{37}{1} : \frac{63}{9} \approx 5 : 1$$

许多实验表明，不同类型氢原子的反应活性顺序为：$3°H > 2°H > 1°H$。

✱ 反应应用

> 工业上利用固体石蜡（平均链长为 C_{25} 的烷烃）在熔融状态下和氯气反应可生产氯化石蜡，氯化石蜡是含氯量不等的混合物，可用作聚氯乙烯的助增塑剂、润滑油的增稠剂、化学纤维的阻燃剂。

3. 卤代反应的机理

卤代反应属于自由基反应，反应过程包括链的引发、链的增长和链的终止三个阶段。

（1）链的引发　氯分子在光或高温作用下，吸收能量发生均裂，生成含有未成对电子的氯原子（自由基）：

$$Cl_2 \xrightarrow{\text{光或高温}} 2Cl\cdot$$

（2）链的增长　生成的氯自由基非常活泼，夺取甲烷分子中的氢生成甲基自由基和氯化氢：

$$Cl\cdot + CH_4 \longrightarrow HCl + CH_3\cdot$$

甲基自由基与氯分子反应生成一氯甲烷和新的氯自由基，这个新的氯自由基又可与甲烷反应或与一氯甲烷反应生成氯甲基自由基：

$$CH_3\cdot + Cl_2 \longrightarrow CH_3Cl + Cl\cdot$$
$$CH_3Cl + Cl\cdot \longrightarrow CH_2Cl\cdot + HCl$$

氯甲基自由基再与氯分子反应生成二氯甲烷和氯自由基，如此将反应一步一步传递下去，称为链式反应。

$$CH_2Cl\cdot + Cl_2 \longrightarrow CH_2Cl_2 + Cl\cdot$$
$$\vdots$$

（3）链的终止　反应达到一定程度时，自由基之间可相互结合生成稳定的分子，从而使链式反应终止。

$$Cl\cdot + Cl\cdot \longrightarrow Cl_2$$
$$CH_3\cdot + Cl\cdot \longrightarrow CH_3Cl$$
$$CH_3\cdot + CH_3\cdot \longrightarrow CH_3CH_3$$

二、氧化反应

在有机化学中，通常把有机化合物分子中引入氧或脱去氢的反应，叫做氧化反应；反之，脱去氧或引入氢的反应为还原反应。常温下，烷烃通常不与氧化剂反应，也不与氧气反应，但烷烃在空气中容易燃烧，生成 CO_2 和 H_2O，并放出大量热量。例如沼气（CH_4）的燃烧：

$$CH_4 + 2O_2 \xrightarrow{\text{点燃}} CO_2 + 2H_2O$$

由于能放出大量热量，所以烷烃是人类应用的重要能源之一。汽油、煤油和柴油等烷烃可作为动力燃料，但燃烧不完全时会生成游离碳，常见的动力车尾所冒的黑烟，就是油类燃烧不完全时所产生的游离碳，同时也会产生 CO 等有毒物质。

在适当条件下，高级烷烃可被氧化成醇、醛、酮和酸等有机含氧化合物，这类氧化反应在化学工业上具有重要意义。例如，工业上以 Co^{2+} 为催化剂，在 150～250℃ 和 5MPa 下，用空气氧化丁烷生产乙酸：

$$CH_3CH_2CH_2CH_3 + O_2 \xrightarrow[150\sim250℃]{5MPa,\ Co^{2+}} CH_3COOH + H_2O$$

又如，工业上在二氧化锰等催化下，高级烷烃可被空气或氧气氧化生成脂肪酸：

$$RCH_2CH_2R' + O_2 \xrightarrow[\triangle]{MnO_2} RCOOH + R'COOH + H_2O$$

 反应应用

> 上述氧化反应所得产物是碳原子数不等的羧酸混合物，其中，$C_{12}\sim C_{18}$ 的脂肪酸可代替动植物油脂制造肥皂，故称皂用酸。

三、异构化反应

化合物由一种异构体转变成另一种异构体的反应，叫做异构化反应，例如：

$$CH_3CH_2CH_2CH_3 \xrightleftharpoons{AlCl_3,\ HCl} CH_3\underset{\underset{CH_3}{|}}{CH}CH_3$$

异构化反应是可逆反应，支链异构体的多少与温度有关。温度低，有利于生成含支链的烷烃。

反应应用

> 将直链烷烃异构化为支链烷烃可提高汽油质量。又如，石蜡在适当条件下进行异构化，可得到黏度和适用温度较好的润滑油。

四、裂化与裂解

烷烃在无氧、高温下发生分解的反应叫做裂化反应，反应时发生 C—C 和 C—H 的断裂，生成低级烷烃、烯烃和氢气等复杂的混合物。例如：

$$CH_3CH_2CH_2CH_3 \longrightarrow \begin{cases} CH_4 + CH_3CH=CH_2 \\ CH_3CH_3 + CH_2=CH_2 \\ CH_3CH_2CH=CH_2 + H_2 \end{cases}$$

由于反应温度和目的产物不同，工业上通常把低于700℃，以主要获得油品（如汽油）为目的所进行的反应，叫裂化反应；工业上把高于750℃，以获得乙烯等重要化工原料为主要目的所进行的反应叫裂解反应。目前世界上许多国家采用不同的石油原料进行裂解以制备乙烯和丙烯等化工原料，并常常以乙烯的产量来衡量一个国家石油化学工业的发展水平。

反应应用

在硅酸铝催化下，于450~470℃，石油高沸点馏分经裂化可得到汽油。利用这种方法生产的汽油叫催化裂化汽油，其质量比由原油直接蒸馏得到的汽油好（辛烷值高），可直接使用。

课内练习

试写出下列烷烃一元氯代可能生成的一氯代烷的构造式。
(1) 异丁烷　　(2) 异戊烷　　(3) 2,3-二甲基丁烷

第六节　烷烃的来源与用途

一、烷烃的来源

烷烃的主要来源是石油、沼气以及与石油共存的天然气。

腐烂以及数百万年地质应力使曾经是有生命的动植物的复杂有机化合物变成了烷烃的混合物，烷烃的大小从1个C到30或40个C。动物类粪便、植物落叶、杂草等隔绝空气经发酵，得到沼气，其中65%为甲烷，是农村的重要能源。

天然气只包含挥发性比较大的烷烃，也就是分子量低的烷烃。天然气广泛存在于自然界中，其主要成分是低碳的烷烃，含75%的甲烷、15%的乙烷、小于5%的丙烷和高级一些的烷烃。

二、常用烷烃及用途

石油经过蒸馏，分成各种馏分，由于沸点和分子量之间存在一定的关系，这种蒸馏就相当于按碳原子数进行粗略的分离。可是每个馏分仍是一个非常复杂的混合物，因为每个馏分是由含一定范围碳原子数的烷烃组成的，而且同一碳原子数烷烃还有许多异构体。各个馏分的利用主要是根据它们的挥发性或黏度，而与它是复杂混合物还是单纯化合物无关。石油的馏分及用途如表2-5所示。

表 2-5　石油的馏分及用途

馏分	组成	馏分区	主要用途
石油气	$C_1 \sim C_4$	20℃以下	炼油厂燃料、化工原料
石油醚	$C_5 \sim C_6$	30～60℃	溶剂、化工原料
汽油	$C_7 \sim C_9$	60～150℃	溶剂、内燃机燃料
煤油	$C_{11} \sim C_{16}$	160～310℃	煤油灯、染料、工业洗涤剂
柴油	$C_{16} \sim C_{18}$	180～350℃	柴油机燃料
润滑油	$C_{16} \sim C_{20}$	350℃以上	机械润滑油
凡士林	$C_{18} \sim C_{22}$	350℃以上	制药、防锈涂料
石蜡	$C_{20} \sim C_{24}$	350℃以上	制造蜡烛、肥皂、蜡纸、脂肪酸等
沥青	—	350℃以上	防腐绝缘材

拓展窗

汽油的辛烷值

辛烷值是评价汽油抗爆性的指标，其值越高，表示抗爆性越好。不同化学结构的烃类具有不同的抗爆震能力。其中，异辛烷（2,2,4-三甲基戊烷）的抗爆性较好，辛烷值给定为100，而正庚烷的抗爆性差，给定为 0。在两者的混合物中，异辛烷所占的比例称为辛烷值。例如，某汽油的爆震性与 80% 异辛烷和 20% 正庚烷的混合物的爆震性相当，则其辛烷值为 80。汽油辛烷值的测定是以异辛烷和正庚烷为标准燃料，在标准条件下，在实验室标准单缸汽油机上用对比法进行的。

本章小结

一、伯、仲、叔、季碳原子和伯、仲、叔氢

伯碳原子：只与一个碳原子相连的碳原子，常用 1° 表示。
仲碳原子：与两个碳原子直接相连的碳原子，常用 2° 表示。
叔碳原子：与三个碳原子直接相连的碳原子，常用 3° 表示。
季碳原子：与四个碳原子直接相连的碳原子，常用 4° 表示。
伯、仲、叔碳原子连有的氢称为伯、仲、叔氢。季碳原子不能再连接氢原子。

二、烷烃的结构

烷烃分子中的碳原子采用的是 sp^3 杂化，原子之间都是以 σ 键结合的。

三、烷基

烷基名称	结构简式	烷基名称	结构简式
甲基	CH_3-	正丁基	$CH_3CH_2CH_2CH_2-$
乙基	CH_3CH_2- 或 C_2H_5-	异丁基	$(CH_3)_2CHCH_2-$
正丙基	$CH_3CH_2CH_2-$	仲丁基	$CH_3CHCH_2CH_3$
异丙基	$(CH_3)_2CH-$	叔丁基	$(CH_3)_3C-$

四、烷烃的命名

1. 普通命名法

直链烷烃——10个碳及以下的烷烃用天干表示；10个碳以上的烷烃用中文数字表示。

支链烷烃——用词头"异"或"新"区分。

2. 系统命名法

① 选主链　选择最长碳链作为主链，根据主链碳原子数称为某烷，其他支链作为取代基。

② 编号　从靠近取代基的一端开始编号。左右取代基同样靠近时，选择从简单取代基的一端开始编号。

③ 命名　取代基的位次、数目和名称在前，合并相同的取代基，取代基不同时则按甲基、乙基、正丙基、异丙基顺序书写，母体名称写在最后。

五、烷烃的化学性质

通常情况下，烷烃不与强酸、强碱、强氧化剂和强还原剂发生反应，但在一定条件下可发生卤代、氧化、裂化或裂解反应。

习题

一、命名下列化合物

(1) CH₃CH₂CHCH₂CH₃
    |
   CHCH₃
    |
   CH₃

(2) (CH₃)₃CCH₂CH(CH₃)CH₂CH(CH₃)₂

(3) CH₃CH₂CHCH₂CH₃ (有CH₃和CH₂CH₃取代基)

(4) CH₃CH₂C(CH₂CH₃)(CH₃)CH₂CH₃

(5) CH₃—C(CH₃)₂—CH₂CH₃

(6) CH₃CHCH₂CH₃ (有CH₂CH₃取代基)

二、写出下列化合物的构造式

(1) 2,3-二甲基己烷　　(2) 2,3,4-三甲基庚烷　　(3) 异戊烷

(4) 2-甲基-3-乙基己烷　(5) 2,3-二甲基-3-乙基戊烷　(6) 新戊烷

(7) 3,4-二甲基-4-乙基庚烷　(8) 3,3-二甲基-4-乙基己烷

三、请标出下列化合物中各个碳原子的类型（用1°、2°、3°、4°表示）

CH₃—C(CH₂CH₃)(CH₃)—CH(CH₃)—CH—CH₂CH₃
           |
          CH₃

四、指出下列化合物有几种一卤代物

(1) (CH₃)₃CCH₂C(CH₃)₃　　(2) CH₃CH₂CH₂CH₃　　(3) (CH₃)₃CC(CH₃)₃

五、按照沸点高低排列下列化合物

(1) 2-甲基戊烷　(2) 己烷　(3) 2,2-二甲基丁烷　(4) 庚烷

第三章
烯烃与二烯烃

学习目标

1. 理解烯烃结构和化学性质的关系；
2. 掌握烯烃顺反异构存在的条件；
3. 掌握烯烃和二烯烃的命名；
4. 理解二烯烃的结构特点及其加成反应的规律；
5. 掌握烯烃和二烯烃重要的化学性质。

案例导入

未成熟的苹果和香蕉放一起时，苹果能很快成熟。这是由于香蕉能释放出微量乙烯，而乙烯会加速植物果实成熟，可作为果实的催熟剂。

人们发现乙烯后，乙烯很多年都未有实际应用，直到聚乙烯出现。20 世纪 30 年代，经济大萧条，化工公司急需新的"拳头产品"，以冲出困境。同时，科技新发现像雨后春笋纷纷出现，但由于没有理论指导，很多公司的实验室都是四处撒网，希望能捕到大鱼，此时很多发现都是"撞"上的，聚乙烯就这样意外地出现了。

聚乙烯具有极好的化学稳定性、防水、无异味、耐酸、耐碱，尤其出色的是好的绝缘性，被用于反潜飞机的机载雷达，为猎获德国潜艇立下了汗马功劳。

通过本章的学习，我们将对乙烯和聚乙烯有个确切的认识。

第一节 烯烃

烯烃是分子中含有一个碳-碳双键（C=C）的开链烃，也叫单烯烃。由于 C=C 的存在，相对烷烃而言，烯烃又称不饱和烃。

一、烯烃的通式和同分异构

1. 烯烃的通式

烯烃含有官能团 C=C，比相应的烷烃少两个氢原子，因此烯烃的通式为 C_nH_{2n}。

2. 烯烃的同分异构

与烷烃相似，烯烃也存在同系列。两个相邻同系物之间也只相差一个 CH_2，因此 CH_2 也是烯烃同系列的系差。烯烃也存在同分异构现象，但比烷烃复杂得多。

（1）构造异构 与烷烃相同，含四个和四个以上碳原子的烯烃都具有构造异构体，但比烷烃要多。因为烯烃除碳骨架不同产生的构造异构外，还存在由于双键在碳骨架上位置不同而产生的位置异构。

① 碳链异构 烯烃中双键的位置不变，由碳原子的连接方式（碳骨架）不同产生的异构。例如：

$$CH_3-CH_2-CH=CH_2 \qquad CH_3-\underset{\underset{CH_3}{|}}{C}=CH_2$$

    1-丁烯   2-甲基丙烯

② 官能团位置异构 烯烃中碳链的连接方式不变，由官能团双键位置发生改变而引起的异构。例如：

$$CH_3-CH_2-CH=CH_2 \qquad CH_3-CH=CH-CH_3$$

    1-丁烯   2-丁烯

（2）顺反异构 乙烯的研究表明：①乙烯分子是平面形的，两个碳原子和四个氢原子处于同一平面内；②碳-碳双键不能绕键轴自由旋转。由于上述两个原因，C=C 上的碳原子各连有两个不同原子或基团时，可能产生两种不同的空间排列方式。以 2-丁烯为例，由于每个双键碳原子各连有一个氢原子和一个甲基，因此有下列两种不同的空间排列方式，而且它们的熔点、沸点不同，属两种不同的化合物。

    （a）顺-2-丁烯   （b）反-2-丁烯

观察（a）和（b）可知，两者的分子式相同，原子在分子中的排列和结合顺序也相同，即构造相同，但分子中的原子在空间的排列是不同的。其中，（a）中两个相同原子或基团（如 H 或 CH_3）处于双键同一侧，称为顺式；（b）中两个相同原子或基团处于双键两侧，称为反式。

这种由双键自由旋转受阻所引起的原子或基团在空间呈现不同排列方式的现象，即分子呈现不同异构现象，称为顺反异构或几何异构，属于立体异构的范畴。

不是所有烯烃都存在顺反异构体，只有当双键两个碳原子连有的两个原子或基团不同时，才产生顺反异构现象。如果其中一个双键碳原子连有的两个基团相同，则无顺反异构。例如：

  有顺反异构   有顺反异构   无顺反异构   无顺反异构

顺反异构体是不同的化合物，室温下不能相互转化，物理性质也不同。顺反异构体不仅在理化性质上有差别，其生理活性也有区别。例如两种己烯雌酚，只有反式异构体能用于治疗卵巢功能不全或由垂体功能异常引起的各种妇科疾病。

二、烯烃的结构

1. 碳原子的 sp^2 杂化

碳原子的 sp^2 杂化见图 3-1。

图 3-1 中碳原子 2s 轨道上的一个电子先吸收能量激发到 2p 轨道上，形成激发态。然后，一个 2s 轨道和两个 2p 轨道重新组合，形成三个新的 sp^2 杂化轨道。生成的 sp^2 杂化轨道的形状是一头大一头小，三个 sp^2 杂化轨道在空间排列成平面正三角形，对称轴之间的夹角是 120°，未参与杂化的 2p 轨道垂直于三个 sp^2 杂化轨道组成的平面，如图 3-2 所示。

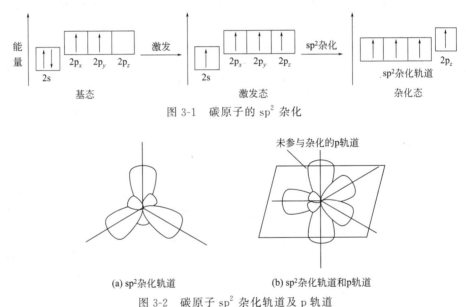

图 3-1 碳原子的 sp^2 杂化

(a) sp^2 杂化轨道 (b) sp^2 杂化轨道和 p 轨道

图 3-2 碳原子 sp^2 杂化轨道及 p 轨道

2. 乙烯的分子结构

乙烯（$CH_2 = CH_2$）是最简单的烯烃，研究表明，乙烯分子中的所有原子均在同一平面上。杂化轨道理论认为，双键碳原子为 sp^2 杂化，两个碳原子各以一个 sp^2 杂化轨道"头碰头"重叠形成 C—C σ键，并各以两个 sp^2 杂化轨道与两个氢原子的 1s 轨道"头碰头"重叠形成四个 C—H σ键，如图 3-3 所示。由于五个 σ键都在同一平面内，因此乙烯为平面结构。

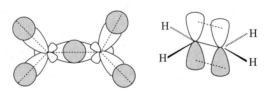

图 3-3 乙烯分子 σ键和 π键的形成

与此同时，两个碳原子上各有一个未参与杂化的 p 轨道，这两个 p 轨道垂直于 sp^2 杂化轨道所在的平面，彼此侧面重叠形成另外一种共价键。这种由 p 轨道侧面重叠形成的共价键

称为 π 键，如图 3-3 所示。故碳-碳双键是由一个 σ 键和一个 π 键组成的。

课内练习

1. 写出含有 5 个碳原子的戊烯（C_5H_{10}）全部的构造异构体。
2. 指出下列烯烃是否有顺反异构体，如有，试写出其对应的两种顺反异构体。
(1) $CH_3CH_2CH=CHCH_2CH_3$
(2) $(CH_3)_2CHCH=CHCH_3$
(3) $CH_2=CH(CH_3)$
(4) $(CH_3)_2C=CH(CH_3)$

三、烯烃的命名

1. 普通命名法

普通命名法仅适用于结构简单的烯烃，通常根据所含碳原子数称为"某烯"。例如：

$CH_2=CH_2$　　　　$CH_2=CHCH_3$　　　　$CH_2=C(CH_3)CH_3$

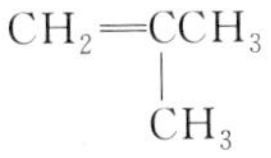

乙烯　　　　　　　　丙烯　　　　　　　　异丁烯

烯烃分子去掉一个氢原子后剩下的基团称为烯基。最常见的烯基有：

$CH_2=CH-$　　　　$CH_3-CH=CH-$　　　　$CH_2=CH-CH_2-$

乙烯基　　　　　　　丙烯基　　　　　　　烯丙基

2. 系统命名法

（1）选主链　选择含有 C=C 在内的最长碳链作为主链，支链作为取代基。根据主链所含碳原子数命名为"某烯"，碳原子数超过十时则称为"某（碳）烯"。

（2）编号　从靠近 C=C 的一端开始，依次用阿拉伯数字 1、2、3…编号，C=C 的位次用双键碳原子中编号小的数字表示，放在"某烯"之前。

（3）写名称　取代基的位次、数目、名称写在烯烃名称之前，其原则和书写格式与烷烃相同。例如：

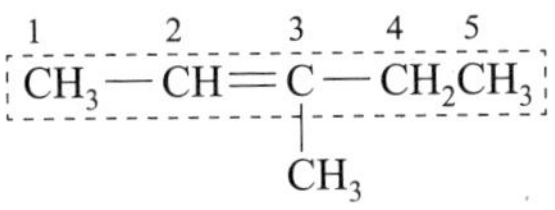

$\overset{1}{C}H_3-\overset{2}{C}H=\overset{3}{C}-\overset{4}{C}H_2\overset{5}{C}H_3$
　　　　　　　$|$
　　　　　　CH_3

3-甲基-2-戊烯

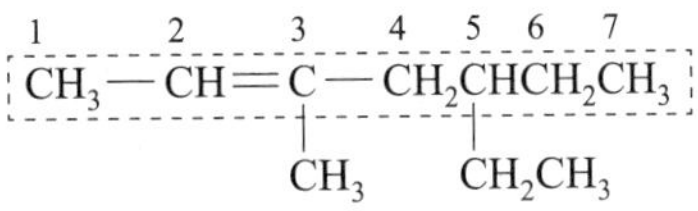

$\overset{1}{C}H_3-\overset{2}{C}H=\overset{3}{C}-\overset{4}{C}H_2\overset{5}{C}H\overset{6}{C}H_2\overset{7}{C}H_3$
　　　　　　　$|$　　　$|$
　　　　　　CH_3　CH_2CH_3

3-甲基-5-乙基-2-庚烯

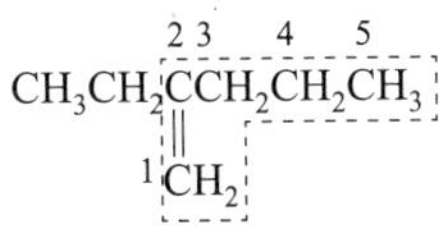

$CH_3CH_2\overset{2}{\underset{\underset{1}{\|}}{C}}\overset{3}{C}H\overset{4}{C}H_2\overset{5}{C}H_3$
　　　　CH_2

2-乙基戊烯

$\overset{1}{C}H_3-\overset{2}{C}H=\overset{3}{C}-\overset{4}{C}H_2\overset{5}{C}H\overset{6}{C}H_2\overset{7}{C}H_3$
　　　　　　　$|$　　$|$
　　　　　　CH_2　CH_3
　　　　　　$|$
　　　　　CH_3

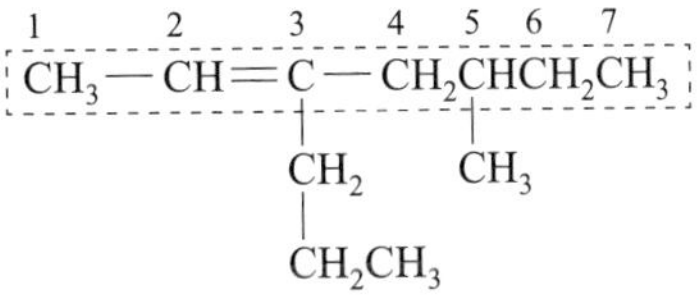

5-甲基-3-丙基-2-庚烯

与烷烃不同，当烯烃主链的碳原子数多于十时，命名时要在烯字前面加"碳"字。例如：

$$CH_3(CH_2)_{11}CH=CHCH_3$$
2-十五碳烯

3. 顺反异构命名法

顺反异构体的命名方法有两种：顺反命名法和 Z/E 命名法。

（1）**顺反命名法** 适用于两个双键碳原子上至少含有一个相同原子或基团的情况。"顺"表示两个相同原子或基团在双键的同侧，而"反"表示两个相同原子或基团在双键的两侧。例如：

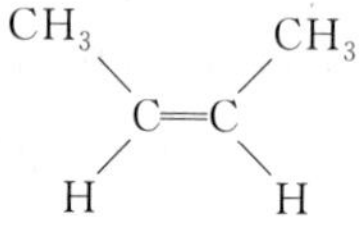

顺-2-丁烯 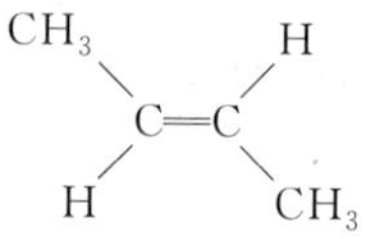　　　　　　　反-2-丁烯

顺反命名法比较简单、方便，但存在局限性，只适用于双键碳原子连有相同原子或基团的情况。若两个双键碳原子连有的原子或基团不相同，则不能用顺反命名法，需采用 Z/E 命名法。

（2）**Z/E 命名法** 命名时，首先将两个双键碳原子上的取代基分别按次序规则排列优先次序，然后分别确定双键碳原子上的两个优先基团。若两个碳原子上的优先基团在双键同侧，则称为 Z 型，在异侧则称为 E 型。

次序规则主要内容如下：

① 将直接与双键碳原子相连的两个原子按照原子序数大小排列，原子序数大的为优先基团。例如：

$$I(53)>Br(35)>Cl(17)>S(16)>F(9)>O(8)>N(7)>C(6)>H(1)$$

例如：(a) 中左边双键碳原子连了一个—CH_3 和一个—H，根据优先次序规则，—CH_3 为优先基团，同样可得右边双键碳原子的优先基团也是—CH_3，而且两个优先基团都在双键的上侧，即同一侧，因此为 Z 式。同理，可判断 (b) 为 E 式。

(a) (Z)-2-丁烯　　　　　　　(b) (E)-2-丁烯

② 若与双键碳原子相连的第一个原子相同，则比较第二个原子，若第二个原子也相同，则比较第三个原子，依此类推。例如：

$$(CH_3)_3C— > (CH_3)_2CH— > CH_3CH_2CH_2— > CH_3CH_2— > CH_3—$$

③ 若与双键碳原子相连的基团含有双键或三键等不饱和键，则把不饱和键看成单键的重复，即把双键看成连有两个相同原子，把三键看成连有三个相同原子。例如：

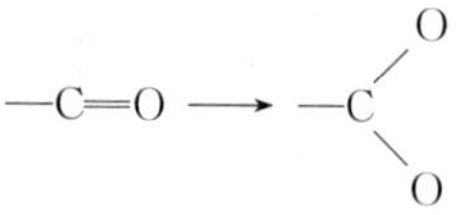

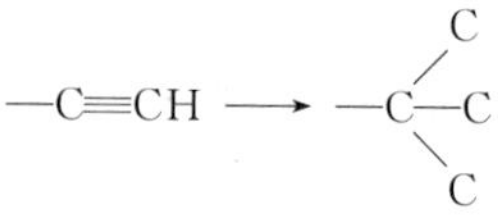

Z/E 命名法和顺反命名法并用，但它们之间没有必然的对应关系，即 Z 式不一定是顺式，E 式也不一定是反式。例如：

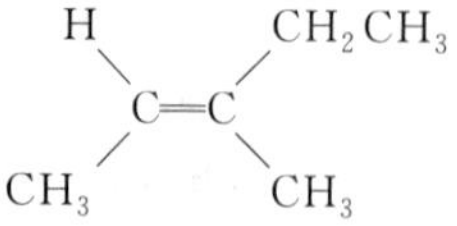

(E)-3-甲基-2-戊烯　　　　　　　(Z)-3-甲基-2-戊烯

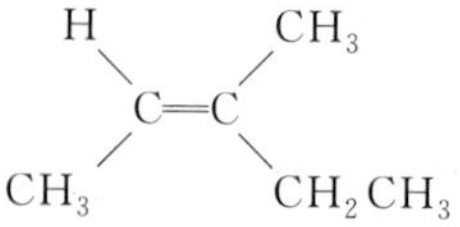

（顺-3-甲基-2-戊烯）　　　　　　（反-3-甲基-2-戊烯）

课内练习

用系统命名法命名下列化合物。

(1) $(CH_3)_3CCH=CH_2$

(2) $CH_3(CH_2)_{15}CH=CH_2$

(3)
$$\underset{(CH_3)_2CH}{\overset{H}{}}C=C\underset{H}{\overset{CH_3}{}}$$

(4)
$$\underset{(CH_3)_2CH}{\overset{CH_3CH_2}{}}C=C\underset{CH_3}{\overset{H}{}}$$

四、烯烃的物理性质

烯烃与烷烃类似，都是无色物质。常温时，C_4 及以下的烯烃是气体，$C_5 \sim C_{18}$ 的烯烃是液体，C_{19} 及以上的烯烃是固体。沸点和相对密度随碳原子数的增加而升高和增大，直链烯烃的沸点高于支链的异构体，但差别不大。顺式异构体的沸点一般比反式的高，而熔点较低。烯烃比水轻，相对密度小于1。烯烃不溶于水，但溶于苯、四氯化碳和乙醚等非极性或极性很弱的有机溶剂。一些常见烯烃的物理常数如表 3-1 所示。

表 3-1 常见烯烃的物理常数

名称	分子式	熔点/℃	沸点/℃	相对密度(d_4^{20})
乙烯	C_2H_4	−169.4	−103.9	0.570
丙烯	C_3H_6	−185.2	−47.7	0.610
1-丁烯	C_4H_8	−185.4	−6.4	0.625
异丁烯	C_4H_8	−139.0	−6.9	0.631
1-戊烯	C_5H_{10}	−166.2	30.1	0.641
2-甲基-1-丁烯	C_5H_{10}	−137.6	20.1	0.633
3-甲基-1-丁烯	C_5H_{10}	−168.5	20.1	0.648
1-己烯	C_6H_{12}	−139	63.5	0.673
1-庚烯	C_7H_{14}	−119	93.6	0.697
1-辛烯	C_8H_{16}	−104	121	0.716

五、烯烃的化学性质

烯烃的官能团是碳-碳双键，由于 π 键不稳定，容易断裂，因此烯烃非常活泼，可发生多种化学反应。在烯烃中，和官能团双键直接相连的碳原子称为 α-C，α-C 上连有的氢称为 α-H。烯烃化学反应主要发生在 C=C 和 α-C 上，如下：

$$R-\underset{H}{\overset{}{C}}H-CH=CH_2$$

双键的反应：加成、氧化、聚合

α-H 的反应：取代、氧化

1. 加成反应

在一定条件下，烯烃与一些试剂作用，$C=C$ 中的 π 键断裂，试剂中的两个原子或基团分别加到双键的两个碳原子上，这种反应称为加成反应。

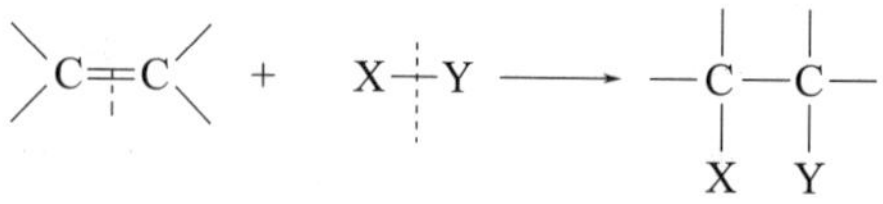

$$\diagup\!\!\!\!C=C\!\!\!\!\diagdown + X-Y \longrightarrow -\underset{X}{\overset{|}{C}}-\underset{Y}{\overset{|}{C}}-$$

烯烃所发生的反应，主要是加成反应。通过加成反应，可合成出许多有用的化合物。

（1）催化加氢　在铂(Pt)、钯(Pd)、镍(Ni) 等催化剂作用下，烯烃与氢发生加成反应生成相应的烷烃，此反应称为催化加氢或催化氢化。在有机化学中，加氢反应也称还原反应。例如：

$$R-CH=CH_2 + H_2 \xrightarrow{\text{催化剂}} R-CH_2-CH_3$$

烯烃的催化加氢，在工业上和实验室中都具有重要用途，如油脂氢化制硬化油和人造奶油等。

✱ 反应应用

> 在石油加工工业中，从石油加工所得的粗汽油常含有少量烯烃，由于烯烃易发生氧化或聚合等反应，因此影响油品质量。若对粗汽油进行加氢处理，则得到稳定的无烯烃的汽油，提高油品的稳定性，这种汽油叫作加氢汽油。

（2）与卤素加成　烯烃与卤素易发生加成反应，生成邻二卤代烃。

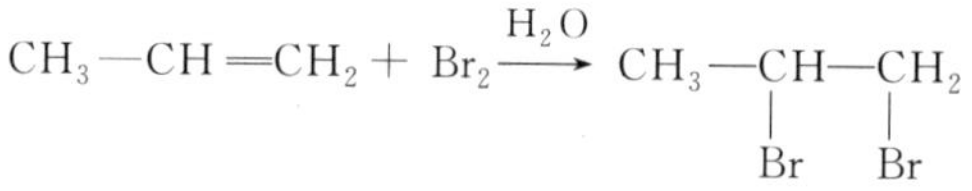

$$CH_3-CH=CH_2 + Br_2 \xrightarrow{H_2O} CH_3-\underset{Br}{\overset{|}{CH}}-\underset{Br}{\overset{|}{CH_2}}$$

（红棕色）　　1,2-二溴丙烷（无色）

烯烃与溴水（或溴的四氯化碳溶液）的加成是鉴别碳-碳双键的一个特征反应，常用于烯烃的定性检验。

✱ 反应应用

> 红棕色溴水遇到烯烃，红棕色会很快褪去，可用于检验汽油和煤油中是否含有不饱和烯烃。

例 3-1：鉴别乙烷和乙烯。

图示法解答如下：

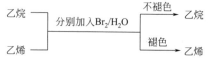

同一烯烃和不同卤素加成时，卤素的活性顺序为：$F_2 > Cl_2 > Br_2 > I_2$。氟与烯烃的反应过于

剧烈，碘与烯烃则难以发生加成反应，因此烯烃与卤素加成中的卤素一般指的是氯或溴。

烯烃与氯、溴加成时，烯烃的活性顺序为：$(CH_3)_2C=CH_2 > CH_3CH=CH_2 > CH_2=CH_2$。

（3）与卤化氢加成　烯烃与卤化氢或浓的氢卤酸发生加成反应，生成卤代烃。

$$>C=C< + H-X \longrightarrow -\underset{\underset{H}{|}}{C}-\underset{\underset{X}{|}}{C}-$$

$$X=Cl、Br、I$$

卤化氢与烯烃加成时的活性顺序是：$HI > HBr > HCl$。

像乙烯这种两个双键碳原子所连有的原子或基团都相同的烯烃称为对称烯烃，对称烯烃与卤化氢加成时，不论卤原子或氢原子加到哪一个双键碳原子上所得产物都相同。例如：

$$CH_2=CH_2 + HBr \longrightarrow CH_3-\underset{\underset{Br}{|}}{CH_2}$$

不对称烯烃与卤化氢加成时，氢原子加在不同双键碳原子上得到的产物不同，例如：

$$CH_3-CH=CH_2 + HCl \longrightarrow \begin{cases} CH_3-\underset{\underset{Cl}{|}}{CH}-CH_3 & \text{2-氯丙烷} \\ CH_3-CH_2-CH_2Cl & \text{1-氯丙烷} \end{cases}$$

理论上来说，得到两种产物的概率是相等的，但实验发现，加成产物往往以一种为主，如上例中2-氯丙烷是丙烯与氯化氢加成的主要产物。

俄国化学家马尔科夫尼科夫通过大量实验，归纳总结出一条经验规律，简称马氏规则，主要内容为：不对称烯烃与卤化氢等不对称试剂加成时，卤化氢分子中的氢原子或带正电的部分总是加成到含氢较多的双键碳原子上，而卤原子则加成到含氢较少的双键碳原子上。

在过氧化物存在时，不对称烯烃与卤化氢的加成则违反马氏规则，这种现象称为过氧化物效应。烯烃与卤化氢加成时，只有溴化氢（HBr）存在过氧化物效应，HCl和HI没有此效应。例如：

$$CH_3-CH=CH_2 + HBr \begin{cases} \xrightarrow{\text{无过氧化物}} CH_3-\underset{\underset{Br}{|}}{CH}-CH_3 & \text{2-溴丙烷} \\ \xrightarrow{\text{过氧化物}} CH_3-CH_2-CH_2Br & \text{1-溴丙烷} \end{cases}$$

✳ 反应应用

> 氯乙烷可用作溶剂和冷冻剂等，由于它在皮肤上能很快蒸发，因此可使该部位冷至麻木而不致冻伤组织，故可用作局部麻醉剂；利用反马氏规则，可合成卤原子在端位的卤代烃。

（4）与硫酸加成　烯烃可与冷的浓硫酸反应生成硫酸氢酯，硫酸氢酯水解得到醇，该反应也被称为烯烃的间接水合，是工业制备醇的方法之一。若是不对称烯烃，加成时遵循马氏规则。

$$CH_3-CH=CH_2 + H_2SO_4 \longrightarrow CH_3-\underset{OSO_3H}{CH}-CH_3$$

$$CH_3-\underset{OSO_3H}{CH}-CH_3 + H_2O \xrightarrow{\triangle} CH_3-\underset{OH}{CH}-CH_3$$

✱ 反应应用

> 利用上述原理可提纯某些物质，如烷烃中混入的少量烯烃，可用此方法除去。

(5) 与水加成　在硫酸或磷酸催化下，烯烃与水加成生成醇。不对称烯烃与水的加成遵循马氏规则。

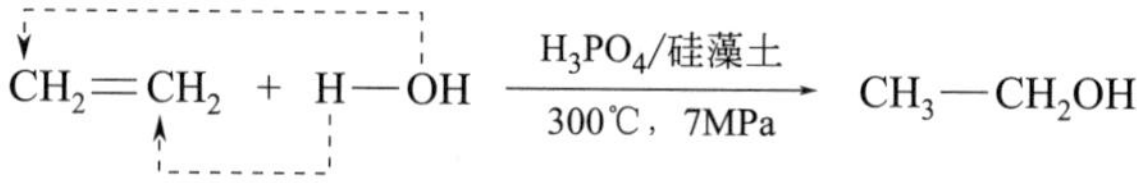

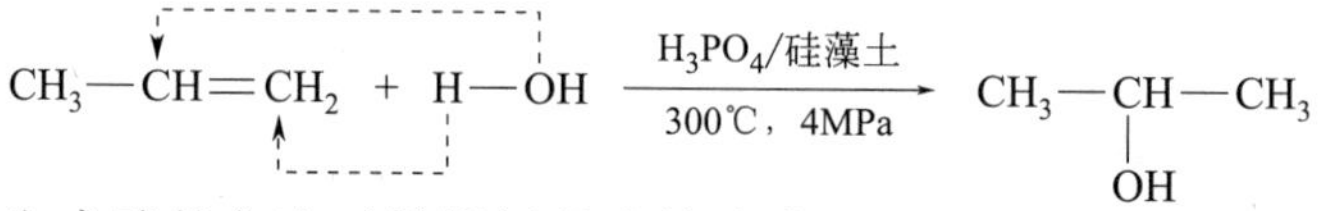

$$CH_2=CH_2 + H-OH \xrightarrow[300℃, 7MPa]{H_3PO_4/硅藻土} CH_3-CH_2OH$$

$$CH_3-CH=CH_2 + H-OH \xrightarrow[300℃, 4MPa]{H_3PO_4/硅藻土} CH_3-\underset{OH}{CH}-CH_3$$

烯烃与水反应生成醇的方法叫做烯烃的直接水合法，是工业上生产乙醇、异丙醇等低级醇的重要方法之一。

烯烃直接水合法和间接水合法相比，直接水合法对原料和设备的要求较高，但工艺简单；间接水合法工艺流程长，设备腐蚀严重，但对原料和设备的要求不高。

(6) 与次氯酸加成　烯烃与次氯酸加成生成卤代醇，不对称烯烃与次氯酸加成时，遵循马氏规则。例如：

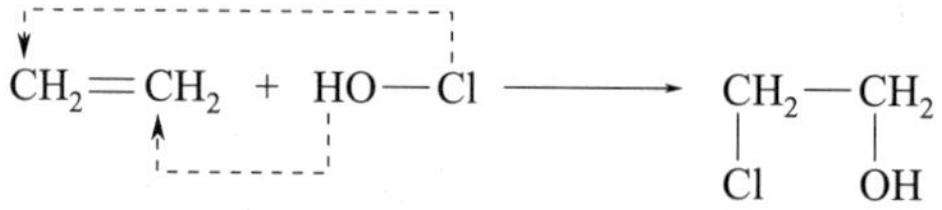

$$CH_2=CH_2 + HO-Cl \longrightarrow \underset{Cl}{CH_2}-\underset{OH}{CH_2}$$
2-氯乙醇

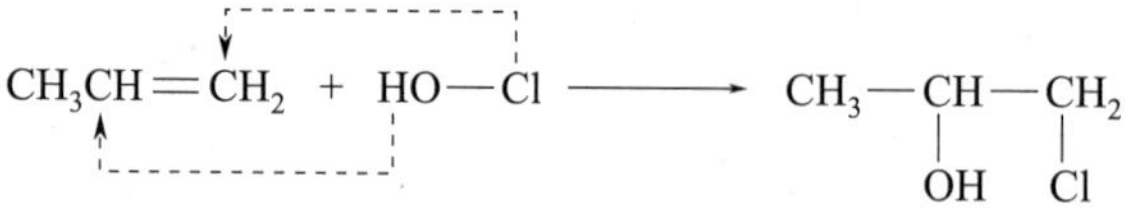

$$CH_3CH=CH_2 + HO-Cl \longrightarrow CH_3-\underset{OH}{CH}-\underset{Cl}{CH_2}$$
1-氯-2-丙醇

✱ 反应应用

> 丙烯与次氯酸加成可得到 1-氯-2-丙醇，用于合成甘油。

2. 氧化反应

烯烃由于官能团 C=C 的存在较容易发生氧化反应。反应时，因烯烃结构以及所用氧化剂、氧化条件不同，氧化产物也不同。

（1）高锰酸钾氧化　使用冷的、稀的高锰酸钾中性或微碱性水溶液氧化烯烃，烯烃双键中的π键断开，生成邻二醇，同时高锰酸钾的紫色逐渐消失，并有棕褐色二氧化锰沉淀生成。此反应可用于检验不饱和烃的存在。

$$3CH_3CH=CH_2 + 2KMnO_4 + 4H_2O \longrightarrow 3CH_3-\underset{OH}{CH}-\underset{OH}{CH_2} + 2MnO_2\downarrow + 2KOH$$

1,2-丙二醇

烯烃与酸性高锰酸钾溶液反应时，高锰酸钾被还原为二价锰离子，烯烃的碳-碳双键断裂，且烯烃双键碳原子上连有的原子或基团不同时，氧化后的产物也不同，符合下面规律。

$$CH_2= \longrightarrow CO_2\uparrow + H_2O$$

$$R-CH= \longrightarrow RCOOH$$

$$R-\underset{R'}{\overset{}{C}}= \longrightarrow R-\overset{O}{\underset{}{C}}-R'$$

例如：

$$CH_3CH=CH_2 \xrightarrow{KMnO_4/H_2SO_4} CH_3COOH + CO_2\uparrow + H_2O$$

$$CH_3-\underset{CH_3}{\overset{}{C}}=CHCH_3 \xrightarrow{KMnO_4/H_2SO_4} CH_3-\overset{O}{\underset{}{C}}-CH_3 + CH_3COOH$$

根据氧化产物的不同，可以推断原烯烃分子的结构。

（2）催化氧化　在催化剂存在下，烯烃被空气或者氧气氧化，C=C中的π键打开生成氧化物。例如在活性银催化下，乙烯被空气或者氧气氧化成环氧乙烷。

$$CH_2=CH_2 + O_2 \xrightarrow[250℃]{Ag} H_2C\overset{}{\underset{O}{-}}CH_2$$

✵ 反应应用

> 我国主要采用此法制备环氧乙烷。环氧乙烷是重要的有机合成中间体，可用于制备乙二醇、抗冻剂、乳化剂和合成洗涤剂等。

3. α-H 的反应

烯烃分子中的 α-H 受双键的影响表现出特殊的活泼性，容易发生卤代、氧化等反应。温度较低时，主要发生加成反应；温度较高时，则主要发生取代反应。例如：

$$CH_3-CH=CH_2 + Cl_2 \begin{cases} \xrightarrow{<200℃} CH_3-\underset{Cl}{CH}-\underset{Cl}{CH_2} \\ \xrightarrow{>300℃} \underset{Cl}{CH_2}-CH=CH_2 \end{cases}$$

> 工业上，干燥丙烯与氯气在 500～530℃ 下反应生产 3-氯丙烯。

4. 聚合反应

小分子量化合物通过自身相互加成而生成大分子量化合物的反应称为聚合反应。参加聚合反应的小分子称为单体，集合后生成的化合物称为聚合物。

$$n\mathrm{CH_2{=}CH_2} \xrightarrow[\text{温度,压力}]{\text{引发剂}} \{\mathrm{CH_2{-}CH_2}\}_n$$

聚乙烯

> 合成的聚乙烯化学稳定性和绝缘性好，可用于制食品袋、电绝缘材料、塑料和日常用具等，用途非常广泛。

课内练习

> 1. 试用化学方法鉴别丙烷和丙烯。
> 2. 请写出下列反应的主要产物。
>
> (1) $\mathrm{CH_3{-}\underset{\underset{CH_3}{|}}{C}{=}CHCH_3} \xrightarrow{\mathrm{HBr}}$
>
> (2) $\mathrm{CH_3{-}CH{=}CH_2} \xrightarrow[\text{(2) } H_2O]{\text{(1) } H_2SO_4}$
>
> (3) $\mathrm{CH_3{-}\underset{\underset{CH_3}{|}}{C}{=}CH_2} \xrightarrow{\mathrm{KMnO_4/H_2SO_4}}$

六、诱导效应与马氏规则

1. 诱导效应

在 1-氯丙烷分子中，氯原子的电负性大于碳原子的电负性，使得碳-氯键（C—Cl）电子云偏向氯原子，这样氯就带上部分负电荷，而 Cl 带部分正电荷。而 Cl 正电荷的静电吸引使 C1—C2 键的电子云也发生偏移，使得 C2 也带有部分正电荷；同理，C3 也带有部分正电荷。总体来看，整个分子的电子云沿碳链向氯原子方向偏移，如图 3-4 所示。

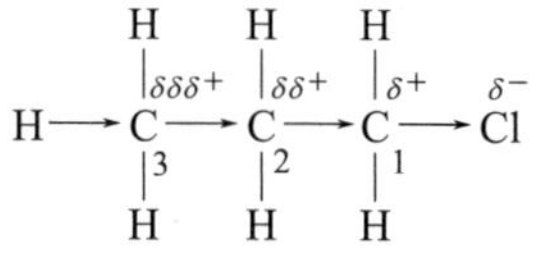

诱导效应与马氏规则

图 3-4 电子云的偏移

这种由静电诱导作用引起的电子云沿碳链传递而产生的电子云偏移现象称为诱导效应。诱导效应沿碳链的影响随距离的增长而减弱，一般到第三个碳原子后就很微弱了，可忽略不计。

诱导效应的强弱取决于原子或基团电负性的大小。以 C—H 为标准，电负性大于氢的原子或基团称为吸电子基，吸电子基表现出吸电子诱导效应，用—I 表示，可使电子云向吸电子基偏移；电负性小于氢的原子或基团称为供电子基，供电子基表现出供电子诱导效应，用+I 表示，使电子云向其反方向偏移。

常见吸电子基和供电子基诱导效应的强弱顺序如下。

吸电子基：—NO_2>—COOH>—Cl>—Br>—I>—OH>—C_6H_5>—H。

供电子基：—$C(CH_3)_3$>—$CH(CH_3)_2$>—CH_2CH_3>—CH_3>—H。

2. 马氏规则

用诱导效应可很好地解释马氏规则，不对称烯烃中双键连的烷基是供电子基，使 π 电子云发生偏移。例如：

$$CH_3 \rightarrow \overset{\delta+}{\underset{2}{CH}} = \overset{\delta-}{\underset{1}{CH_2}} + H^+Br^- \longrightarrow CH_3-\underset{\underset{Br}{|}}{CH}-CH_3$$

丙烯中的甲基是供电子基，具有供电子诱导效应，使 π 电子云向 C1 偏移，造成 C1 带部分负电荷，而 C2 带部分正电荷。因此带正电荷的氢自然加到 C1 上，而 Br^- 加到 C2 上，验证了马氏规则。

第二节　二烯烃

分子中含有两个碳-碳双键的烃称为二烯烃，通式为 C_nH_{2n-2}。

一、二烯烃的分类

根据双键的相对位置，二烯烃可分为以下三类。

（1）累积二烯烃　两个双键共用一个碳原子，即双键聚集在一起，又称为聚集二烯烃。例如：

$$CH_2=C=CH_2$$

（2）共轭二烯烃　两个双键中间隔一单键，即单、双键交替排列。例如：

$$CH_2=CH-CH=CH_2$$

（3）隔离二烯烃　两个双键之间间隔两个或两个以上的单键，又称为孤立二烯烃。例如：

$$CH_2=CH-CH_2-CH=CH_2$$

隔离二烯烃的两个双键相距较远，彼此之间的影响较小，化学性质基本和单烯烃相同。累积二烯烃为数不多，实际应用也不多，主要用于立体化学的研究。共轭二烯烃中的两个双键相互影响，有些性质较为特殊，在理论和应用上都有重要价值，本节主要讨论共轭二烯烃。

二、二烯烃的命名

二烯烃的系统命名与烯烃相似，要选择包含两个双键在内的最长碳链作为主链，编号从靠近双键的一端开始编号，两个双键的位次均需标出，命名为某二烯。例如：

$$\overset{1}{C}H_2=\overset{2}{C}-\overset{3}{C}=\overset{4}{C}H_2 \quad\quad \overset{1}{C}H_2=\overset{2}{C}-\overset{3}{C}H_2-\overset{4}{C}H=\overset{5}{C}H_2$$
$$\quad\quad\;\; CH_3\;CH_3 \quad\quad\quad\quad\quad\quad\;\; CH_3$$

2,3-二甲基-1,3-丁二烯　　　　　　　　2-甲基-1,4-戊二烯

$$\overset{1}{C}H_2=\overset{2}{C}-\overset{3}{C}H=\overset{4}{C}H-\overset{5}{C}H_3 \quad\quad \overset{1}{C}H_2=\overset{2}{C}-\overset{3}{C}H=\overset{4}{C}-\overset{5}{C}H-\overset{6}{C}H_3$$
$$\quad\;\; CH_2CH_3 \quad\quad\quad\quad\quad\quad\quad\;\; CH_3\;CH_3\quad CH_2CH_3$$

2-乙基-1,3-戊二烯　　　　　　　　　　2,3-二甲基-5-乙基-1,4-己二烯

课内练习

命名下列化合物。

（1）$CH_2=C-CH=CH_2$
　　　　　　$|$
　　　　　CH_2CH_3

（2）$CH_2=C-CH-CH=CH_2$
　　　　　　$|\quad\;\;|$
　　　　　$CH_3\;\,CH_2CH_3$ (注：乙基在2位)

（3）$CH_2=C-CH=CH-CH_3$
　　　　　　$|\quad\quad\;\;|$
　　　　　$CH_3\quad CH_2CH_3$

（4）$CH_2=C-CH=C-CH-CH_3$
　　　　　　$|\quad\quad\;\;|\quad\;|$
　　　　　$CH_3\quad CH_3\;CH_3$

共轭二烯烃
的结构

三、共轭二烯烃的结构

1. 1,3-丁二烯的结构

1,3-丁二烯是最简单的共轭二烯烃，研究表明：1,3-丁二烯分子的四个碳原子和六个氢原子都在一个平面上。

根据杂化轨道理论，1,3-丁二烯分子中的四个碳原子均是 sp^2 杂化，每个碳原子的 sp^2 杂化轨道与其他碳原子的 sp^2 杂化轨道形成三个 C—C σ键，其他的 sp^2 杂化轨道和氢原子的 1s 轨道形成六个 C—H σ键，而且三个 C—C σ键和六个 C—H σ键都在同一个平面上。分子中的两个 π 键是由 C1 和 C2 的两个 p 轨道及 C3 和 C4 的两个 p 轨道分别侧面重叠形成的。这两个 π 键靠得很近，在 C2 和 C3 间可发生一定程度的重叠，使得 C2 与 C3 之间的键长缩短，且具有部分双键的性质。因此，这两个 π 键不是孤立的存在，而是相互结合成一个整体，称为 π-π 共轭体，人们通常把这个整体称为大 π 键，如图 3-5 所示。

2. 共轭体系与共轭效应

与 1,3-丁二烯一样，含有共轭 π 键的分子称为共轭分子，具有共轭 π 键的体系称为共轭体系。在共轭体系中，所有形成共轭 π 键的原子之间的相互影响称为共轭效应。共轭效应对共轭体系的影响使其具有三个特点：

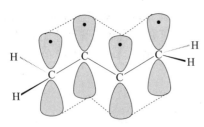

图 3-5　1,3-丁二烯分子中的共轭 π 键

键长趋于平均化；共平面；体系能量降低。

常见的共轭体系有以下两种。

（1）π-π 共轭　单键与不饱和键交替存在，由 π 电子离域形成的共轭体系。例如：

$$CH_2=CH-CH=CH_2 \qquad CH_2=CH-CH=O$$
$$\text{1,3-丁二烯} \qquad\qquad \text{丙烯醛}$$

（2）p-π 共轭　由一个 π 键和一个与此 π 键平行的 p 轨道形成的共轭体系（图3-6）。

图 3-6　氯乙烯分子中的 p-π 共轭

四、共轭二烯烃的化学性质

1. 共轭加成——1,2-加成和 1,4-加成

共轭二烯烃可以催化加氢，也可以和卤素、卤化氢等试剂发生加成反应。由于共轭二烯烃有两个双键，当它与试剂加成时，有两种不同的加成方式：1,2-加成和 1,4-加成。1,2-加成是试剂的两个部分分别加到 C1 和 C2 上；1,4-加成则是加到共轭体系的两端 C1 和 C4 上，原来的两个 C=C 消失，而在 C2、C3 之间形成一个新的双键，这种加成方式又称为共轭加成。1,2-加成和 1,4-加成在反应中常同时发生，这也是共轭烯烃的特征。例如：

$$CH_2=CH-CH=CH_2 \begin{array}{l} \xrightarrow{H_2/Ni} CH_3-CH_2-CH=CH_2 \quad (1,2\text{-加成}) \quad CH_3-CH=CH-CH_3 \quad (1,4\text{-加成}) \\ \xrightarrow{Br_2} CH_2(Br)-CH(Br)-CH=CH_2 \qquad CH_2(Br)-CH=CH-CH_2(Br) \\ \xrightarrow{HBr} CH_3-CH(Br)-CH=CH_2 \qquad CH_3-CH=CH-CH_2(Br) \end{array}$$

1,2-加成和 1,4-加成是同时进行的，一般情况下，高温和极性溶剂有利于 1,4-加成，而低温和非极性溶剂有利于 1,2-加成。

2. 狄尔斯-阿尔德反应——双烯加成反应

共轭二烯烃与含有 C=C 或 C≡C 的化合物发生 1,4-加成，生成六元环状化合物的反应，称为双烯加成反应，又称狄尔斯-阿尔德（Diels-Alder）反应。例如：

$$\begin{array}{c} CH_2 \\ \| \\ CH \\ | \\ CH \\ \| \\ CH_2 \end{array} + \begin{array}{c} Y \\ | \\ CH \\ \| \\ CH_2 \end{array} \xrightarrow[17h]{165℃,90MPa} \begin{array}{c} \text{环己烯-Y} \end{array}$$

—Y：—H、—CHO、—COOR、—NO₂

反应中，共轭二烯烃称为双烯体，含有碳-碳双键或碳-碳三键的化合物称为亲双烯体。碳-碳双键或三键上连有吸电子基的亲双烯体更容易发生双烯加成反应。

3. 聚合反应

共轭二烯烃比烯烃更容易发生聚合反应，生成高分子化合物，工业上可利用此反应合成橡胶。例如：

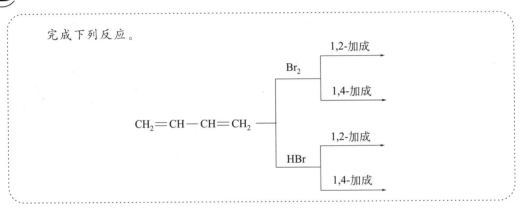

顺-1,3-聚丁二烯橡胶（顺丁橡胶）

反应应用

共轭二烯烃的聚合反应是工业上生产橡胶的基本反应，合成的顺丁橡胶具有耐磨、耐老化和弹性好等优点，主要用于制造轮胎、运输带和胶管等。

课内练习

完成下列反应。

$$CH_2=CH-CH=CH_2 \begin{cases} Br_2 \begin{cases} 1,2\text{-加成} \\ 1,4\text{-加成} \end{cases} \\ HBr \begin{cases} 1,2\text{-加成} \\ 1,4\text{-加成} \end{cases} \end{cases}$$

拓展窗

白色污染

"白色污染"是人们对难降解塑料垃圾对环境污染的一种形象称呼。白色污染主要指白色的发泡塑料饭盒、各种塑料袋和农用地膜等随意乱丢乱扔，难以降解处理，以致造成城市环境严重污染的现象。"白色污染"的主要成分是：聚乙烯、聚氯乙烯、聚丙烯、聚苯乙烯树脂等。在这些污染物中，还加入了增塑剂、发泡剂、热稳定剂和抗氧剂等。

"白色污染"的危害在于"视觉污染"和"潜在危害"。在城市、旅游区、水体和道路旁散落的废旧塑料包装物给人们的视觉带来不良刺激，影响城市、风景点的整体美感，破坏市容、景观，由此造成"视觉污染"。而"潜在危害"则是指塑料地膜废弃物在土壤中大面积残留，长期积累，造成土壤板结，影响农作物吸收养分和水分，导致农作物减产；抛弃在陆地上或水中的塑料废弃物，被动物当作食物吞食后，会导致动物死亡，如果将它们填埋，会占用大量土地，而且，在很长一段时间内难以分解；部分的塑料具有毒性，如果用作餐具或食品包装的材料，会对人体的健康不利。

在日常生活中，人们不应过度依赖塑料袋。大部分消费者把超市塑料袋带回家当垃圾袋使用，丢弃后其对环境造成二次污染。因此，人们应拒绝使用塑料袋买菜或盛装食物，买菜可用菜篮子或布袋避免使用上的一次性，减少对环境的污染。盛装食物可以使用自备的不锈钢或塑胶饭盒，既卫生，又环保，还不会对身体造成危害。此外，回收废塑料并使之资源化是解决白色污染的根本途径。其实，塑料和其他材料相比，有一个显著的优点：塑料可以很方便地反复回收使用。废塑料回收后，经过处理，既能重新成为制品，亦可制得汽油与柴油。

本章小结

一、烯烃和二烯烃的命名

（1）选主链　选择包含C═C在内的支链最多的最长碳链作为主链，根据主链碳原子数称为某烯或某二烯，其他支链作为取代基。

（2）编号　优先从靠近碳-碳双键的一端编号，其次是靠近取代基编号。

（3）命名　取代基的位次、数目和名称写在前，合并相同的取代基，取代基不同时则按甲基、乙基、正丙基、异丙基的顺序书写，母体名称写在最后。

（4）顺反异构用 Z/E 命名法　优先基团在碳-碳双键同侧的为 Z 型，在异侧的为 E 型。优先基团的确定次序规则：

① 与双键碳原子相连的第一个原子，原子序数大的为优先基团；

② 第一个原子相同时，比较第二个原子的原子序数，大的为优先基团；

③ 与双键碳原子相连的基团含有双键或三键时，可将其看作是连有两个或三个相同的原子。

二、烯烃的化学性质

烯烃的主要化学性质为加成反应和氧化反应。

1. 加成反应

不对称烯烃与不对称试剂加成时，不对称试剂中带正电部分加成到双键含氢较多的碳原子上，此规律称为马氏规则；在过氧化物存在下，则按反马氏规则进行。

$$CH_3CH=CH_2 \begin{cases} \xrightarrow[\text{过氧化物}]{HBr} CH_3CH_2CH_2Br \\ \xrightarrow{HBr} CH_3CHCH_3 \\ \qquad\qquad\quad |\\ \qquad\qquad\;\, Br \\ \xrightarrow{H_2SO_4} CH_3CHCH_3 \xrightarrow[\triangle]{H_2O} CH_3CHCH_3 \\ \qquad\qquad\quad |\qquad\qquad\qquad\qquad | \\ \qquad\qquad\; OSO_3H \qquad\qquad\qquad\;\, OH \\ \xrightarrow{H_2O/H_2SO_4} CH_3CHCH_3 \\ \qquad\qquad\qquad\quad | \\ \qquad\qquad\qquad\;\, OH \\ \xrightarrow{HClO} CH_3CHCH_2 \\ \qquad\qquad\quad |\quad\; | \\ \qquad\qquad\; OH\; Cl \end{cases}$$

2. 氧化反应

烯烃被酸性高锰酸钾溶液氧化的反应规律如下：

$CH_2=$ 氧化断键的产物为 CO_2 和 H_2O

$RCH=$ 氧化断键的产物为羧酸 $RCOOH$

$\underset{R'}{R-C=}$ 氧化断键的产物为酮 $R-\overset{O}{\underset{}{C}}-R'$

3. 烯烃 α-H 的取代反应

$$CH_3CH=CH_2 \xrightarrow[500℃]{Cl_2} \underset{Cl}{CH_2-CH=CH_2}$$

三、共轭二烯烃的化学性质

1. 1,2-加成和 1,4-加成

低温、非极性溶剂下主要发生 1,2-加成反应（马氏规则）；高温、极性溶剂下主要发生 1,4-加成反应。例如：

$$CH_2=CH-CH=CH_2 \xrightarrow[1,4-加成]{HBr} CH_3-CH=CH-CH_2Br$$

2. 双烯加成反应（狄尔斯-阿尔德反应）

—Y: —H、—CHO、—COOR、—NO$_2$

习题

一、单选题

(1) 乙烯分子中碳-碳双键由（　　）组成。

　　A. 2 个 σ 键　　　　　　　　　　B. 2 个 π 键

　　C. 1 个 σ 键和 1 个 π 键　　　　D. 2 个 σ 键和 2 个 π 键

(2) 下列化合物中，能与酸性高锰酸钾溶液反应放出 CO_2 的是（　　）。

　　A. 2-甲基-2-丁烯　　　　　　　B. 2-甲基-1-丁烯

　　C. 2-甲基丁烷　　　　　　　　D. 2-丁烯

(3) 下列化合物中有顺反异构现象的是（　　）。

　　A. 2-甲基-2-戊烯　　　　　　　B. 2,3-二甲基-2-戊烯

　　C. 3-甲基-2-戊烯　　　　　　　D. 2,4-二甲基-2-戊烯

(4) 下列化合物中，既是顺式，又是 E 型的是（　　）。

A. $\underset{C_2H_5}{\overset{CH_3}{}}C=C\underset{COOH}{\overset{CH_3}{}}$　　　　B. $\underset{H}{\overset{CH_3}{}}C=C\underset{C_2H_5}{\overset{H}{}}$

C. $\underset{HOOC}{\overset{Cl}{\underset{}{\big>}}}C=C\underset{COOH}{\overset{CH_2CH_3}{\big<}}$ D. $\underset{HOOC}{\overset{Cl}{\big>}}C=C\underset{COOH}{\overset{Br}{\big<}}$

(5) $CH_2=CHCH_2CH_3$ 和 $CH_3CH=CHCH_3$ 互为（　　）。

　　A. 碳链异构　　　B. 位置异构　　　C. 构象异构　　　D. 顺反异构

二、写出下列化合物的构造式

(1) 3-甲基-4-乙基-3-己烯

(2) (Z)-4-甲基-2-戊烯

(3) 3-溴-2-戊烯

(4) 2,4-二甲基-3-己烯

(5) 1,3,5-己三烯

(6) 2,3-二甲基-1,3-丁二烯

(7) 2-甲基-2,3-己二烯

(8) (E)-3-甲基-2-己烯

三、命名下列化合物

(1) $CH_3CH_2\underset{\underset{CH_2}{\|}}{\overset{\overset{CH_3}{|}}{C}}CH_3$

(2) $\underset{H}{\overset{C_2H_5}{\big>}}C=C\underset{CH(CH_3)_2}{\overset{CH_2CH_3}{\big<}}$

(3) $CH_3-\underset{\underset{CH_3}{|}}{\overset{\overset{CH_3}{|}}{C}}-CH_2CH=CH_2$

(4) $CH_2=C\underset{CH_3}{\overset{CH_2CH=CH_2}{\big<}}$

(5) $\underset{CH_3}{\overset{C_2H_5}{\big>}}C=C\underset{CH(CH_3)_2}{\overset{CH_2CH_2CH_3}{\big<}}$

(6) $CH_2=C\underset{CH_3}{\overset{CH_2CH_3}{\big<}}-C=CHCH_3$

四、下列哪些化合物存在顺反异构体？写出其对应的顺反异构体

(1) $\underset{H}{\overset{CH_3}{\big>}}C=C\underset{CH_3}{\overset{CH_2CH_2CH_3}{\big<}}$

(2) $\underset{H}{\overset{C_2H_5}{\big>}}C=C\underset{H}{\overset{CH_2CH_3}{\big<}}$

(3) $\underset{CH_3}{\overset{CH_3}{\big>}}C=C\underset{CH_3}{\overset{CH_2CH_2CH_3}{\big<}}$

(4) $\underset{CH_3}{\overset{H}{\big>}}C=C\underset{H}{\overset{CH_2CH_3}{\big<}}$

(5) $\underset{H}{\overset{CH_3CH_2}{\big>}}C=C\underset{CH_3}{\overset{CH_3}{\big<}}$

(6) $\underset{CH_3}{\overset{H}{\big>}}C=C\underset{CH(CH_3)_2}{\overset{CH_2CH_3}{\big<}}$

五、推断下列各烯烃的构造式

(1) 某烯烃被高锰酸钾的硫酸溶液氧化后，只得到一种产物乙酸。写出该烯烃的构造式。

(2) 某烯烃被高锰酸钾的硫酸溶液氧化后，得到乙酸和二氧化碳。写出该烯烃的构造式。

(3) 某烯烃的分子式为 C_6H_{12}，被酸性高锰酸钾溶液氧化后只得到一种产物丙酮。写出该烯烃的构造式。

六、写出下列反应的主要产物

(1) $CH_3CH=CH_2 + HCl \longrightarrow$

(2) $CH_3\underset{\underset{CH_3}{|}}{C}=CH_2 + H_2O \longrightarrow$

(3) $CH_3\underset{\underset{CH_3}{|}}{C}=CHCH_3 + Br_2 \xrightarrow{H_2O}$

(4) $CH_3\underset{\underset{CH_3}{|}}{CH}CH=CH_2 + HOCl \longrightarrow$

(5) $CH_3CH=CH_2 \xrightarrow[(2)H_2O]{(1)H_2SO_4}$

(6) $CH_3CH_2CH=CH_2 + HBr \xrightarrow{过氧化物}$

(7) $CH_3CH=CH_2 \xrightarrow[H_2SO_4]{KMnO_4}$

(8) $CH_2=CH-CH=CH_2 + HBr \xrightarrow[\triangle]{1,4-加成}$

(9) $CH_3\underset{\underset{CH_3}{|}}{C}=CHCH_3 \xrightarrow[H_2SO_4]{KMnO_4}$

(10) $\begin{matrix} CH_2 \\ \| \\ CH \\ | \\ CH \\ \| \\ CH_2 \end{matrix} + \begin{matrix} COOH \\ | \\ CH \\ \| \\ CH_2 \end{matrix} \xrightarrow{\triangle}$

七、以 1-丙烯为原料，其他无机试剂任选，合成下列化合物

(1) 2-溴丙烷　　　　　(2) 1-溴丙烷
(3) 2-丙醇　　　　　　(4) 1,2-二溴丙烷

八、烯烃 A 和 B，经催化加氢都得到烷烃 C。A 被 KMnO₄ 的硫酸溶液氧化为 CH₃COOH 和 (CH₃)₂CHCOOH；B 被 KMnO₄ 的硫酸溶液氧化为 $CH_3-\overset{\overset{O}{\|}}{C}-CH_3$ 和 CH₃CH₂COOH。试写出 A、B、C 的构造式。

第四章 炔 烃

学习目标

1. 理解 sp 杂化和乙炔的结构；
2. 掌握炔烃的命名；
3. 掌握炔烃重要的化学性质；
4. 掌握炔烃的鉴别。

案例导入

某化工厂安装纵向走台时，焊工王某随手将割枪插入到了 2 号罐顶上的连接口内。中午下班时李某去关氧气瓶和乙炔气瓶，发现乙炔瓶的高、低压指针回零，并立即告诉了班长张某。而焊工王某直接取出割枪，离开了现场。下午，焊工赵某焊接 2 号罐顶护栏立柱时，罐体发生爆炸，造成 4 名职工死亡，多人受伤。

该事故的直接原因是施工人员没有关严乙炔气体，而焊工王某随手把割枪插入 2 号罐顶，导致乙炔泄漏并达到爆炸极限。后面赵某打火直接引爆罐内的混合气体。该事故的间接原因是职工缺乏安全意识，对乙炔知之甚少，未引起重视。通过本章的学习，我们会对乙炔有个清楚的认识。

分子中含有碳-碳三键的不饱和烃，称为炔烃。炔烃的官能团是碳-碳三键（C≡C），比相应的烯烃少两个氢原子，因此炔烃的通式是 C_nH_{2n-2}。相同碳原子数的炔烃与二烯烃互为同分异构体。

第一节 炔烃的结构

一、碳原子的 sp 杂化

sp 杂化

乙炔的结构简式是 H—C≡C—H，是最简单的炔烃。科学实验表明，乙炔分子是线型的，两个碳原子和两个氢原子在同一条直线上。

杂化轨道理论认为，碳原子在构成乙炔分子时，激发态的一个 2s 轨道和一个 2p 轨道进行 sp 杂化，形成两个等同的 sp 杂化轨道，还剩余两个 2p 轨道未参与杂化。杂化过程如图 4-1 所示。

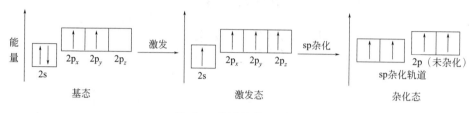

图 4-1 碳原子的 sp 杂化

生成的两个 sp 杂化轨道的对称轴在同一条直线上，夹角为 180°，因此 sp 杂化又称直线型杂化。未参与杂化的两个 2p 轨道相互垂直并垂直于新形成的 sp 杂化轨道的对称轴，如图 4-2 所示。

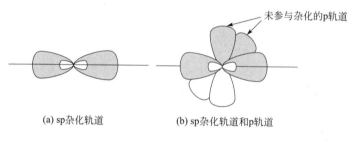

(a) sp 杂化轨道　　　(b) sp 杂化轨道和 p 轨道

图 4-2 碳原子的 sp 杂化轨道和 p 轨道

二、乙炔分子的结构

乙炔，分子式为 C_2H_2，为直线型分子。在乙炔分子中，两个碳原子各以一个 sp 杂化轨道"头碰头"重叠形成 C—C σ 键，而两个碳原子上的另一个 sp 杂化轨道各与一个氢原子的 s 轨道"头碰头"重叠形成 C—H σ 键，形成的三个 σ 键的对称轴在一条直线上，四个原子也位于一条直线上，键角 180°，如图 4-3 所示。

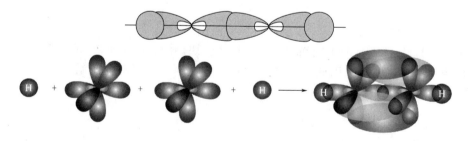

图 4-3 乙炔分子的形成

在形成 C—C σ 键的同时，两个碳原子上未参与杂化的 2p 轨道彼此侧面"肩并肩"重叠，形成两个互相垂直的 π 键，故乙炔分子中的碳-碳三键是由一个 σ 键和两个 π 键组成的。炔烃的 π 键与烯烃的 π 键相似，都具有较强的活性，但三键的活性比双键的弱。

第二节　炔烃的同分异构和命名

一、炔烃的同分异构

四个及以上碳原子的炔烃因碳架和三键位次不同，产生了同分异构。

1. 位置异构

$$CH\equiv CCH_2CH_3 \qquad CH_3C\equiv CCH_3$$

$$\text{1-丁炔} \qquad\qquad \text{2-丁炔}$$

2. 碳架异构

因碳架不同产生的异构称为碳架异构，例如：

$$CH\equiv CCH_2CH_2CH_3 \qquad CH\equiv CCHCH_3$$
$$\qquad\qquad\qquad\qquad\qquad |$$
$$\qquad\qquad\qquad\qquad\qquad CH_3$$

$$\text{1-戊炔} \qquad\qquad\qquad \text{3-甲基-1-丁炔}$$

炔烃三键碳原子上只连有一个原子或基团，因此炔烃没有顺反异构。

二、炔烃和烯炔的命名

1. 炔烃的命名

炔烃的命名与烯烃相似，将"烯"改为"炔"即可。具体如下。

（1）选主链　选择包含C≡C在内的支链最多的最长碳链作为主链，根据主链碳原子数称为某炔，其他作为支链（取代基）。

（2）编号　优先从靠近碳-碳三键的一端编号。当三键距离两端一样时，从靠取代基近的一端开始编号。

（3）命名　取代基的位次、数目和名称写在前，合并相同取代基，取代基不同时则按甲基、乙基、正丙基、异丙基顺序书写，母体名称写在最后。例如：

$$\overset{1\ 2\ \ 3\ 4\ 5}{CH_3C\equiv CCHCH_3} \qquad \overset{1\ 2\ \ 3\ 4\ 5\ 6}{CH_3C\equiv CCH_2CHCH_3} \qquad \overset{1\ \ 2\ 3\ \ 4\ 5\ 6}{CH_3CHC\equiv CCHCH_3}$$
$$\qquad\quad |\qquad\qquad\qquad\qquad\quad |\qquad\qquad\qquad |\quad\quad\ |$$
$$\qquad\ CH_3\qquad\qquad\qquad\quad CH_3\qquad\qquad\quad CH_3\ CH_3$$

4-甲基-2-戊炔　　　　　5-甲基-2-己炔　　　　　2,5-二甲基-3-己炔

2. 烯炔的命名

分子中同时含有三键和双键的分子称为烯炔化合物，命名时选择含有双键和三键在内的最长碳链作为主链，从靠近不饱和键的一端开始编号。若双键和三键距离主链两端相同，则从靠近双键的一端开始编号。命名时"烯"在前，"炔"在后。例如：

$$\overset{6\ \ 5\ \ 4\ 3\ 2\ \ 1}{CH_3C\equiv CCH_2CH=CH_2} \qquad \overset{7\ \ 6\ \ 5\ 4\ 3\ 2\ 1}{CH_3C\equiv CCH_2CH=CCH_3}$$
$$\qquad\qquad\qquad\qquad\qquad\qquad\qquad\qquad\qquad\quad |$$
$$\qquad\qquad\qquad\qquad\qquad\qquad\qquad\qquad\qquad CH_3$$

1-己烯-4-炔　　　　　　　2-甲基-2-庚烯-5-炔

课内练习

1. 命名下列化合物。

   (1) $CH_3CH_2C{\equiv}CCHCH_3$
          $\quad\quad\quad\quad\quad\quad\quad\quad |$
          $\quad\quad\quad\quad\quad\quad\quad\quad CH_3$

   (2) $CH_3CHC{\equiv}CCHCH_3$
          $\quad\quad\; |\quad\quad\quad |$
          $\quad\quad\; CH_3\quad\; CH_2CH_3$

   (3) $CH_3C{\equiv}CCHCH{=}CH_2$
          $\quad\quad\quad\quad\;\; |$
          $\quad\quad\quad\quad\;\; CH_3$

   (4) $CH_3{-}CHC{\equiv}C{-}\underset{\underset{CH_3}{|}}{\overset{\overset{CH_3}{|}}{C}}{-}CH_3$
          $\quad\quad\;\; |$
          $\quad\quad\;\; CH_3$

2. 写出下列化合物的构造式。

   (1) 3-甲基-1-戊炔
   (2) 4,4-二甲基-2-戊炔
   (3) 2,5-二甲基-3-己炔
   (4) 2,5-二甲基-3-庚炔

第三节　炔烃的物理性质

常温下，低级炔烃乙炔、丙炔和丁炔是无色气体，$C_5 \sim C_{17}$ 的炔烃是液体，高级炔烃（C_{18} 及以上）是固体。

炔烃的熔点、沸点随着碳原子数增加的变化规律与烷烃、烯烃相似，且比含同数碳原子的烷烃和烯烃略高。炔烃比水轻，相对密度小于1，难溶于水，但易溶于乙醚、氯仿、四氯化碳、丙酮等有机溶剂。一些炔烃的物理常数如表 4-1 所示。

表 4-1　炔烃的物理常数

名称	熔点/℃	沸点/℃	相对密度
乙炔	−81.8	−83.4	0.618
丙炔	−101.5	−23.0	0.617
1-丁炔	−122.5	8.5	0.668
1-戊炔	−98.0	39.7	0.695
1-己炔	−124.0	71.4	0.719
1-庚炔	−80.9	99.8	0.733

第四节　炔烃的化学性质

炔烃的官能团碳-碳三键由一个 σ 键和两个 π 键组成，π 键不稳定，其化学性质与烯烃相似，易发生加成、氧化和聚合等反应。由于炔烃中的两个 π 键围绕着 σ 键形成圆筒状，因此炔烃中的 π 键比烯烃中的 π 键稳定。此外，和碳-碳三键相连的氢原子受三键的影响，具有一定的酸性，容易被金属原子或金属离子取代。通过分析得到炔烃的主要反应部位如下：

$$\text{R-CH}_2\text{-C} \equiv \text{C-H}$$

（上箭头）炔氢的弱酸性
（下箭头）π键的加成、氧化、聚合

一、加成反应

1. 催化加氢

和烯烃相似，在铂、钯或镍的催化下，炔烃也能与氢气发生加成反应，生成烷烃。

$$\text{R-C} \equiv \text{CH} + \text{H}_2 \xrightarrow{\text{Pt}} \text{R-CH=CH}_2 \xrightarrow{\text{Pt}} \text{R-CH}_2\text{-CH}_3$$

炔烃与氢气的反应比较难停留在烯烃阶段，若想将反应停留在烯烃这一步，必须降低催化剂的活性。将金属钯沉淀在 $BaSO_4$ 或 $CaCO_3$ 上，然后加入喹啉或醋酸铅使钯部分中毒，即可降低钯的催化活性，这种催化剂称为林德拉（Lindlar）催化剂。用林德拉催化剂即可使炔烃加氢生成烯烃。例如：

$$\text{CH}_3\text{-C} \equiv \text{CH} + \text{H}_2 \xrightarrow{\text{林德拉催化剂}} \text{CH}_3\text{-CH=CH}_2$$

✱ 反应应用

> 石油裂解得到的乙烯中常含有少量乙炔，可通过控制加氢的方法将所含的乙炔转化成乙烯，从而提高乙烯的纯度。

2. 与卤素的加成

炔烃与两分子卤素加成可生成四卤代物。

$$\text{R-C} \equiv \text{CH} \xrightarrow{X_2} \text{R-CX=CHX} \xrightarrow{X_2} \text{R-CX}_2\text{-CHX}_2$$

炔烃与卤素的加成一般比烯烃慢，例如，乙烯能使溴水很快褪色，乙炔却需要数分钟才能使溴水褪色。

$$\text{CH} \equiv \text{CH} \xrightarrow{Br_2} \underset{\underset{Br}{|}}{\text{CH}}=\underset{\underset{Br}{|}}{\text{CH}} \xrightarrow{Br_2} \underset{\underset{Br}{|}}{\overset{\overset{Br}{|}}{\text{CH}}}-\underset{\underset{Br}{|}}{\overset{\overset{Br}{|}}{\text{CH}}}$$

✱ 反应应用

> 溴的四氯化碳溶液或水溶液可用于炔烃的鉴别，但不能区分烯烃和炔烃。

3. 与卤化氢的加成

炔烃与卤化氢的加成比烯烃难，不对称炔烃与卤化氢的加成也遵循马氏规则。

$$\text{R-C} \equiv \text{CH} \xrightarrow{HX} \underset{\underset{X}{|}}{\text{R-C}}=\text{CH}_2 \xrightarrow{HX} \underset{\underset{X}{|}}{\overset{\overset{X}{|}}{\text{R-C}}}-\text{CH}_3$$

在 $HgCl_2$ 催化下乙炔才能与氯化氢发生加成反应。

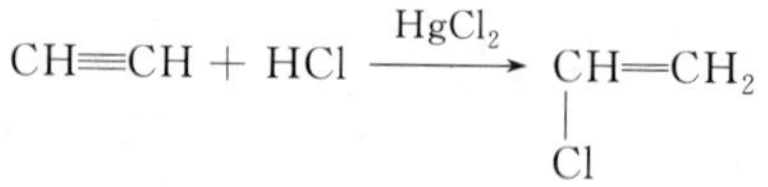

$$CH\equiv CH + HCl \xrightarrow{HgCl_2} CH_2=CHCl$$

氯乙烯可继续和氯化氢加成,生成 1,1-二氯乙烷。

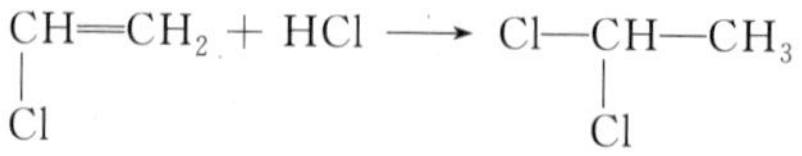

$$CHCl=CH_2 + HCl \longrightarrow Cl_2CH-CH_3$$

反应应用

乙炔与氯化氢的加成是工业上生成氯乙烯的方法之一,氯乙烯又是生产聚氯乙烯的单体。

4. 与水的加成

在硫酸和硫酸汞盐催化下,炔烃可与水加成,先生成烯醇,烯醇不稳定,发生分子内重排变成醛或酮。

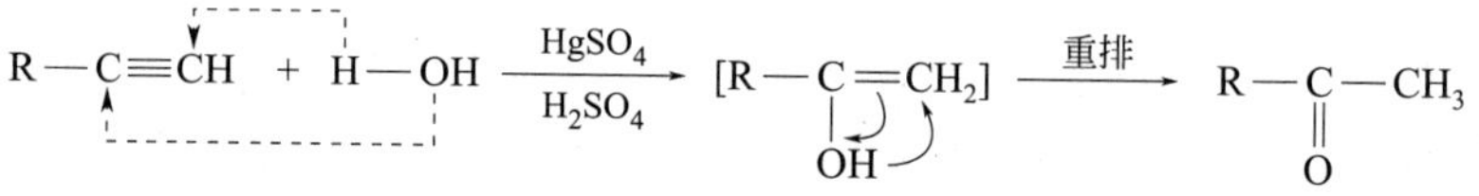

$$R-C\equiv CH + H-OH \xrightarrow{HgSO_4}{H_2SO_4} [R-C(OH)=CH_2] \xrightarrow{重排} R-CO-CH_3$$

乙炔与水加成生成乙烯醇,重排后生成乙醛;其他炔烃与水加成时,加成产物分子内重排生成酮。不对称炔烃与水的加成也遵循马氏规则。

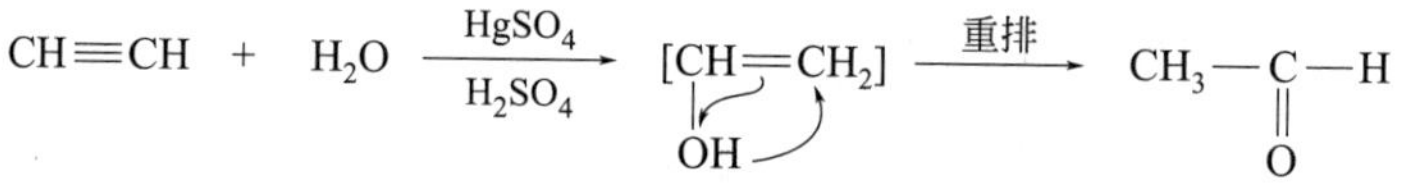

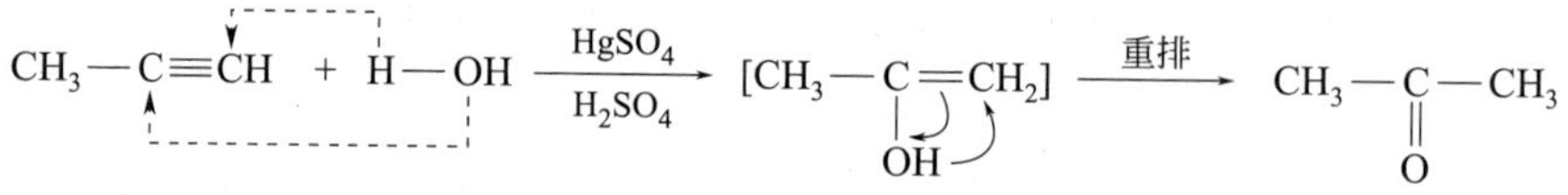

$$CH\equiv CH + H_2O \xrightarrow{HgSO_4}{H_2SO_4} [CH_2=CHOH] \xrightarrow{重排} CH_3-CHO$$

$$CH_3-C\equiv CH + H-OH \xrightarrow{HgSO_4}{H_2SO_4} [CH_3-C(OH)=CH_2] \xrightarrow{重排} CH_3-CO-CH_3$$

课内练习

请写出下列反应的主要产物。

(1) $CH_3-C\equiv CH \xrightarrow{HBr}$

(2) $CH_3CH_2-C\equiv CH \xrightarrow{Br_2/H_2O}$

(3) $CH_3-C\equiv CH + H_2O \xrightarrow{HgSO_4/H_2SO_4}$

二、氧化反应

炔烃与烯烃相似,也能被强氧化剂高锰酸钾氧化,且碳-碳三键完全断裂,但反应比烯烃难。不同结构的炔烃得到的氧化产物也不同，符合以下规律。

$$CH\equiv \xrightarrow[H_2SO_4]{KMnO_4} CO_2\uparrow$$

$$RC\equiv \xrightarrow[H_2SO_4]{KMnO_4} RCOOH$$

例如：

$$CH\equiv CH \xrightarrow[H_2SO_4]{KMnO_4} CO_2\uparrow$$

$$CH_3-C\equiv CH \xrightarrow[H_2SO_4]{KMnO_4} CH_3COOH + CO_2\uparrow$$

反应应用

> 可根据氧化产物推测原炔烃的结构，也能用于炔烃的鉴别。

三、炔氢的反应

与碳-碳三键碳原子直接相连的氢原子称为炔氢，炔氢受三键的影响比较活泼，可被一些金属原子或离子取代而生成金属炔化物。

1. 炔化钠的生成

末端炔烃含有炔氢，在液氨中可与金属钠或氨基钠反应，炔氢被钠原子或钠离子取代生成炔化钠。例如：

$$2CH\equiv CH + 2Na \xrightarrow[110℃]{液氨} 2CH\equiv CNa + H_2\uparrow$$

$$CH_3-C\equiv CH + NaNH_2 \xrightarrow{液氨} CH_3-C\equiv CNa + NH_3\uparrow$$

反应应用

> 有机合成上，利用炔化钠与伯卤代烃的反应合成高级炔烃，是一种增长碳链的方法。

2. 炔化银和炔化亚铜的生成——鉴别末端炔烃

末端炔烃与硝酸银的氨溶液或氯化亚铜的氨溶液反应时，炔氢被 Ag^+ 或 Cu^+ 取代，生成白色的炔化银或棕红色的炔化亚铜沉淀，该反应可用于末端炔烃的鉴别。

$$R-C\equiv CH \begin{cases} \xrightarrow{Ag(NH_3)_2NO_3} R-C\equiv CAg\downarrow \text{ 炔化银} \\ \xrightarrow{Cu(NH_3)_2Cl} R-C\equiv CCu\downarrow \text{ 炔化亚铜} \end{cases}$$

例如：

$$CH_3-C\equiv CH \xrightarrow{Ag(NH_3)_2NO_3} CH_3-C\equiv CAg \downarrow$$

🧩 反应应用

> 该反应常用于鉴别末端炔烃。

例 4-1：鉴别丙烷、丙烯和丙炔。

图示法解答如下：

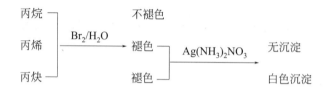

👥 课内练习

> 1. 鉴别下列各组化合物。
> （1）丁炔；2-丁炔
> （2）乙烷；乙烯；丙炔
> 2. 完成下列反应式。
> （1）$CH_3-C\equiv CH \xrightarrow{KMnO_4/H_2SO_4}$
> （2）$CH_3CH_2-C\equiv CH \xrightarrow{KMnO_4/H_2SO_4}$

四、聚合反应

炔烃也能发生聚合反应，在不同反应条件下得到的产物不同。例如，将乙炔通入氯化亚铜-氯化铵的强酸性溶液中，乙炔可发生线性偶合生成乙烯基乙炔。

$$CH\equiv CH + CH\equiv CH \xrightarrow[HCl]{CuCl-NH_4Cl} CH_2=CH-C\equiv CH$$
$$\text{乙烯基乙炔}$$

乙炔在齐格勒-纳塔催化剂催化下，可聚合成高分子化合物——聚乙炔。

$$nCH\equiv CH \xrightarrow{\text{齐格勒-纳塔催化剂}} \ce{-[CH=CH]_n-}$$
$$\text{聚乙炔}$$

反应应用

> 聚乙炔具有高电导率、不熔化、不溶解等特点,常用于制作电池和电子设备,如聚乙炔电池、二次光电池等。

第五节 常用的炔烃

一、乙炔

乙炔是最简单,也是最重要的炔烃,是有机合成的基本原料。纯净的乙炔是无色、无味的气体,但由碳化钙制得的乙炔因混有磷化氢和硫化氢等杂质而具有臭味。乙炔可溶于水,常压下,乙炔可溶于等体积的水,其在丙酮中的溶解度更大。

乙炔属于易爆炸的物质,高压乙炔、液态或固态乙炔受到碰击时容易爆炸,乙炔和空气的混合物遇火即可爆炸。乙炔的丙酮溶液是安全的,因此常把乙炔溶于丙酮中以避免爆炸的危险,商业上常以乙炔的饱和丙酮溶液来运输。

乙炔燃烧时火焰温度可达 3000℃ 以上,因此被广泛用来焊接和切割金属。乙炔的主要用途如下:

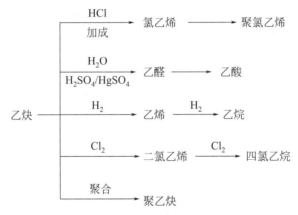

二、丙炔

丙炔是一种无色气体,熔点为 $-101.5℃$,相对密度为 0.71($-50℃$)。丙炔微溶于水,可溶于乙醇、乙醚等有机溶剂,也容易爆炸。工业上,丙炔可用于制造丙酮等。

拓展窗

乙炔的危险性和贮存方法

乙炔,又称电石气,是最简单的炔烃。乙炔属于易燃气体,在受热、震动或电火花等因素作用下可引发爆炸。乙炔难溶于水,易溶于丙酮。工业上,采用石棉等多孔物质吸入丙酮并装入钢罐中,再将乙炔压入,以便于储存和运输乙炔。

乙炔应贮存在阴凉、通风的易燃气体专用库房中，并远离热源，且库房温度不要超过30℃。此外，乙炔应避免与酸类、卤素、氧化剂等物质混合贮存。

本章小结

一、炔烃和烯炔的命名

1. 炔烃的命名

（1）选主链　选择包含C≡C在内的支链最多的最长碳链作为主链，根据主链碳原子数称为某炔，其他作为支链（取代基）。

（2）编号　优先靠近碳-碳三键的一端编号。当三键距离两端一样时，从靠取代基近的一端开始编号。

（3）命名　取代基的位次、数目和名称写在前，合并相同取代基，取代基不同时则按甲基、乙基、正丙基、异丙基的顺序书写，母体名称写在最后。

2. 烯炔的命名

分子中同时含有双键和三键时，称为某烯炔。从靠近不饱和键的一端开始编号。若双键和三键距离主链两端相同，则从靠近双键的一端开始编号。

二、炔烃的化学性质

炔烃的主要化学性质为加成反应、氧化反应及炔氢的取代反应。

1. 加成反应

不对称炔烃与不对称试剂加成时，遵循马氏规则。

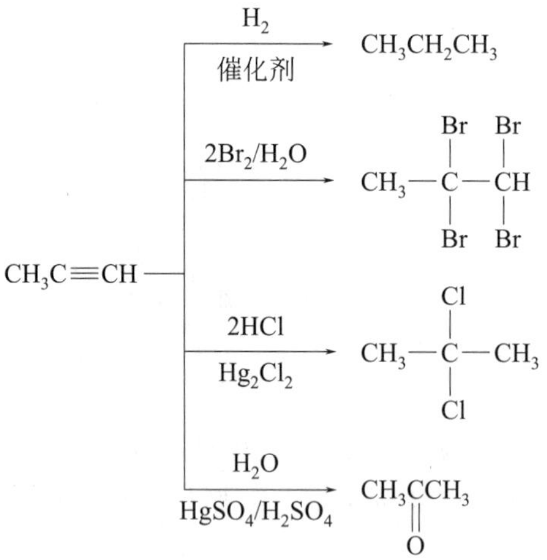

$$CH_3C\equiv CH \begin{cases} \xrightarrow[\text{催化剂}]{H_2} CH_3CH_2CH_3 \\ \xrightarrow{2Br_2/H_2O} CH_3-\underset{\underset{Br}{|}}{\overset{\overset{Br}{|}}{C}}-\underset{\underset{Br}{|}}{\overset{\overset{Br}{|}}{CH}} \\ \xrightarrow[Hg_2Cl_2]{2HCl} CH_3-\underset{\underset{Cl}{|}}{\overset{\overset{Cl}{|}}{C}}-CH_3 \\ \xrightarrow[HgSO_4/H_2SO_4]{H_2O} CH_3\underset{\underset{O}{\|}}{C}CH_3 \end{cases}$$

2. 氧化反应

炔烃被酸性高锰酸钾溶液氧化的规律如下：

$$CH\equiv \xrightarrow[H_2SO_4]{KMnO_4} CO_2\uparrow$$

$$RC\equiv \xrightarrow[H_2SO_4]{KMnO_4} RCOOH$$

3. 末端炔烃炔氢的取代反应

$$R-C\equiv CH \xrightarrow[\text{液氨}]{NaNH_2} R-C\equiv CNa + NH_3 \uparrow$$

$$R-C\equiv CH \xrightarrow[NH_3\cdot H_2O]{AgNO_3} R-C\equiv CAg \downarrow$$

习题

一、单选题

(1) 组成乙炔分子中碳-碳双键的是（　　）。
　　A. 2个σ键　　　　　　　　　　B. 2个π键
　　C. 1个σ键和2个π键　　　　　　D. 2个σ键2个π键

(2) 下列物质中能使溴水褪色的是（　　）。
　　A. C_3H_8　　　B. C_3H_6　　　C. C_2H_6　　　D. CH_4

(3) 炔烃的通式为（　　）。
　　A. C_nH_{2n+2}　　B. C_nH_{2n-6}　　C. C_nH_{2n}　　D. C_nH_{2n-2}

(4) 下列物质中不能生成金属炔化物的是（　　）。
　　A. 乙炔　　　B. 丙炔　　　C. 2-丁炔　　　D. 3-甲基丁炔

(5) 下列化合物中，能与酸性高锰酸钾溶液反应放出 CO_2 的是（　　）。
　　A. 2-甲基丁烷　　　　　　　　B. 2-甲基-1-丁炔
　　C. 2-丁烯　　　　　　　　　　D. 2-丁炔

二、写出下列化合物的构造式

(1) 4-甲基-2-戊炔　　　　　(2) 5-甲基-5-乙基-3-庚炔
(3) 2-己烯-4-炔　　　　　　(4) 3,3-二甲基-1-丁炔
(5) 2-甲基-3-己炔　　　　　(6) 2-甲基-3-乙基-1-己烯-5-炔

三、用化学方法鉴别下列各组化合物

(1) 丙烷、丙烯、丙炔　　　　(2) 丁烷、丁二烯、1-丁炔

四、命名下列化合物

(1) CH₃CH₂CH(CH₃)C≡CH

(2) CH₃CH(CH₃)CH(CH₃)C≡CCH₃

(3) CH₃C(CH₃)(CH₃)CH₂C≡CH

(4) CH₂=CHCH(CH₃)C≡CH

(5) CH₃C(CH₂CH₃)(CH₃)CH₂C≡CCH₃

(6) CH≡CCH₂CH(CH₂CH₃)CH₃

五、写出下列反应的主要产物

(1) $CH_3C\equiv CH + 2HCl \longrightarrow$

(2) $CH\equiv CH + H_2O \xrightarrow[H_2SO_4]{HgSO_4}$

(3) $CH_3CH_2C\equiv CCH_3 + 2Br_2 \xrightarrow{CCl_4}$

(4) $CH_3CH_2C\equiv CH + H_2 \xrightarrow{Pt}$

(5) $CH_3C\equiv CH \xrightarrow{Ag(NH_3)_2NO_3}$

(6) $CH_3C\equiv CH \xrightarrow{KMnO_4/H_2SO_4}$

六、推断下列物质的构造式

（1）A、B 两种物质的分子式都是 C_5H_8，氢化后都生成 2-甲基丁烷，都能和两分子溴加成，但 A 可与硝酸银的氨溶液作用生成白色沉淀，而 B 不能。试推断 A 和 B 的构造式，并写出各步反应方程式。

（2）某化合物 A 的分子式为 C_6H_{10}，A 催化加氢后生成 2-甲基戊烷，在硫酸、硫酸汞催化下和水加成生成 $CH_3-\overset{O}{\underset{\|}{C}}-CH_2\underset{\underset{CH_3}{|}}{CH}CH_3$，与氯化亚铜的氨溶液反应生成棕红色沉淀。试写出 A 的构造式和各步反应方程式。

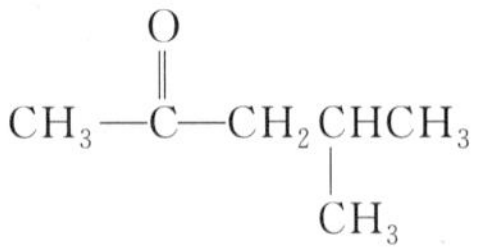

第五章
脂环烃

学习目标

1. 掌握脂环烃的分类、命名。
2. 掌握环烷烃的化学性质。

案例导入

传统汽油中使用的抗爆剂为四乙基铅,主要用来提高汽油的辛烷值,增强抗震、抗爆性。四乙基铅作为一种含有重金属铅的有机物,被人体吸入后易造成中枢神经系统的破坏,且具有较强的致癌性。研究发现,二茂铁可代替汽油中有毒的四乙基铅作为抗爆剂,以制成高档无铅汽油,消除燃油排出物对环境的污染及对人体的毒害。如果在汽油中加入 0.0166~0.0332g·L^{-1} 的二茂铁,辛烷值可增加 4.5~6。那么二茂铁是如何制得的呢?答案其实很简单,生产二茂铁的主要原料是一种叫环戊二烯的不饱和脂环烃。

环戊二烯属于脂环烃,和前面所学的脂肪烃相比,脂环烃的结构、性质都不同,只有认真学习脂环烃的内容,才能更好地掌握脂环烃的性质。

具有环状结构,性质与脂肪烃相似的烃类,叫做脂肪族环烃,简称脂环烃。脂环烃及其衍生物在自然界主要存在于石油及从植物提取出来的香精油中。例如,石油中含有环己烷、甲基环烷烃等,植物香精油中含有甾体、萜类等大量不饱和脂环烃及其含氧衍生物;这些均为比较重要的有机化合物,在工业生产上有着广泛的用途。

第一节 脂环烃的分类和命名

一、脂环烃的分类

1. 按是否含不饱和键分类

按是否含不饱和键,脂环烃分为饱和脂环烃和不饱和脂环烃。饱和脂环烃称为环烷烃;

不饱和脂环烃又分为环烯烃和环炔烃。环烷烃和环烯烃较多见，环炔烃则较少见。

环烷烃

环烯烃

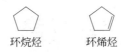

2. 按分子中碳环的数目分类

按分子中碳环的数目，脂环烃分为单环脂环烃和多环脂环烃。脂环烃中具有多个环，且共用碳原子的叫多环脂环烃，常见的为双环脂环烃。两个环共用一个碳原子的称为螺环化合物；共用两个或两个以上碳原子的称为桥环化合物。

螺环化合物

桥环化合物

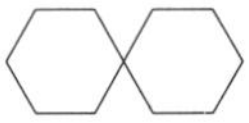

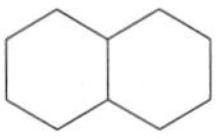

3. 按环上碳原子数目分类

环烷烃中只有一个碳环的称为单环烷烃，由于两端碳相连而减少了两个氢原子，所以它的通式为 C_nH_{2n}（$n \geqslant 3$），与相应单烯烃互为同分异构体。

单环烷烃可分为大环（大于 11 个碳原子）、中环（8～11 个碳原子）、普通环（5～7 个碳原子）和小环（3～4 个碳原子）。到目前为止，已知的大环有三十碳环，最常见的是五碳环（环戊烷）和六碳环（环己烷）。

二、脂环烃的命名

脂环烃分为单环脂环烃和多环脂环烃，这里主要学习单环脂环烃的命名。

1. 单环烷烃的命名

单环烷烃根据组成环的碳原子数称为环某烷。例如：

环丙烷

环丁烷

环戊烷

环己烷

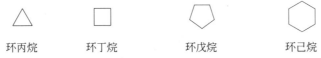

环上有取代基时，取代基的位次尽可能用最小数字标出；若有不同取代基，则将较小取代基所连的碳原子作为 1 号碳。例如：

1,1-二甲基环己烷

1-甲基-3-异丙基环戊烷

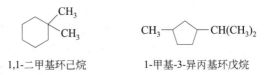

2. 单环烯烃的命名

单环烯烃根据组成环的碳原子数称为环某烯。编号时，把 1、2 号位次留给双键的碳原子。若有取代基，取代基的位次以双键为准依次排列并使取代基位次尽可能小。例如：

3-乙基环戊烯

4-甲基环己烯

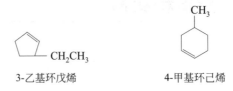

课内练习

命名下列化合物。

(1) ⌬—CH₃ (2) △—CH₃ (3) 环己烷(1-CH₃, 2-CH₂CH₃) (4) ▢—CH₂CH₃

第二节 环烷烃的结构

一、张力学说

环烷烃的结构与稳定性

对环烷烃化学性质的研究发现，环丙烷最不稳定，环丁烷次之，环戊烷和环己烷比较稳定。1885年拜尔提出的"张力学说"解释了这一现象。"张力学说"认为，由于碳发生了 sp^3 杂化而形成了正四面体模型，因此碳与其他碳原子连接时，相邻两个键的夹角应为 109.5°。而环丙烷为正三角形，夹角为 60°，每个碳上两个碳-碳键夹角不可能是 109.5°，必须压缩才能形成环丙烷。这样就与正常四面体的键角有了偏差，从而产生了一种力图恢复正常键角的张力，这种张力称为角张力。角张力的存在使环不稳定，为了减小张力，这种物质就有生成更稳定开链化合物的倾向。由于环丙烷键角的偏差大于环丁烷，所以环丙烷更不稳定，比环丁烷更易发生开环反应。由于环戊烷和环己烷的夹角非常接近于四面体的夹角，因此，环戊烷和环己烷比较稳定。

二、近代理论（弯曲键）

近代共价键理论认为，要形成一个化学键，两个成键的原子必须处于使原子轨道重叠的位置，重叠得越多，则所成的键越牢固。环烷烃的碳-碳键都是 σ 键，其碳原子大多是 sp^3 杂化，键角为 109°28′。但根据量子力学计算，环丙烷分子中 C—C—C 键角为 105.5°，H—C—H 键角为 114°。因此，当成键时，两个成键的电子云并非在一条直线上，而是以弯曲方向进行重叠，形成碳-碳"弯曲键"，如图 5-1 所示。这种"弯曲键"表明，杂化轨道的重叠程度没有一般 σ 键大，因而分子有一种趋向于能量最小、重叠最大趋势的力，人们把这种力看作拜尔所说的"张力"。这是造成环丙烷化学性质不稳定的根本原因。

环丁烷的结构与环丙烷相似，分子中原子轨道也不是直接重叠，但它比环丙烷稳定，是由于其环中 C—C 的弯曲程度不如环丙烷那样强烈，角张力没有环丙烷大。在环戊烷分子中，碳-碳键夹角为 108°，接近 sp^3 杂化轨道间的夹角 109°28′，是比较稳定的环。在环己烷中，碳原子为 sp^3 杂化，碳-碳键间的夹角可以保持 109°28′，因此，环很稳定。

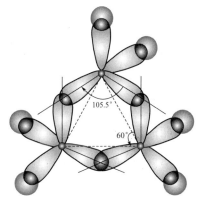

图 5-1 环丙烷分子中的弯曲键

第三节　环烷烃的物理性质

环烷烃的物理性质与开链烷烃相似。环丙烷和环丁烷在常温下是气体，$C_5 \sim C_{11}$ 的环烷烃为液体，其余高级环烷烃是固体。环烷烃的熔点、沸点和相对密度都比含相同碳原子数的烷烃高。此外，环烷烃与开链烷烃一样，都不溶于水。部分环烷烃的物理常数见表 5-1。

表 5-1　部分环烷烃的物理常数

名称	分子式	熔点/℃	沸点/℃	相对密度(d_4^{20})
环丙烷	C_3H_6	-127.4	-32.9	0.720.0(-79℃)
环丁烷	C_4H_8	-80.0	12.0	0.703.0(0℃)
环戊烷	C_5H_{10}	-93.8	49.3	0.745.0
环己烷	C_6H_{12}	6.5	80.7	0.7785
环庚烷	C_7H_{14}	-13.0	117.0	0.8098
环辛烷	C_8H_{16}	14.3	148.5	0.8349

第四节　环烷烃的化学性质

从化学键的角度分析，环烷烃与烷烃相似；环烯烃和环炔烃分别与烯烃和炔烃相似。但由于脂环烃具有环状构造，小环烃会出现一些特殊的化学性质，主要表现在环的稳定性上，小环较不稳定，大环则较稳定。

一、取代反应

环烷烃与烷烃相似，在高温或紫外光照射下，与卤素单质主要发生自由基取代反应，生成相应的卤代物，而碳环保持不变，例如：

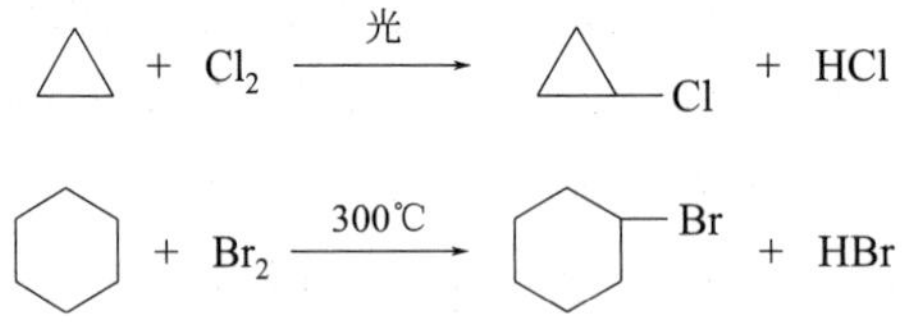

△ + Cl_2 $\xrightarrow{光}$ △—Cl + HCl

⬡ + Br_2 $\xrightarrow{300℃}$ ⬡—Br + HBr

氯代时，优先取代环上含氢少的碳上的氢原子，例如：

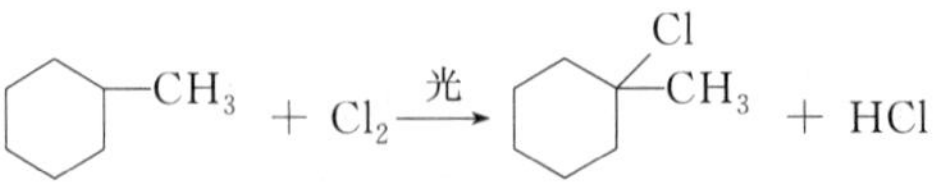

⬡—CH_3 + Cl_2 $\xrightarrow{光}$ ⬡(Cl)(CH_3) + HCl

二、加成反应

小环烷烃不稳定，可以与 H_2、X_2、HX 等发生开环加成反应。

1. 与氢加成

小环烷烃可发生催化氢化反应，加氢后环被打开，两端碳原子与氢原子结合形成链状的烷烃。在加氢过程中，由于环烷烃环的大小不同，反应的难易程度也不同。从下列反应条件看，三元环最不稳定。

$$\triangle + H_2 \xrightarrow[80℃]{Ni} CH_3CH_2CH_3$$

$$\square + H_2 \xrightarrow[200℃]{Ni} CH_3CH_2CH_2CH_3$$

2. 与卤素加成

环丙烷和环丁烷均可与卤素发生亲电加成反应。

$$\triangle + Br_2 \xrightarrow[室温]{CCl_4} CH_2CH_2CH_2 \atop \ \ Br \quad\quad\ \ Br$$

$$\square + Br_2 \xrightarrow[\triangle]{CCl_4} CH_2CH_2CH_2CH_2 \atop \ \ Br \quad\quad\quad\quad\ \ Br$$

环戊烷及更高级的环烷烃与卤素不发生加成反应，而是发生自由基取代反应。例如：

$$\pentagon + Cl_2 \xrightarrow{光或加热} \pentagon\!-\!Cl + HCl$$

3. 与卤化氢加成

环丙烷在常温时与卤化氢发生加成反应生成卤丙烷，环丁烷需加热后才能发生反应。环上有取代烷基的环丙烷衍生物与卤化氢加成时，碳环在含氢最多和含氢最少的碳-碳键处断开，加成时遵循马氏规则，即氢原子加在含氢较多的碳原子上，而卤原子则加在含氢较少的碳原子上。例如：

$$\triangle + HBr \longrightarrow CH_3CH_2CH_2Br$$

$$\square + HBr \xrightarrow{加热} CH_3CH_2CH_2CH_2Br$$

$$\triangle\!\!\begin{smallmatrix}CH_3\\CH_3\\CH_3\end{smallmatrix} + HCl \longrightarrow CH_3CH\!-\!\overset{\overset{\displaystyle CH_3}{|}}{\underset{\underset{\displaystyle Cl}{|}}{C}}\!-\!CH_3 \atop \quad\ \ |\ \ \ \ \ \ \ |\ \ \ \ \ \atop \quad\ CH_3$$

2,3-二甲基-2-氯丁烷

三、氧化反应

常温下，环烷烃与一般氧化剂不反应，因此可用高锰酸钾鉴别环烷烃和烯烃。但在热或催化剂作用下，环烷烃可被空气中的氧气或硝酸等强氧化剂氧化。例如：

$$\hexagon + O_2 \xrightarrow[高温高压]{环烷酸钴} \hexagon\!-\!OH + \hexagon\!=\!O$$
$$\quad\quad\quad\quad\quad\quad\quad\quad\quad\quad 环己醇\quad 环己酮$$

反应应用

环己醇和环己酮是重要的工业原料。环己醇用于制造己二酸、增塑剂和洗涤剂，也可用作溶剂和乳化剂。环己酮用于制造树脂和合成纤维尼龙-6的单体己内酰胺。己二酸与二元胺缩聚成的聚酰胺，是制造尼龙-66的主要原料，也用于制造增塑剂、润滑剂和工程塑料。

课内练习

完成下列反应。

(1) 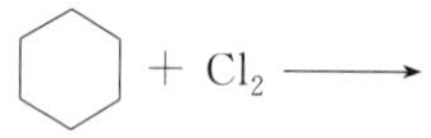 ⬡ + Cl_2 ⟶

(2) ⬠ + Br_2 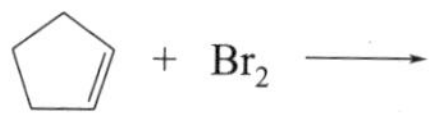 ⟶

(3) 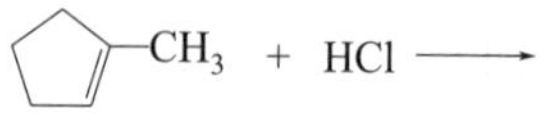 (环戊二烯-CH₃) + HCl ⟶

(4)  ⬡(环己烯) + $KMnO_4$ $\xrightarrow{H^+}$

第五节　重要的脂环烃

石油是脂环烃的主要工业来源。石油中主要含有环戊烷和环己烷及其衍生物。例如环戊烷、甲基环戊烷、1,3-二甲基环戊烷、环己烷和乙基环己烷等，其中最重要的是环己烷。此外，从石油馏分及煤焦油中可以得到环戊二烯。

一、环己烷

环己烷是无色液体，沸点为 80.7℃，相对密度为 0.7785，不溶于水而溶于有机溶剂，是制造尼龙-66 和尼龙-6 单体己二酸、己二胺及己内酰胺的原料，也是很好的溶剂，能溶解多种有机物，且毒性较苯小。工业上生产环己烷时主要采取苯催化加氢法，即由苯催化加氢制环己烷。

以镍为催化剂，在 200～240℃ 下进行苯的催化加氢反应，即生成纯的环己烷，反应如下：

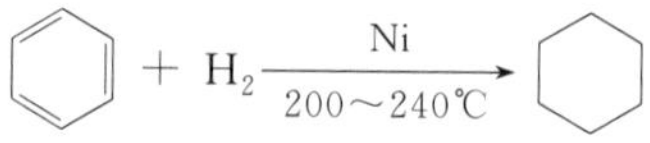

⬡(苯) + H_2 $\xrightarrow[200\sim240℃]{Ni}$ ⬡(环己烷)

此反应产率很高，且产品纯度也较高。

二、环戊二烯

1,3-环戊二烯简称环戊二烯，是具有特殊臭味的无色液体，沸点为 41～42℃，相对密度为 0.805，易溶于有机溶剂而不溶于水；化学性质活泼，可以发生多种化学反应，广泛用于合成树脂、杀虫剂、香料等。

拓展窗

萜类化合物

萜类化合物是天然物质中最多的一类化合物，是多种水果、蔬菜及香料中存在的天然成分，在柑橘类水果，尤其是果皮和香料的香油中，含量较高，如橙皮精油中柠檬烯含量高达90%。萜类化合物在生活中应用广泛，如丁香或薄荷的提取物可用作食品调味剂，玫瑰、薰衣草中的萜类化合物可用作香料。

从化学结构看：萜类化合物由若干个异戊二烯单元首尾相接而成，因此萜类分子结构的共同点是分子中碳原子数都是5的倍数。根据分子结构中含有的异戊二烯单元数，萜类化合物可分为单萜、倍半萜、二萜、三萜和四萜等。

1. 单萜

（1）柠檬醛　链状单萜，存在于枫茅油和山苍子油中。天然柠檬醛是由两种几何异构体组成的混合物。柠檬醛可用作香料，是合成维生素A的主要原料。

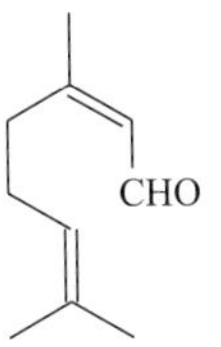

（2）薄荷醇（薄荷脑）　无色针状结晶，为薄荷和欧薄荷精油中的主要成分。薄荷醇有8种异构体，其中左旋薄荷醇具有薄荷香气并有清凉的作用，消旋薄荷醇也有清凉作用，其他异构体无清凉作用。薄荷醇有清凉、止痒作用，医药上可用作刺激药，作用于皮肤或黏膜；薄荷醇也常用作牙膏、香水等的赋香剂。

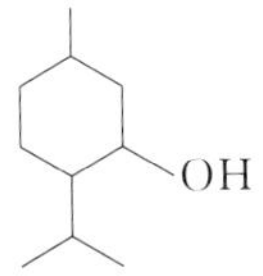

（3）蒎烯　又叫松节油，为双环单萜，有α和β两种结构，是松节油的主要成分，有局部止痛作用，是合成冰片、樟脑等的重要原料。

2. 倍半萜

（1）金合欢醇　无色黏稠液体，天然存在于柠檬草油、香茅油等精油中，用于合成醇类香料。

（2）山道年　三环倍半萜类化合物，存在于山道年花蕾中，是无色结晶，不溶于水，易溶于有机溶剂，可用于驱蛔虫。

3. 二萜

（1）叶绿醇　由四个异戊二烯单位组成的双萜，是叶绿素的组成部分，在碱性下水解可得到叶绿醇。叶绿醇是合成维生素K及维生素E的原料。

（2）维生素A　单环二萜，是人体必需维生素之一，主要存在于奶油、蛋黄及鱼肝油中。维生素A可以促进人体生长发育，对骨骼、上皮组织等有维持的作用。缺乏维生素A会导致发育不全、夜盲症和眼干燥症。

4. 三萜

角鲨烯是一种开链三萜类化合物，因最初从鲨鱼肝油中提取得到而得名。很多食物含有角鲨烯，其中鲨鱼肝油中含量较高，橄榄油和米糠油等少数几种植物油中的角鲨烯含量也相对较高。

5. 四萜

α-胡萝卜素、β-胡萝卜素和γ-胡萝卜素都属于四萜类化合物，主要存在于植物的叶、茎和果实中。这类化合物含有较长的共轭体系，因此都具有颜色，颜色一般为黄色至红色。

本章小结

一、脂环烃的命名

① 环烷烃的命名与烷烃相似，在相应烷烃名称前加"环"字即可；
② 取代基环烷烃命名时，应使取代基的编号最小；
③ 若有不同取代基，则将较小的取代基所连的碳原子作为1号碳；
④ 根据组成环的碳原子数将单环烯烃称为环某烯；标明双键位置，以位次最小为原则。若有取代基，取代基的位次则以双键为准依次排列。

二、脂环烃的化学性质

1. 取代反应

$$\triangle + Cl_2 \xrightarrow{\text{光}} \triangle\text{-Cl} + HCl$$

$$\bigcirc + Br_2 \xrightarrow{300℃} \bigcirc\text{-Br} + HBr$$

2. 加成反应

$$\triangle + H_2 \xrightarrow[80℃]{Ni} CH_3CH_2CH_3$$

$$\square + Br_2 \xrightarrow[\triangle]{CCl_4} CH_2CH_2CH_2CH_2 \atop BrBr$$

$$\triangle + HBr \longrightarrow CH_3CH_2CH_2Br$$

$$\triangle(CH_3)(CH_3)(CH_3) + HCl \longrightarrow CH_3CH-\underset{\underset{Cl}{|}}{\overset{\overset{CH_3}{|}}{C}}-CH_3 \quad \text{(含CH}_3\text{)}$$

2,3-二甲基-2-氯丁烷

3. 氧化反应

常温下，环烷烃与一般氧化剂不反应，因此可用高锰酸钾鉴别环烷烃与烯烃。但在热或催化剂作用下，环烷烃可被空气中的氧气或硝酸等强氧化剂氧化。

习题

一、单选题

(1) 下列物质中，稳定性最大的是（   ）。
   A. 环己烷　　　　B. 环戊烷　　　　C. 环丁烷　　　　D. 环丙烷

(2) 下列烃中，可与环烷烃互为同分异构体的是（   ）。
   A. 烷烃　　　　B. 烯烃　　　　C. 炔烃　　　　D. 二烯烃

(3) 下列物质中可用来区分环烷烃和烯烃的是（   ）。
   A. 高锰酸钾　　　　B. Br_2　　　　C. 银氨溶液　　　　D. 氯化亚铜氨溶液

(4) 环丙烷在室温下与 Br_2/CCl_4 反应的主要产物是（   ）。

C. $BrCH_2CH_2CH_2Br$ D.

(5) 甲基环丙烷与 HBr 反应的主要产物是（   ）。

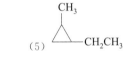 B. $CH_3CH_2CH_2CH_2Br$ C. $CH_3\underset{Br}{CH}CH_2CH_3$ D.

二、命名或写出构造式

(1) 1-甲基-2-异丙基环戊烷　　(2) 1,3-二甲基环戊烷　　(3) 2-甲基-1,3-环戊二烯

(4) 1,1-二甲基环丙烷　　(5) 　　(6)

(7) 　　(8)

三、写出分子式为 C_6H_{12} 的所有脂环烃的异构体

四、用简便的化学方法鉴别下列化合物。

(1) 环己烷、环己烯　　(2) 丙烷、环丙烷和丙烯

五、完成下列反应方程式

(1) △ + H_2 $\xrightarrow{Ni}$　　(2) △—CH_3 + HCl ⟶

(3) □ + Br_2 $\xrightarrow[\triangle]{CCl_4}$　　(4) ⬡ $\xrightarrow{KMnO_4/H^+}$

六、
化合物 A 和 B 的分子式均为 C_6H_{10}，用酸性高锰酸钾氧化 A 可以得到丙酸，氧化 B 可得到己二酸，A、B 都能使溴水褪色，推断 A、B 的构造式，并写出相关反应方程。

七、
某烃分子式为 C_7H_{12}，氧化后得到 ，写出此烃的构造式。

第六章 对映异构

学习目标

1. 掌握偏振光、旋光性、手性、手性碳原子、手性分子、对映异构体、外消旋体和内消旋体等的基本概念；
2. 理解旋光仪测定旋光度的原理；
3. 理解旋光度和比旋光度、左旋体和右旋体的意义；掌握比旋光度的相关计算；
4. 掌握判断分子手性的方法；
5. 掌握对映体费歇尔投影式的书写方法和 D/L、R/S 构型表示方法。

案例导入

手性认识不足造成的严重事件：20 世纪 50 年代，德国一家制药公司开发出一种镇静催眠药反映亭（沙利度胺），有减轻孕妇清晨呕吐的作用，但很快发现孕妇服用后生出了无头或缺腿的先天畸形儿。这一事件成为医学史上的一大悲剧！后经研究发现，反映亭是一种手性药物，R 构型的反映亭具有镇静作用，而 S 构型的反映亭则有强烈的致畸作用。该悲剧的产生是由于人们对手性药物的认识不足造成的，引起了后人对手性药物研究的高度重视。

同分异构分为构造异构和立体异构。构造异构是由于分子中原子或基团的连接次序不同而产生的异构现象，构造异构又包括碳链异构、官能团异构、官能团位置异构和互变异构等。例如，正丁烷和异丁烷互为碳链异构；乙醇和甲醚互为官能团异构；1-丁炔和 2-丁炔互为官能团位置异构；乙酰乙酸乙酯存在互变异构。

碳链异构： $CH_3CH_2CH_2CH_3$ $CH_3-CH(CH_3)-CH_3$
               正丁烷   异丁烷

官能团异构： CH_3CH_2OH CH_3OCH_3
                 乙醇   甲醚

官能团位置异构： $CH{\equiv}CCH_2CH_3$ $CH_3C{\equiv}CCH_3$
                     1-丁炔   2-丁炔

互变异构：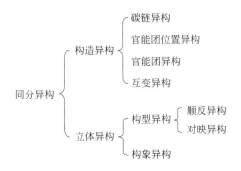

乙酰乙酸乙酯(酮式) ⇌ 乙酰乙酸乙酯(烯醇式)

立体异构是由原子或基团在空间的排列位置不同而产生的异构，包括构象异构和构型异构，构型异构又包括顺反异构和对映异构。在前面章节中已经学习了烯烃的顺反异构，本章主要介绍有机化合物立体异构中的对映异构，又称旋光异构。

同分异构
- 构造异构
  - 碳链异构
  - 官能团位置异构
  - 官能团异构
  - 互变异构
- 立体异构
  - 构型异构
    - 顺反异构
    - 对映异构
  - 构象异构

第一节　物质的旋光性和旋光度

一、偏振光和旋光性

1. 偏振光

光是一种电磁波，光波振动方向与其传播方向是相互垂直的。如图 6-1 所示，普通光的光波是在不同方向上振动的，当普通光通过一块尼科耳棱镜时，由于尼科耳棱镜只允许与它镜轴平行的光通过，其他方向的光不能通过，这样通过尼科耳棱镜后的光只在一个平面上振动，这种光称为平面偏振光，简称偏振光。

2. 旋光性

偏振光通过水、乙醇、乙酸等液体或其溶液时，偏振光的振动方向没有发生改变，这种不能使偏振光振动方向发生改变的物质称为非旋光性物质，见图 6-2。若偏振光通过葡萄糖或乳酸，偏振光的振动方向发生旋转，这种现象称为旋光现象，类似葡萄糖和乳酸这种能使偏振光振动方向发生旋转的物质称为旋光性物质，见图 6-3；这种使偏振光振动方向发生旋转的性质叫做旋光性。

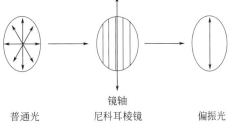

图 6-1　偏振光的产生

当偏振光通过某物质时，若偏振光向顺时针方向旋转，即右旋，一般用（＋）或（d）表示，该物质称为右旋体；若偏振光向逆时针方向旋转，即左旋，用（－）或（l）表示，该物质称为左旋体。旋光性物质使偏振光偏振平面旋转的角度叫做旋光度，通常用"α"表示。

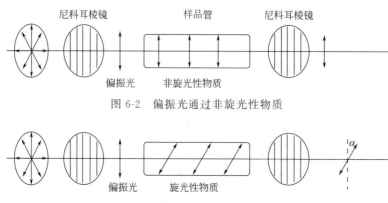

图 6-2 偏振光通过非旋光性物质

图 6-3 偏振光通过旋光性物质

二、旋光仪和比旋光度

1. 旋光仪

用来测定旋光性物质旋光度的仪器称为旋光仪,其工作原理如图 6-4 所示。旋光仪的主要部件有:两个尼科耳棱镜,一个样品管和一个能读出旋转角度的刻度盘。其中,起偏镜(第一个尼科耳棱镜)是固定的,其作用是把光源射出的光变成偏振光;检偏镜(第二个尼科耳棱镜)与回转的刻度盘相连,可以转动,以便测出振动平面的旋转角度。

旋光仪的原理是:光源发出的光,通过起偏镜,产生偏振光。若样品管中盛放的是旋光性物质,则当偏振光通过样品管中的试样后,要想观察到光需要将检偏镜旋转一定的角度 α,此角度即该试样的旋光度。旋光度 α 可通过回转刻度盘读出。旋光仪不仅能测出物质是否具有旋光性和旋光度的大小,还能检测出旋光方向。

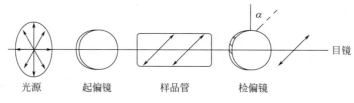

图 6-4 旋光仪的原理

2. 比旋光度

同一种物质的测定条件不同,其旋光度的大小也不同。影响旋光度大小的因素有:测定时溶液的浓度、溶剂的种类、测定时的温度、样品管长度和所用光源的波长等。因此,即使是同一种物质,若测定旋光度时的条件不同,也无法比较它们旋光能力的大小。为了能比较物质旋光能力的大小,需消除这些条件的影响,因此引入了比旋光度的概念。比旋光度即溶液浓度为 $1g \cdot mL^{-1}$、样品管长度为 1dm 时测得的旋光度。比旋光度一般用 $[\alpha]_\lambda^t$ 表示,比旋光度与旋光度之间的关系用下式表示:

$$[\alpha]_\lambda^t = \frac{\alpha}{cl}$$

式中,t 为测定时的温度;λ 为测定时所用光源的波长(常用钠光,用 D 表示);α 为旋光度;c 为溶液的浓度,单位为 $g \cdot mL^{-1}$;l 为样品管长度,单位为 dm。

表示比旋光度时，不仅要注明所用光源的波长和测定时的温度，还要注明所用的溶剂。例如，以钠光灯为光源，在 20℃ 时测得葡萄糖水溶液的比旋光度为 +52.5°，应记为：$[\alpha]_D^{20} = +52.5°$（水）。

例 6-1：用钠光灯作光源，20℃ 时测得某葡萄糖溶液的旋光度为 +10.5°。已知样品管的长度为 200mm，$[\alpha]_D^{20} = +52.5°$，则该葡萄糖溶液的浓度为多少？

解：根据公式：

$$[\alpha]_D^t = \frac{\alpha}{cl}$$

得

$$c = \frac{10.5}{2 \times 52.5} = 0.10(g \cdot mL^{-1})$$

比旋光度是旋光性物质的物理常数之一，不同物质的比旋光度不同，有关数据可在手册和文献中查到。通过测定某一未知物的比旋光度，可初步推测该未知物。

比旋光度的应用

> 若已知某物质的比旋光度，可通过测定旋光度计算该物质的浓度。例如，在制糖工业中，常用旋光度来控制糖液的浓度。

课内练习

> 将 1.0g 某旋光性物质溶于乙醇，制得 100mL 溶液。①将该溶液放在 10cm 长的样品管中，在钠光源、25℃ 时测得其旋光度为 +2.4°，求其比旋光度。②如果改用 5cm 长的样品管测试，其旋光度是多少？③如果样品管长仍为 10cm，将测定溶液由 100mL 稀释到 200mL，则旋光度是多少？

第二节　旋光性和分子结构的关系

一、手性和手性分子

1. 手性

任何一个物体放在镜子前面，都会得到一个与该物体对称的镜像。若把镜内的像看作一个实物，则该物体与镜像互称为对映体。有的物体可以和其镜像完全重合，而有的物体与其镜像不能重合。如图 6-5 所示，若把左手放在镜子前面，则会看到其镜像恰好与右手相同。像左、右手这样，互为实物与镜像，但又不能重合的性质叫做"手性"。

2. 手性分子

图 6-6 是乳酸分子的两种构型，若把其中一种看作实物，另一种就是它所成的像。由图 6-6 不难发现两种乳酸分子互为镜像，但不能重合，正如人左、右手的关系，人们把乳酸这

种分子与其镜像的不重合性称为分子的手性，把具有手性的分子称为手性分子。物质与其镜像的不重合性（手性）是引起物质旋光的根本原因。由手性分子构成的物质具有旋光性，由非手性分子构成的物质则没有旋光性。

图 6-5 手性

图 6-6 乳酸对映体

二、分子手性的判断

1. 对称因素与手性

判断一个分子是否是手性分子，可以看它的结构模型是否和镜像重合，若重合则为非手性分子，不具有旋光性；若不重合，则为手性分子，具有旋光性。除此之外，还可根据分子是否有对称因素判断该分子是否是手性分子。若分子有对称面或对称中心，就不具有旋光性，为非手性分子；若分子无对称面或对称中心，则其具有旋光性，为手性分子。

（1）对称面　能够把一个分子分成两个完全对称（互为实物和镜像）部分的平面。如图 6-7 所示，丙酸和 2,3-二羟基丁二酸都有对称面，则这两个分子为非手性分子，不具有旋光性。

（2）对称中心　分子内有一点，通过该点作直线，距中心点等距离的两端有相同的原子或基团，此中心点称为该分子的对称中心。如图 6-8 所示，1,3-二氟-2,4-二溴环丁烷中的 P 点就是该分子的对称中心。该分子因存在对称中心，因此必然与它的镜像重合，不具有旋光性，为非手性分子。

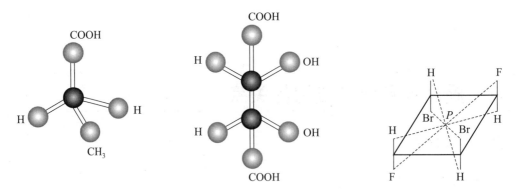

图 6-7　丙酸和 2,3-二羟基丁二酸的对称面　　　图 6-8　1,3-二氟-2,4-二溴环丁烷的对称中心

2. 手性碳原子和手性

（1）手性碳原子　分子中，连有四个各不相同原子或基团的碳原子称为手性碳原子，常用"*"标示。

$$CH_3\overset{*}{C}HCH_3 \qquad CH_3\overset{*}{C}H\overset{*}{C}HCH_3$$
$$\quad\ \ |\qquad\qquad\qquad\ \ \ |\ \ \ |$$
$$\quad\ \ Cl\qquad\qquad\qquad Cl\ Cl$$

在 2-氯丁烷中，2 号碳原子连有的四个基团分别是—Cl、—CH₃、—H 和—CH₂CH₃，这四个基团完全不同，因此 2 号碳原子为手性碳原子。同理，2,3-二氯戊烷中有两个手性碳原子。

（2）手性碳原子与手性的关系　一般来说，含有一个手性碳原子的分子是手性分子，具有旋光性；不含手性碳原子的分子一般是非手性分子。值得注意的是，手性碳原子是引起分子具有手性的普遍因素，但不是唯一的因素。含有手性碳原子的分子不一定是手性分子，而不含手性碳原子的分子不一定不具有手性。

课内练习

> 1. 指出下列有对称因素的化合物。
> （1）丙酮　　（2）2-溴-1-丙醇　　（3）2-羟基丙酸　　（4）2-溴丁烷
> 2. 下列化合物中，如有手性碳原子，请用"＊"标出。
> （1）CH₃CH₂CH＝CHCH₃　　（2）CH₃CH₂CH(CH₃)CH(CH₃)CH₂OH
> （3）CH₃CH(OH)CH(Br)CH₃　　（4）CH₃CH(Cl)CH₂OH

第三节　含一个手性碳原子化合物的对映异构

一、对映异构体和外消旋体

1. 对映异构体

乳酸分子含有一个手性碳原子，有两种不同的构型：左旋乳酸和右旋乳酸，其模型如图 6-9 所示。两者分子组成和结构式相同，但构型不同。以一个为实物，则另一个为其镜像，它们之间的关系就像人的左、右手，存在对映关系，但不能完全重叠，这种互为实物和镜像但又不能重合的异构体称为对映异构体或旋光异构体。具有这种性质的分子称为手性分子，具有旋光性。一般来说，含一个手性碳原子的化合物都有两个对映异构体，一个为左旋体，另一个为右旋体。

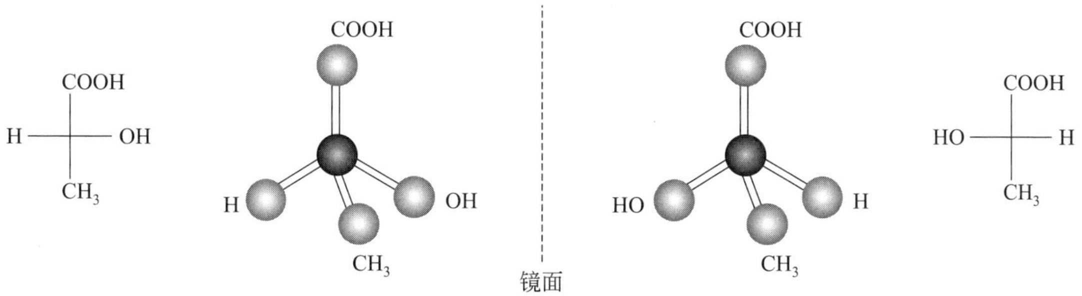

图 6-9　乳酸分子的一对对映异构体

对于一对对映异构体，其各个基团在空间的排列顺序不同，但空间相对关系相同，因此对映异构体中的左旋体和右旋体具有相同的熔点、沸点和密度等，也具有相同大小的旋光度，但它们对偏振光的旋光方向不同。如左旋乳酸和右旋乳酸的熔点都是 53℃，但旋光方向不同。

此外，对映异构体的化学性质一般也相同，但在手性环境中与手性试剂、手性溶剂、催化剂作用时表现出不同的性质，反应具有立体化学的专一性。例如，右旋葡萄糖在动物代谢中起重要作用，有营养价值，但其左旋体不能被动物代谢也不能被酵母发酵。

2. 外消旋体

取等量的左旋乳酸和右旋乳酸混合，测定该混合物的旋光度，发现其没有旋光性。这是因为等量左旋乳酸和右旋乳酸对偏振光的旋转作用相互抵消了，也就没有了旋光性。大量实验表明，将任何一对对映异构体的左旋体和右旋体等量混合，然后用旋光仪测定时都无旋光性。这种由等量左旋体和右旋体混合得到的无旋光性混合物叫做外消旋体，用（±）或（dl）表示。

外消旋体不仅旋光度与左旋体、右旋体不同，物理性质也有明显差异。如表 6-1 所示：（+）、（−）乳酸的熔点都是 53℃，而（±）乳酸的熔点是 18℃，但化学性质基本相同，pK_a 都是 3.79。在生理作用上则各发挥其效能，如食品工业或医药制造应用的乳酸酯及聚乳酸，都以（−）-乳酸为原料，这是因为人体内只有代谢（−）-乳酸的酶，如果摄入过量（+）-乳酸，则会引起代谢紊乱甚至酸中毒。

表 6-1　乳酸（+）右旋体、（−）左旋体及（±）外消旋体的性质比较

化合物	熔点/℃	α(水)	pK_a(25℃)
（+）-乳酸	53	+3.8	3.79
（−）-乳酸	53	−3.8	3.79
（±）-乳酸	18	无旋光性	3.79

二、对映异构体的构型表示法

对映异构体的构型一般用分子模型、透视式和费歇尔投影式来表示，书写时常用透视式和费歇尔投影式。

1. 透视式

透视式就是将手性碳原子置于纸平面上，与手性碳相连的四个键分别采用细实线、楔形实线、楔形虚线三种方法表示。其中，楔形实线表示指向纸平面前方，楔形虚线表示指向纸平面后方，而细实线表示处于纸平面上。例如，用透视式表示乳酸对映异构体，如图 6-10 所示。

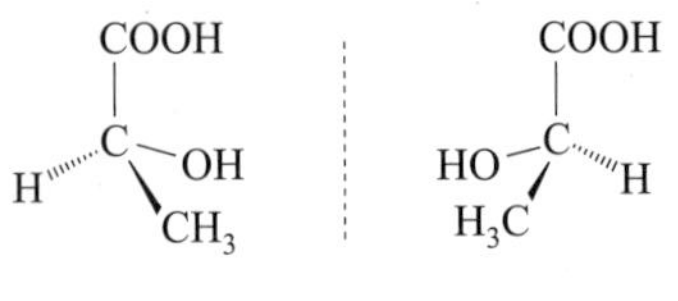

图 6-10　乳酸对映异构体的透视式

这种方法的立体感比较强，非常直观、形象、生动；但缺点是书写比较麻烦，尤其不适合结构复杂的分子，因此不经常被采用。

2. 费歇尔投影式

为了便于书写和进行比较，对映体的构型常用费歇尔（Fischer）投影式表示。费歇尔投影式采用平面形式表示具有手性碳原子的分子立体模型。其投影规则是：将含有碳原子的主链投影在竖线上，编号最小的碳原子写在竖线上端；而手性碳左右两个键连有的基团投影到横线上；手性碳原子投影到屏幕上，即十字线的交叉点。

用费歇尔投影式表示乳酸的对映异构体，如图 6-11 所示。费歇尔投影式横向连有的两个基团表示指向纸平面前方，竖向连有的两个基团表示指向纸平面后方，十字交叉点代表手性碳原子。

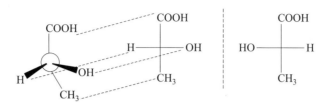

图 6-11 乳酸对映异构体的费歇尔投影式

费歇尔投影式具有严格的投影原则，不能随意改变。应用费歇尔投影式时，应注意以下几点。

① 费歇尔投影式不能离开纸平面翻转，否则会使手性碳原子周围各原子或基团的前后关系发生改变。费歇尔投影式只能在纸平面上平移或旋转180°，但不能在纸平面上旋转90°或270°，否则得到的费歇尔投影式是其对映异构体的构型。

$$\underset{CH_3}{\overset{COOH}{H-\!\!\!\!\!\!\!-\!\!\!\!OH}} \xrightarrow{\text{在纸平面上旋转180°}} \underset{COOH}{\overset{CH_3}{HO-\!\!\!\!\!\!\!-\!\!\!\!H}}$$

$$\underset{CH_3}{\overset{COOH}{H-\!\!\!\!\!\!\!-\!\!\!\!OH}} \xrightarrow{\text{在纸平面上旋转90°}} \underset{OH}{\overset{H}{CH_3-\!\!\!\!\!\!\!-\!\!\!\!COOH}}$$

② 取代基位置互换一次或奇数次，构型改变，为其对映体；取代基位置互换两次或偶数次，构型不变。

$$\underset{CH_2OH}{\overset{CHO}{H-\!\!\!\!\!\!\!-\!\!\!\!OH}} \xrightarrow{-OH\text{与}-CH_2OH\text{互换一次}} \underset{OH}{\overset{CHO}{H-\!\!\!\!\!\!\!-\!\!\!\!CH_2OH}} \xrightarrow{-OH\text{与}-H\text{互换一次}} \underset{H}{\overset{CHO}{HO-\!\!\!\!\!\!\!-\!\!\!\!CH_2OH}}$$

构型改变　　　　　　　　　　构型不变

课内练习

1. 写出下列化合物的费歇尔投影式。

(1) CH_3CHNH_2　　(2) CH_3CHCH_2OH　　(3) $CH_3CH(OH)COOH$
　　　　$|$　　　　　　　　　　$|$
　　　　OH　　　　　　　　　　Cl

2. 判断对错。

(1) $\underset{Br}{\overset{COOH}{H-\!\!\!\!\!\!\!-\!\!\!\!Cl}}$ 与 $\underset{Cl}{\overset{COOH}{H-\!\!\!\!\!\!\!-\!\!\!\!Br}}$ 是同一种物质。（　　）

(2) $\underset{Br}{\overset{H}{HOOC-\!\!\!\!\!\!\!-\!\!\!\!Cl}}$ 与 $\underset{H}{\overset{Br}{HOOC-\!\!\!\!\!\!\!-\!\!\!\!Cl}}$ 是一对对映异构体。（　　）

三、对映异构体的构型标记法

对映异构体有两种构型,需要通过一定的方法区分它们。常用的构型标记法有 D/L 标记法和 R/S 标记法。

1. D/L 标记法

目前对于一个旋光性物质,人们可以通过旋光仪测出其是左旋还是右旋,但在 1951 年前,人们还不能测定分子的真实构型,因此无法确定一种构型是左旋体还是右旋体。为了研究方便,人们人为地选择甘油醛为标准,并规定了它们的构型。在甘油醛的费歇尔投影式中,人为规定手性碳上羟基在右侧的为右旋甘油醛,用 D 标记它的构型;而羟基在左侧的为左旋甘油醛,用 L 标记它的构型。这种人为指定的构型称为相对构型。

$$
\begin{array}{cc}
\text{CHO} & \text{CHO} \\
\text{H}\!-\!\!-\!\text{OH} & \text{HO}\!-\!\!-\!\text{H} \\
\text{CH}_2\text{OH} & \text{CH}_2\text{OH}
\end{array}
$$

D-(+)-甘油醛　　　　　　L-(−)-甘油醛

指定了甘油醛的构型后,许多手性化合物的构型就可以通过一定的化学转变与甘油醛的相对构型关联起来。例如,L-甘油醛经氧化得到甘油酸,因反应过程中手性碳原子上的化学键未发生变化,即分子构型没变,则得到的甘油酸仍是 L 构型。

$$
\begin{array}{ccc}
\text{CHO} & \text{COOH} & \text{COOH} \\
\text{H}\!-\!\!-\!\text{OH} \xrightarrow{[O]} & \text{H}\!-\!\!-\!\text{OH} \xrightarrow{[H]} & \text{H}\!-\!\!-\!\text{OH} \\
\text{CH}_2\text{OH} & \text{CH}_2\text{OH} & \text{CH}_3
\end{array}
$$

D-(+)-甘油醛　　D-(−)-甘油酸　　D-(−)-乳酸

通过与标准物质甘油醛的化学反应相关联,一系列化合物的构型就可以确定了。在已经取得关联的化合物中,尤其是糖类和氨基酸类化合物,目前仍多采用 D/L 标记法。随着立体异构化合物的大量积累,人们发现许多化合物难以通过化学反应在构型上准确无误地与 D-(+)-甘油醛或 L-(−)-甘油醛相关联,也就难以给出准确的 D/L 构型。

2. R/S 标记法

鉴于 D/L 标记法存在一定的局限性,国际上根据 IUPAC 的建议,采用 R/S 系统命名法标记构型,该命名方法是根据化合物的实际构型、透视式或投影式而命名的。R/S 标记法是根据手性碳原子所连有的四个原子或基团在空间的排列顺序来标记的。其规则如下:

① 将直接与手性碳原子相连的四个原子或基团按优先次序排序。假设优先次序为:a>b>c>d。

② 将次序最小的原子或基团 d 放在距离观察者对面视线最远处,保持最小基团 d、手性碳原子和眼睛在一条直线上,按照优先次序观察 a、b、c 的排列顺序(看作方向盘),如图 6-12 所示。如果 a、b、c 按顺时针排列,则该化合物为 R 型;如果 a、b、c 按逆时针排列,则该化合物为 S 型。

手性碳连有的四个原子或基团优先次序的排列规则如下。

① 首先比较和手性碳原子相连接的四个

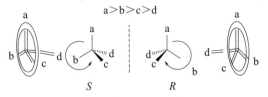

图 6-12　确定 R/S 构型

原子，原子序数大者优先。例如：—I＞—Br＞—Cl＞—OH＞—CH$_3$＞—H。

② 当和手性碳原子直接相连的四个原子有相同时，可用上述类似的方法比较基团中的第二个原子，依此类推。例如：—CH(CH$_3$)$_2$＞—CH$_2$CH$_2$CH$_3$＞—CH$_2$CH$_3$＞—CH$_3$。

③ 当和手性碳原子直接相连的基团含有双键或三键时，则可看作连有两个或三个相同的原子。例如：—CHO＞—CH$_2$OH＞—CH=CH$_2$＞—CH$_2$CH$_3$。

例 6-2：用 R/S 标记法标记下列构型。

—Cl＞—CH$_2$CH$_3$＞—CH$_3$＞—H　　　　—Cl＞—CH$_2$CH$_3$＞—CH$_3$＞—H
(顺时针)　　　　　　　　　　　　　　　　(逆时针)
R-2-氯丁烷　　　　　　　　　　　　　　　S-2-氯丁烷

费歇尔投影式也可按照透视式的方法判断 R、S 构型，判断时应将费歇尔投影式横向的两个基团看成指向纸平面前方，竖向的两个基团指向纸平面后方，然后按照透视式同样的方法即可判断出 R、S 构型，但这种方法难度比较大。这里介绍一种不用将费歇尔投影式还原成立体结构的简单方法，如下：

① 将与手性碳原子相连的四个基团排序，找出最小基团。

② 若最小基团在横键上，观察其他三个基团（不看最小基团），若是顺时针，则为 S 构型；若是逆时针，则为 R 构型。

③ 若最小基团在竖键上，观察其他三个基团（不看最小基团），若是顺时针，则为 R 构型；若是逆时针，则为 S 构型。

例 6-3：判断下列费歇尔投影式的构型。

① H—|COOH/CH$_3$|—Br　　② H$_3$C—|CH(CH$_3$)$_2$/H|—CH$_2$CH$_3$

解：① 基团排序：—Br＞—COOH＞—CH$_3$＞—H。最小基团是—H，在横键上，其他三个基团为顺时针，所以为 S 构型。

② 基团排序：—CH(CH$_3$)$_2$＞—CH$_2$CH$_3$＞—CH$_3$＞—H。最小基团是—H，在竖键上，其他三个基团为顺时针，所以为 R 构型。

不同于 D/L 标记法，R/S 标记法不依赖于任何标准物，因此又称为绝对构型标记法。但无论 D/L 标记法还是 R/S 标记法确定的构型都与旋光方向没有关系，各物质的旋光方向需要通过旋光仪测定得到。

课内练习

1. 判断下列费歇尔投影式的构型。

（1）Br—|OH/H|—CH$_3$　　（2）H$_3$C—|H/NH$_2$|—CH$_2$CH$_3$

(3)
```
    CH₂CH₃
H─┼─CH₃
    OH
```
(4)
```
    H
H₃C─┼─CHO
    NH₂
```

2. 请写出 R-2-丁醇的费歇尔投影式。

3. 根据 R、S 构型指出下列哪些是对映异构体。

(1)
```
    H
F─┼─Cl
    Br
```
(2)
```
    F
H─┼─Cl
    Br
```
(3)
```
    Br
F─┼─Cl
    H
```
(4)
```
    F
H─┼─Br
    Cl
```

第四节　含两个手性碳原子化合物的对映异构

一、含两个不同手性碳原子化合物的对映异构

一般来说，分子中含有的手性碳原子越多，则旋光异构体也越多。乳酸中含有一个手性碳原子，有一对对映异构体。若分子中含两个手性碳原子，则与这两个手性碳原子相连的原子或基团有四种不同的空间排列方式，因此存在四个立体异构体。例如，2-羟基-3-氯丁二酸（氯代苹果酸）有两个手性碳，共有四个立体异构体，如下：

```
   COOH          COOH          COOH          COOH
H─┼─OH       HO─┼─H        H─┼─OH       HO─┼─H
HO─┼─Cl       Cl─┼─OH       Cl─┼─H        H─┼─Cl
   COOH          COOH          COOH          COOH
  Ⅰ(2S,3S)    Ⅱ(2R,3R)     Ⅲ(2S,3R)     Ⅳ(2R,3S)
```

四个异构体中，Ⅰ与Ⅱ为对映体；Ⅲ和Ⅳ为对映体；将Ⅰ和Ⅱ或Ⅲ和Ⅳ等量混合，得到外消旋体。Ⅰ和Ⅲ中一个手性碳构型相同，另一个相反，因此不存在对映关系，互称为非对映体。Ⅰ与Ⅳ、Ⅱ与Ⅲ、Ⅱ与Ⅳ也是非对映体关系。

非对映体之间的旋光能力不同，许多物理性质（如沸点、熔点等）也不同。由于非对映体具有相同的基团，只是基团的相对位置不同，因此它们的化学性质相似。

二、含两个相同手性碳原子化合物的对映异构

酒石酸分子中含两个相同的手性碳原子，即两个手性碳原子连有的基团完全相同。

$$HOOC-\overset{*}{C}H-\overset{*}{C}H-COOH$$
$$\qquad\quad\ \ OH\ \ \ OH$$

酒石酸

下面是酒石酸的四种构型，用费歇尔投影式表示如下：

```
   COOH          COOH          COOH          COOH
H─┼─OH       HO─┼─H        HO─┼─H        H─┼─OH
HO─┼─H        H─┼─OH       HO─┼─H        H─┼─OH
   COOH          COOH          COOH          COOH
  Ⅰ(2R,3R)    Ⅱ(2S,3S)     Ⅲ(2S,3R)     Ⅳ(2S,3R)
```

由构型分析可知：Ⅰ与Ⅱ是一对对映异构体。而Ⅲ与Ⅳ是同一物质，将Ⅲ旋转180°即得Ⅳ。Ⅳ中虽然含有手性碳原子，但分子中有对称面，该对称面把分子分为实物和镜像两部分，因此不是手性分子，不具有旋光性。这种虽然含有手性碳原子，但因分子内存在对称因素而不具有旋光性的化合物叫做内消旋体。因此，酒石酸共有三种构型异构体，一种为左旋体，一种为右旋体，另一种为内消旋体。

课内练习

用费歇尔投影式表式下列化合物的结构。
(1)（2R,3S)-2-氯-3-溴丁烷
(2)（2S,3R)-2-氯-3-羟基丁二酸

拓展窗

手性分子的生命与手性

研究发现，生命基本单元的氨基酸也有手性之分，而且组成地球生命体几乎所有的氨基酸都是左旋氨基酸，这不是一个单纯的巧合！据今为止，人类发现的氨基酸有20多种，除甘氨酸外，其他氨基酸都有对映异构体。旋光仪可测定氨基酸的手性，即让偏振光通过待测氨基酸，偏振光发生左旋的，对应样品管里装的就是左旋氨基酸，反之，则为右旋氨基酸。大量实验表明，组成地球生命体几乎所有的氨基酸都是左旋氨基酸，而不是右旋氨基酸。

由于人是由左旋氨基酸组成的生命体，当然不能很好地代谢右旋氨基酸。历史上的"反映亭"事件也验证了这一点。此事件是由医生给孕妇服用了没有拆分的消旋体药物（作为镇痛药或止咳药）造成的，结果造成了1.2万多名畸形"海豹婴儿"的诞生。由于20世纪60年代的这个教训，目前药物研制成功后只有进行了生物活性和毒性试验，才能投入市场。

在化学合成中，一对对映异构体的比例近乎相等，但只有一半是有用的，必须进行分离，以除去另一半，这样就产生很高的成本，而且没用的另一半势必对环境造成污染。随着科学的发展，科学家发现了"不对称催化合成"的方法，该方法可将另一半右旋分子转化成左旋分子，这项研究获得了2001年度的诺贝尔化学奖。目前这个方法被广泛地应用于制药和香精等化工行业。

本章小结

一、物质的旋光性和旋光度

1. 偏振光

普通光通过尼科耳棱镜后，只留下与尼科耳棱镜镜轴平行的振动平面上的光，这种光称为偏振光。

2. 非旋光性物质

偏振光通过水、乙醇、乙酸等液体或其溶液时，偏振光的振动方向没有发生改变，这种

物质称为非旋光性物质。

3. 旋光性物质

若偏振光通过葡萄糖或乳酸，偏振光的振动方向发生旋转，这种现象称为旋光现象，类似葡萄糖和乳酸这种能使偏振光振动方向发生旋转的物质称为旋光性物质。这种使偏振光振动方向发生旋转的性质叫做旋光性。

4. 右旋体

偏振光通过某物质后，若偏振光向顺时针方向旋转，即右旋，一般用（+）或（d）表示，该物质称为右旋体。

5. 左旋体

偏振光通过某物质后，若偏振光向逆时针方向旋转，即左旋，用（−）或（l）表示，则该物质为左旋体。

6. 旋光度

旋光性物质使偏振光偏振平面旋转的角度叫做旋光度，通常用"α"表示。

二、旋光仪和比旋光度

（1）旋光仪的主要部件：起偏镜、样品管、检偏镜和刻度盘。

（2）比旋光度：$[\alpha]_\lambda^t = \dfrac{\alpha}{cl}$

式中，t 为测定时的温度；λ 为测定时所用光源的波长；α 为旋光度；c 为溶液浓度，单位为 $g \cdot mL^{-1}$；l 为样品管长度，单位为 dm。

三、旋光性和分子结构的关系

（1）手性　左、右手互为实物与镜像但又不能重合的性质称为手性。

（2）手性分子　像左、右手一样，互为实物与镜像但又不能重合的分子称为手性分子。

（3）分子手性的判断

① 手性与对称因素：观察分子是否有对称面或对称中心，若存在，则为非手性分子；若不存在，则为手性分子。

② 手性与手性碳原子：一般来说，含有一个手性碳原子的分子是手性分子，具有旋光性；含多个手性碳原子的分子不一定是手性分子。

四、含一个手性碳原子化合物的对映异构

1. 对映异构体

一个分子的两种构型互为实物和镜像，但又不能重合，则它们是一对对映异构体。

2. 外消旋体

由等量左旋体和右旋体混合得到的无旋光性混合物叫做外消旋体，用（±）或（dl）表示。

五、对映异构体的构型表示法

1. 透视式

将手性碳原子置于纸平面上，楔形实线表示指向纸平面前方，楔形虚线表示指向纸平面后方，而细实线表示处于纸平面上。

2. 费歇尔投影式

将含有碳原子的主链投影在竖线上，编号最小的碳原子写在竖线上端；而手性碳左右两

个键连有的基团投影到横线上；手性碳原子投影到屏幕上，即十字线的交叉点。

六、对映异构体的构型标记法

1. D/L 标记法

在甘油醛的费歇尔投影式中，人为规定手性碳上羟基在右侧的为右旋甘油醛，记为 D 型；而羟基在左旋的为左型甘油醛，记为 L 型。

2. 透视式 R/S 标记法

① 将直接与手性碳原子相连的四个原子或基团按优先次序排序。假设优先次序为：a＞b＞c＞d。

② 将次序最小的原子或基团放在距离观察者对面视线最远处，保持最小基团 d、手性碳原子和眼睛在一条直线上，按照优先次序观察 a、b、c 的排列顺序（看作方向盘）。如果 a、b、c 按顺时针排列，则该化合物为 R 型；如果 a、b、c 按逆时针排列，则该化合物为 S 构型。

3. 费歇尔投影式 R/S 标记法

将与手性碳相连的四个基团排序，找出最小基团。若最小基团在横键上，观察其他三个基团，若是顺时针，则为 S 构型；若是逆时针，则为 R 构型。若最小基团在竖键上，观察其他三个，若是顺时针，则为 R 构型；若是逆时针，则为 S 构型。

七、含两个手性碳原子化合物的对映异构

① 含两个不同手性碳原子化合物的对映异构：共存在四个旋光异构体。

② 含两个相同手性碳原子化合物的对映异构：共有三种构型异构体，一种为左旋体，一种为右旋体，另一种为内消旋体。

习题

一、判断题（正确的打"√"，错误的打"×"）

(1) 含有手性碳原子的化合物，一定是手性分子，一定具有旋光性。（　　）

(2) 对映异构体化学性质相同，物理性质（例如沸点和熔点等）也相同，但旋光方向不同。（　　）

(3) D 型化合物都是（＋）-化合物。（　　）

(4) 外消旋体是由等量的一对对映异构体混合而成的，因它们的旋光度大小相等，方向相反，所以旋光性互相抵消，不具有旋光性。（　　）

(5) 在一定条件下，旋光性物质的比旋光度是一个物理常数。（　　）

(6) 许多药物的生理活性与旋光性有关，旋光性不同，生理活性也有差异。（　　）

(7) $\underset{CH_3}{\overset{COOH}{H_2N-\!\!\!\!\!-\!\!\!\!\!-H}}$ 与 $\underset{COOH}{\overset{CH_3}{H_2N-\!\!\!\!\!-\!\!\!\!\!-H}}$ 为相同化合物。（　　）

(8) $\underset{Br}{\overset{COOH}{H-\!\!\!\!\!-\!\!\!\!\!-Cl}}$ 与 $\underset{COOH}{\overset{Br}{Cl-\!\!\!\!\!-\!\!\!\!\!-H}}$ 为一对对映异构体。（　　）

(9) 旋光性物质使偏振光振动方向旋转的角度，称为比旋光度。（　　）

(10) R/S 标记法是人们早期对立体异构体构型的标示方法，又称相对构型法。（　　）

二、单选题

(1) 下列化合物中为 R 构型的是（　　）。

A. $\overset{\text{COOH}}{\underset{\text{CH}_3}{\text{H}-\!\!\!\!-\!\!\!\!-\text{NH}_2}}$ B. $\overset{\text{CH}_3}{\underset{\text{Cl}}{\text{H}-\!\!\!\!-\!\!\!\!-\text{Br}}}$ C. $\overset{\text{H}}{\underset{\text{NH}_2}{\text{H}_3\text{C}-\!\!\!\!-\!\!\!\!-\text{COOH}}}$ D. $\overset{\text{Br}}{\underset{\text{Cl}}{\text{F}-\!\!\!\!-\!\!\!\!-\text{H}}}$

(2) 下列为最优基团的是（　　）。
    A. —CH$_3$　　　　B. —COOH　　　　C. —CH$_2$CH$_3$　　　　D. —OH

(3) 下列属于对映异构体的是（　　）。
    A. 构造异构　　　B. 构型异构　　　C. 旋光异构　　　D. 顺反异构

(4) 3-羟基-3-羧基戊二酸无旋光性的原因是（　　）。
    A. 有对称面　　　B. 无手性碳原子　　　C. 无对称中心　　　D. 无对称轴

(5) 下列化合物中没有旋光性的是（　　）。
    A. (＋)-葡萄糖　　B. (＋)-酒石酸　　C. (±)-乳酸　　D. 乳酸

(6) 下列化合物中为 S 构型的是（　　）。

A. $\overset{\text{CH}_3}{\underset{\text{CH}_2\text{CH}_3}{\text{H}_2\text{N}-\!\!\!\!-\!\!\!\!-\text{H}}}$ B. $\overset{\text{CH}_2\text{CH}_3}{\underset{\text{CH}=\text{CH}_2}{\text{Cl}-\!\!\!\!-\!\!\!\!-\text{H}}}$ C. $\overset{\text{C}_2\text{H}_5}{\underset{\text{CH(CH}_3)_2}{\text{H}-\!\!\!\!-\!\!\!\!-\text{NH}_2}}$ D. $\overset{\text{H}}{\underset{\text{CH}_3}{\text{HO}-\!\!\!\!-\!\!\!\!-\text{CHO}}}$

(7) 下列叙述不正确的是（　　）。

A. $\overset{\text{COOH}}{\underset{\text{CH}_3}{\text{H}-\!\!\!\!-\!\!\!\!-\text{NH}_2}}$ 与 $\overset{\text{COOH}}{\underset{\text{CH}_3}{\text{H}_2\text{N}-\!\!\!\!-\!\!\!\!-\text{H}}}$ 为对映异构体

B. $\overset{\text{CHO}}{\underset{\text{CH}_2\text{OH}}{\text{H}-\!\!\!\!-\!\!\!\!-\text{OH}}}$ 与 $\overset{\text{CHO}}{\underset{\text{CH}_2\text{OH}}{\text{HO}-\!\!\!\!-\!\!\!\!-\text{H}}}$ 等量混合后为外消旋体

C. $\overset{\text{CH}_3}{\underset{\text{Cl}}{\text{H}-\!\!\!\!-\!\!\!\!-\text{Br}}}$ 与 $\overset{\text{CH}_3}{\underset{\text{Br}}{\text{Cl}-\!\!\!\!-\!\!\!\!-\text{H}}}$ 为同一化合物

D. $\overset{\text{COOH}}{\underset{\underset{\text{COOH}}{\text{H}-\!\!\!\!-\!\!\!\!-\text{OH}}}{\text{H}-\!\!\!\!-\!\!\!\!-\text{OH}}}$ 与 $\overset{\text{COOH}}{\underset{\underset{\text{COOH}}{\text{HO}-\!\!\!\!-\!\!\!\!-\text{H}}}{\text{HO}-\!\!\!\!-\!\!\!\!-\text{H}}}$ 为对映异构体

(8) 手性分子必然（　　）。
    A. 有手性碳　　B. 有对称轴　　C. 有对称面　　D. 与镜像不能完全重叠

(9) (2S,3R)-2,3-二羟基丁二酸无旋光性的原因是分子中有（　　）。
    A. 手性碳　　B. 对称面　　C. 对称轴　　D. 对称中心

(10) 下列化合物中互为对映异构体的是（　　）。

$\overset{\text{CH}_3}{\underset{\underset{\text{C}_6\text{H}_5}{\text{H}-\!\!\!\!-\!\!\!\!-\text{OH}}}{\text{H}-\!\!\!\!-\!\!\!\!-\text{NH}_2}}$ (1)　　$\overset{\text{CH}_3}{\underset{\underset{\text{C}_6\text{H}_5}{\text{HO}-\!\!\!\!-\!\!\!\!-\text{H}}}{\text{CH}_3\text{NH}-\!\!\!\!-\!\!\!\!-\text{H}}}$ (2)　　$\overset{\text{CH}_3}{\underset{\underset{\text{C}_6\text{H}_5}{\text{HO}-\!\!\!\!-\!\!\!\!-\text{H}}}{\text{H}_2\text{N}-\!\!\!\!-\!\!\!\!-\text{H}}}$ (3)　　$\overset{\text{CH}_3}{\underset{\underset{\text{C}_6\text{H}_5}{\text{H}-\!\!\!\!-\!\!\!\!-\text{OH}}}{\text{CH}_3\text{NH}-\!\!\!\!-\!\!\!\!-\text{H}}}$ (4)

A. (1)/(2)　　B. (1)/(3)　　C. (2)/(3)　　D. (3)/(4)

三、下列化合物有无手性碳原子，若有，用"＊"标记

(1) CH$_3$CHCH$_2$CH$_3$
　　　　|
　　　　OH

(2) CH$_3$CHCH$_2$COOH
　　　　|
　　　　CH$_3$

(3) CH$_3$CHCHCH$_3$
　　　　|　|
　　　　Cl　CH$_3$

(4) CH₃CH₂CHCH₂CH₃
              |
              OH

(5) CH₃CHCH₂OH
        |
        CH₃
   (Br on CH)

(6) CH₃CHCH₂CHCH₃
        | |
        OH   OH

四、命名下列化合物

(1)
$$\begin{array}{c} CH_3 \\ H\!\!-\!\!\!\!\!-\!\!\!\!\!\!\!\!\!-\!\!Br \\ Cl \end{array}$$

(2)
$$\begin{array}{c} COOH \\ H\!\!-\!\!\!\!\!-\!\!\!\!\!\!\!\!\!-\!\!OH \\ CH_2OH \end{array}$$

(3)
$$\begin{array}{c} COOH \\ H_2N\!\!-\!\!\!\!\!-\!\!\!\!\!\!\!\!\!-\!\!H \\ CH_3 \end{array}$$

(4)
$$\begin{array}{c} CH_3 \\ Cl\!\!-\!\!\!\!\!-\!\!\!\!\!\!\!\!\!-\!\!H \\ CH_2CH_3 \end{array}$$

(5)
$$\begin{array}{c} CH_3 \\ H\!\!-\!\!\!\!\!-\!\!\!\!\!\!\!\!\!-\!\!OH \\ CH_2CH_3 \end{array}$$

(6)
$$\begin{array}{c} COOH \\ HO\!\!-\!\!\!\!\!-\!\!\!\!\!\!\!\!\!-\!\!H \\ CH_2CH_3 \end{array}$$

五、指出下列构型式是 R 构型还是 S 构型

(1)
$$\begin{array}{c} H \\ CH_3\!\!-\!\!\!\!\!-\!\!\!\!\!\!\!\!\!-\!\!CH_2CH_3 \\ COOH \end{array}$$

(2)
$$\begin{array}{c} H \\ CH_3\!\!-\!\!\!\!\!-\!\!\!\!\!\!\!\!\!-\!\!COOH \\ CH_2CH_3 \end{array}$$

(3)
$$\begin{array}{c} H \\ CH_3\!\!-\!\!\!\!\!-\!\!\!\!\!\!\!\!\!-\!\!CH_2CH_3 \\ COOH \end{array}$$

(4)
$$\begin{array}{c} CH_3 \\ H\!\!-\!\!\!\!\!-\!\!\!\!\!\!\!\!\!-\!\!COOH \\ CH_2CH_3 \end{array}$$

(5)
$$\begin{array}{c} H \\ CH_3\!\!-\!\!\!\!\!-\!\!\!\!\!\!\!\!\!-\!\!CH_2CH_3 \\ COOH \end{array}$$

(6)
$$\begin{array}{c} COOH \\ H_3C\!\!-\!\!\!\!\!-\!\!\!\!\!\!\!\!\!-\!\!Cl \\ CH_3 \end{array}$$
(with wedge/dash bonds)

六、写出下列化合物的费歇尔投影式

1. S-2-丁醇　　2. R-2-氯-1-丁醇　　3. R-2-氯-丁烷

七、

20℃时，以钠光灯为光源，用 100mm 样品管，在旋光仪中测得某葡萄糖溶液的旋光度为 +10.5°。已知葡萄糖比旋光度为 +52.5°，则该葡萄糖溶液的浓度是多少？

八、

化合物 A 的分子式为 C_7H_{14}，具有光学活性。它与 HBr 作用生成主要产物 B，B 的结构式为

$(CH_3)_2C\!\!-\!\!CH\!\!-\!\!CH_2CH_3$
　　　　　|　　|
　　　　Br　CH₃

。试推导 A 的构造式。

第七章 芳香烃

学习目标

1. 掌握芳香烃的命名；
2. 理解苯结构与性质之间的关系；
3. 掌握芳香烃的取代反应和侧链的氧化反应；
4. 掌握苯环上亲电取代反应的定位规律及其应用；
5. 了解萘的结构及其化学性质。

案例导入

刘女士在新装修的房内住了一段时间后，开始出现头晕、恶心、胸闷等症状，紧接着18岁的儿子突发白血病。刘女士本来装修房子是为了改善、美化居住环境，谁知装修的房子竟是一个"毒气室"。

从化学角度分析，给刘女士一家带来灾害的是苯、甲苯和二甲苯等苯系物质，这类物质被世界卫生组织认定为强烈的致癌物质。苯系物主要存在于油漆、胶和涂料中，长期住在苯系物超标的房间内，可引起慢性中毒，这已经是医学界公认的事实。

芳香族烃类化合物称为芳香烃，简称芳烃。芳香烃最初是从天然香精油和香树脂中提取得到的，因具有香味而得名。大多数芳香烃具有苯环结构，通常所说的芳香烃一般是指分子中含有苯环结构的烃。芳香烃具有芳香性，即芳香烃的环具有难加成、难氧化和易取代的性质。并不是所有芳香烃都具有芳香气味，甚至有些还有难闻的味道，因此"芳香"一词已失去它原有的历史意义。严格来说，芳烃分为苯系芳烃和非苯系芳烃，本章只讨论苯系芳烃。

第一节 苯的结构

一、凯库勒式

苯的结构

1865年德国化学家凯库勒从苯的分子式 C_6H_6 出发，提出了苯的结构式，即苯的凯库勒式：苯是由6个碳原子单、双键交替结合形成的环状化合物，为平面

图 7-1 凯库勒和他的苯分子结构

结构，如图 7-1 所示。

虽然凯库勒创造性地提出了苯的结构，但这个结构并不是苯的真实结构，因为这个结构无法解释很多问题。

① 按照凯库勒式，苯的二元取代物应有两种异构体，但实际上只有一种。

② 按照凯库勒式，苯含有三个双键，应能使 $KMnO_4$ 褪色，但实验表明苯不能被 $KMnO_4$ 氧化。

③ 按照凯库勒式，苯有三个 C═C 和三个 C—C，因此键长应不相等，但事实上苯是正六边形，键长均为 0.1397nm。

虽然凯库勒解释苯分子中的双键不是固定的，单、双键在不停地来回移动，但还是不能说明苯分子中碳-碳键键长完全相等的事实。

二、苯分子结构的近代研究

近代物理学研究表明：苯分子为平面正六边形结构，苯分子中的六个碳原子和六个氢原子都在同一个平面上，每个键角都是 120°，每个键长都是 0.1397nm，介于单双键之间（图 7-2）。

杂化轨道理论认为：分子中的六个碳原子均为 sp^2 杂化，每个碳原子的三个 sp^2 杂化轨道分别与相邻两个碳原子的 sp^2 杂化轨道形成两个 C—C σ 键，与一个氢原子的 s 轨道形成一个 C—H σ 键。每个碳原子上各有一个未参与杂化的 p 轨道，这六个 p 轨道互相平行，且垂直于苯环所在的平面，并彼此相互重叠形成一个闭合的大 π 键共轭体系。大 π 键的电子云像两个轮胎分布在分子平面的上下方。这样电子云分布完全平均化，分子能量大大降低，苯环具有高度的稳定性，如图 7-3 所示。

虽然苯的结构在今天已得到完全阐明，但出于习惯，苯的结构式仍然采用当初凯库勒提出的式子。

 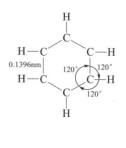 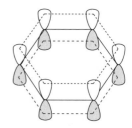

图 7-2　苯的结构　　　　　　　　　　　　图 7-3　苯的环状共轭体系

第二节　芳香烃和多官能团化合物的命名

一、芳香烃的分类

芳香烃根据结构的不同可分为苯系芳烃和非苯系芳烃，本章主要讨论苯系芳烃。苯系芳烃根据苯环数目和连接方式的不同，又可分为单环芳烃、多环芳烃和稠环芳烃。

1. 单环芳烃

分子中只含有一个苯环的芳烃称为单环芳烃，例如：

2. 多环芳烃

分子中含两个或两个以上独立苯环的芳烃称为多环芳烃，例如：

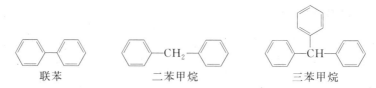

联苯　　　　　　二苯甲烷　　　　　　三苯甲烷

3. 稠环芳烃

分子中两个或两个以上的苯环通过共用相邻碳原子稠合而成的芳烃称为稠环芳烃，例如：

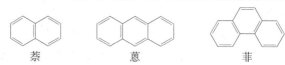

萘　　　　　蒽　　　　　菲

二、芳香烃的命名

从芳烃苯环上去掉一个氢原子后剩下的基团称为芳基，用 Ar—表示。常见的芳基有苯基（用 Ph 表示）和苯甲基（苄基）。

 或 C_6H_5—

苯基

 或 $C_6H_5CH_2$—

苯甲基（苄基）

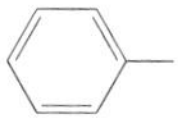

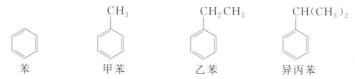

1. 简单烷基苯

苯环上连有简单烷基时，命名时以苯为母体，烷基作为取代基。

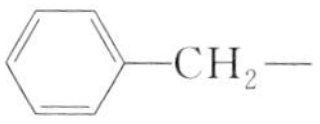

（1）一元烷基苯　苯环上连有一个简单烷基，命名时称为“某基苯”，习惯将“基”字省略。例如：

苯

甲苯

乙苯

异丙苯

（2）二元烷基苯　当苯环上连有两个相同烷基时，因在环上的位置不同，所以产生了位置异构。为加以区分，习惯用“邻、间、对”来命名，如下：

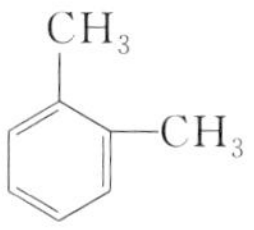

1,2-二甲苯
（邻二甲苯）

1,3-二甲苯
（间二甲苯）

1,4-二甲苯
（对二甲苯）

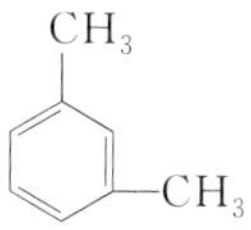

（3）三元烷基苯　苯环上若连有三个相同的烷基，则可用“连、偏、均”加以区分，如下：

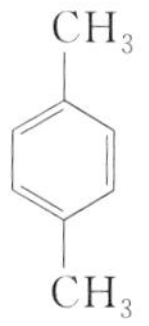

1,2,3-三甲苯
（连三甲苯）

1,2,4-三甲苯
（偏三甲苯）

1,3,5-三甲苯
（均三甲苯）

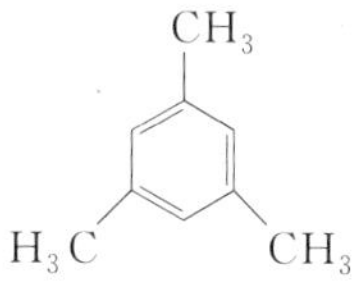

2. 复杂烷基苯和不饱和烷基苯

① 苯环上连有复杂烷基时，则将苯环作为取代基，支链作为母体，例如：

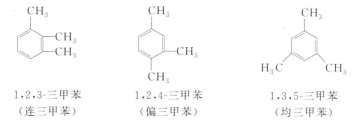

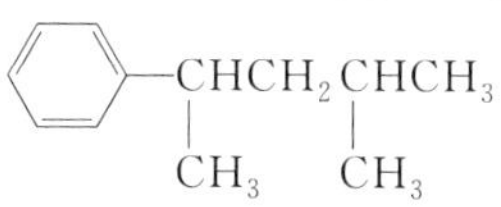

2-甲基-4-苯基戊烷

② 若苯与烯、炔相连，则将苯作为取代基，不饱和烃作为母体，例如：

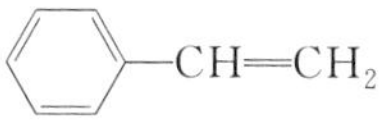

苯乙烯

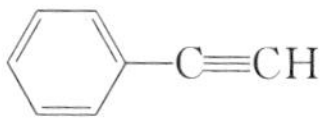

苯乙炔

三、多官能团化合物的命名

1. 官能团的优先次序

分子中含有两种或两种以上官能团的化合物称为多官能团化合物，命名时遵循官能团优先次序规则，即选择表 7-1 中处于前面的优先官能团作为母体，其余的作为取代基。

表 7-1　主要官能团的优先次序

类别	官能团	类别	官能团	类别	官能团
羧酸	—COOH	醛	—CHO	炔烃	—C≡C—
磺酸	—SO$_3$H	酮	$\diagup$C=O$\diagdown$	烯烃	$\diagup$C=C$\diagdown$
羧酸酯	—COOR	醇	—OH	醚	—OR
酰卤	—COX	酚	—OH	烷烃	—R
酰胺	—CONH$_2$	硫醇	—SH	卤素	—X
腈	—CN	胺	—NH$_2$	硝基化合物	—NO$_2$

2.苯衍生物的命名

根据表 7-1，苯环上常见官能团的优先次序为：

—COOH＞—SO$_3$H＞—CHO＞—OH＞—NH$_2$＞—R＞—X＞—NO$_2$

① 当苯环上连的是烷基、卤素、硝基等基团时，以苯环为母体，命名为"某基苯"，如：

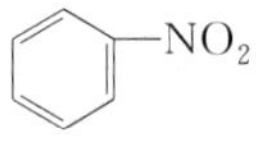

　　硝基苯 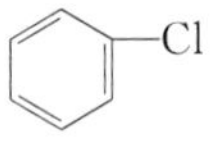　　　　　氯苯

② 当苯环上连有—COOH、—SO$_3$H、—NH$_2$、—OH、—CHO 等时，则将苯环作为取代基，如：

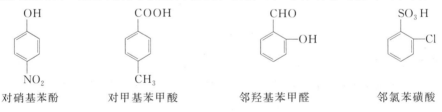

　苯胺 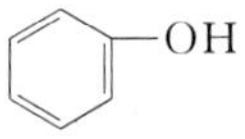　　　　苯酚　　　　苯甲酸　　　　苯磺酸

③ 当苯环上连有两个或多个官能团时，根据表 7-1，选择处于前面的优先官能团作为母体，将和母体官能团相连的苯环上的碳原子编号为 1，其他的官能团作为取代基，最后按照"优先官能团后列出"的原则将取代基的位次和名称写在母体名称之前即可。例如：

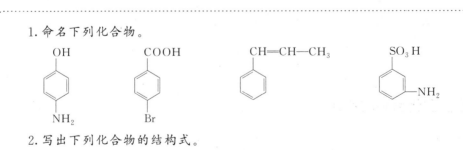

对硝基苯酚　　对甲基苯甲酸　　邻羟基苯甲醛　　邻氯苯磺酸

课内练习

1.命名下列化合物。

2.写出下列化合物的结构式。
(1) 对氯甲苯　　(2) 3-硝基-2-氯苯甲酸　　(3) 3-羟基-5-溴苯磺酸

第三节　芳香烃的物理性质

苯系芳烃一般为无色液体，大多具有芳香气味，不溶于水，比水轻，易溶于乙醚、四氯化碳和汽油等有机溶剂。苯系芳烃能溶解很多有机物质，是良好的有机溶剂。苯系芳烃具有毒性，长期接触会慢性中毒，使用时注意做好防护。常见芳香烃的物理常数见表7-2。

表 7-2　常见芳香烃的物理常数

化合物	熔点/℃	沸点/℃	化合物	熔点/℃	沸点/℃
苯	5.5	80	联苯	70	255
甲苯	-95	111	二苯甲烷	26	263
邻二甲苯	-25	144	三苯甲烷	93	360
间二甲苯	-48	139	苯乙烯	-31	145
对二甲苯	13	138	苯乙炔	-45	142
六甲基苯	165	264	萘	80	218
乙苯	-95	136	四氢化萘	-30	208
正丙苯	-99	159	蒽	217	354
异丙苯	-96	152	菲	101	340

第四节　芳香烃的化学性质

一、取代反应

芳香烃的苯环比较稳定，难以发生苯环上的加成和氧化反应，但容易发生环上氢原子的取代反应和苯环侧链上的氧化反应。

亲电取代反应是苯系芳烃的特征反应，主要包括卤代反应、硝化反应、磺化反应和傅-克反应。

（1）卤代反应　苯在一般条件下不和氯、溴发生反应，也不能使溴水褪色，但在铁粉或 FeX_3 催化下，芳环上的氢可被卤素取代生成卤苯，同时放出卤化氢。因氟化反应非常剧烈，而碘化反应速率很慢且可逆，因此卤代反应一般指的氯代和溴代反应。具体反应如下：

$$\text{C}_6\text{H}_6 + X_2 \xrightarrow{FeX_3 \text{ 或 } Fe} \text{C}_6\text{H}_5\text{X} + HX$$

$$\text{C}_6\text{H}_6 + Cl_2 \xrightarrow{FeCl_3 \text{ 或 } Fe} \text{C}_6\text{H}_5\text{Cl} + HCl$$

$$\text{C}_6\text{H}_6 + Br_2 \xrightarrow{FeBr_3 \text{ 或 } Fe} \text{C}_6\text{H}_5\text{Br} + HBr$$

若延长反应时间或增大卤素的比例，则可进一步得到邻二卤苯和对二卤苯。

$$\text{C}_6\text{H}_5\text{Br} + Br_2 \xrightarrow{FeBr_3} \text{邻-C}_6\text{H}_4\text{Br}_2 + \text{对-C}_6\text{H}_4\text{Br}_2 + HBr$$

甲苯在卤化铁催化下，也能发生卤代反应，比苯容易，主要发生在邻位和对位上。

$$\text{C}_6\text{H}_5\text{CH}_3 + \text{Cl}_2 \xrightarrow{\text{FeCl}_3} \text{邻-ClC}_6\text{H}_4\text{CH}_3 + \text{对-ClC}_6\text{H}_4\text{CH}_3 + \text{HCl}$$

烷基苯在高温或光照条件下也可与卤素反应，反应时烷基苯侧链上的 α-H 被卤素取代。反应机理同烷烃的取代，属于自由基反应。例如：

$$\text{C}_6\text{H}_5\text{CH}_3 \xrightarrow{\text{光照}} \text{C}_6\text{H}_5\text{CH}_2\text{Cl} \xrightarrow{\text{光照}} \text{C}_6\text{H}_5\text{CHCl}_2 \xrightarrow{\text{光照}} \text{C}_6\text{H}_5\text{CCl}_3$$

苯一氯甲烷　　苯二氯甲烷　　苯三氯甲烷

（2）硝化反应　苯与浓硫酸和浓硝酸的混合物（混酸）在 50～60℃ 时反应，苯环上的氢原子被硝基（—NO₂）取代，得到硝基苯。人们把苯环上氢被硝基取代的反应称为硝化反应。

$$\text{C}_6\text{H}_6 + \text{HO}-\text{NO}_2 \xrightarrow[50\sim 60℃]{\text{浓硫酸}} \text{C}_6\text{H}_5\text{NO}_2 + \text{H}_2\text{O}$$

混酸中的硝酸是反应物，浓硫酸则起催化剂和脱水剂的作用。生成的硝基苯为黄色油状液体，有苦杏仁味，有毒。硝基苯再进一步硝化的难度比苯大，可生成间二硝基苯。

$$\text{C}_6\text{H}_5\text{NO}_2 + \text{HO}-\text{NO}_2 \xrightarrow[95℃]{\text{浓硫酸}} \text{间-C}_6\text{H}_4(\text{NO}_2)_2 + \text{H}_2\text{O}$$

烷基苯比苯容易硝化，主要生成邻位和对位取代物，进一步硝化可生成 2,4,6-三硝基甲苯，俗名 TNT，是一种烈性炸药。具体反应如下：

$$\text{C}_6\text{H}_5\text{CH}_3 + \text{HO}-\text{NO}_2 \xrightarrow[30℃]{\text{浓硫酸}} \text{邻-NO}_2\text{C}_6\text{H}_4\text{CH}_3 + \text{对-NO}_2\text{C}_6\text{H}_4\text{CH}_3 \xrightarrow[100℃]{\text{浓硫酸}} \text{2,4,6-(NO}_2)_3\text{C}_6\text{H}_2\text{CH}_3$$

✳ 反应应用

> 硝化反应在农药、炸药、染料、香水以及活性药物中间体等的合成中具有重要地位。

（3）磺化反应　苯与浓硫酸或发烟硫酸共热时，环上的氢原子被磺酸基—SO₃H 取代生成苯磺酸。

$$\text{C}_6\text{H}_6 + \text{HO}-\text{SO}_3\text{H} \xrightleftharpoons[70℃]{\text{浓硫酸}} \text{C}_6\text{H}_5-\text{SO}_3\text{H} + \text{H}_2\text{O}$$

磺化反应是可逆反应，苯磺酸与水共热可脱去磺酸基，利用这个性质可在苯环特定位置引入一些基团，也可用于化合物的分离和提纯。

例 7-1：以甲苯为原料合成邻硝基甲苯。

反应路线为：

$$\text{甲苯} \xrightarrow[100℃]{\text{浓 H}_2\text{SO}_4} \text{对甲基苯磺酸} \xrightarrow{\text{混酸}} \text{2-硝基-4-甲基苯磺酸} \xrightarrow[\text{H}_2\text{O(g)}]{180℃} \text{邻硝基甲苯}$$

烷基苯的磺化反应比苯容易，甲苯在常温下即可发生磺化反应，主要产物是邻甲基苯磺酸和对甲基苯磺酸。在100℃时，产物以对甲基苯磺酸为主。

$$\text{甲苯} \xrightarrow{\text{浓H}_2\text{SO}_4} \begin{cases} \text{常温} \rightarrow \text{邻甲基苯磺酸} + \text{对甲基苯磺酸} \\ 100℃ \rightarrow \text{对甲基苯磺酸} \end{cases}$$

✳ 反应应用

> 磺化反应是制备合成洗涤剂的重要反应，市售合成洗涤剂的主要成分十二烷基苯磺酸钠就是由十二烷基苯的磺化产物（十二烷基苯磺酸）和 NaOH 中和得到的。

（4）烷基化和酰基化反应　一定条件下，该反应可在苯环上引入烷基和酰基，因是由法国化学家傅列德尔（Friedel）和美国化学家克拉夫茨（Crafts）发现的，故又称为傅-克反应。

① 烷基化反应　在无水 $AlCl_3$ 催化下，向苯环引入烷基的反应。烷基化反应中能提供烷基的试剂称为烷基化试剂，常用的烷基化试剂有卤代烃、烯烃和醇。

$$\text{C}_6\text{H}_6 + RX \xrightarrow{AlCl_3} \text{C}_6\text{H}_5\text{-}R + HX$$

$$\text{C}_6\text{H}_6 + CH_3Br \xrightarrow{AlCl_3} \text{C}_6\text{H}_5\text{-}CH_3 + HBr$$

$$\text{C}_6\text{H}_6 + CH_2=CH_2 \xrightarrow{AlCl_3} \text{C}_6\text{H}_5\text{-}CH_2CH_3$$

烷基化反应中，若烷基化试剂含有三个或三个以上直链碳原子，反应时产物会发生异构化，如：

$$\text{C}_6\text{H}_6 + CH_3CH_2CH_2Cl \xrightarrow{AlCl_3} \text{C}_6\text{H}_5\text{-}CH(CH_3)_2 + HCl$$
（70%）

反应应用

> 工业上通过苯和乙烯、丙烯发生烷基化反应生成乙苯和异丙苯。乙苯催化脱氢得到的苯乙烯，可作为合成树脂和橡胶的原料。异丙苯是制备苯酚和丙酮的主要原料。

② 酰基化反应　芳烃在无水 $AlCl_3$ 催化下与酰卤或酸酐作用时，苯环上的氢原子被酰基取代，生成芳酮，这种向苯环引入酰基的反应称为酰基化反应。能提供酰基的试剂称为酰基化试剂。

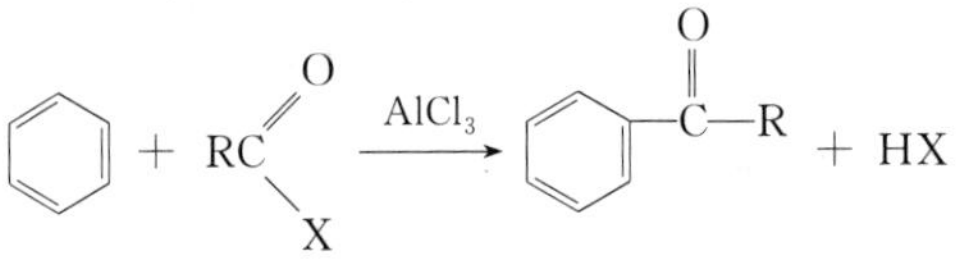

$$C_6H_6 + RCOX \xrightarrow{AlCl_3} C_6H_5COR + HX$$

例如：

$$C_6H_6 + CH_3COCl \xrightarrow{AlCl_3} C_6H_5COCH_3 + HCl$$

$$C_6H_6 + (CH_3CO)_2O \xrightarrow{AlCl_3} C_6H_5COCH_3 + CH_3COOH$$

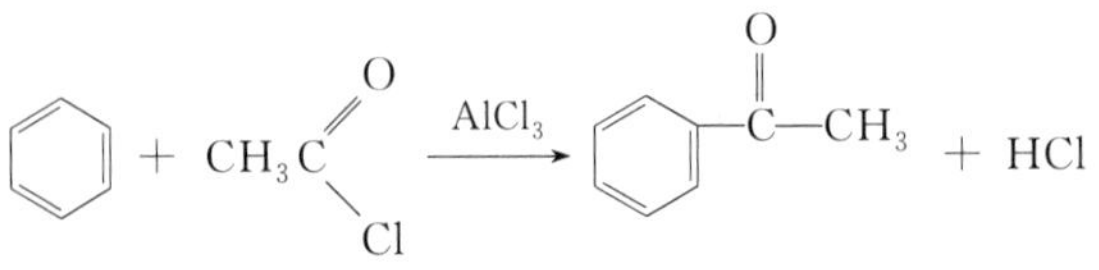

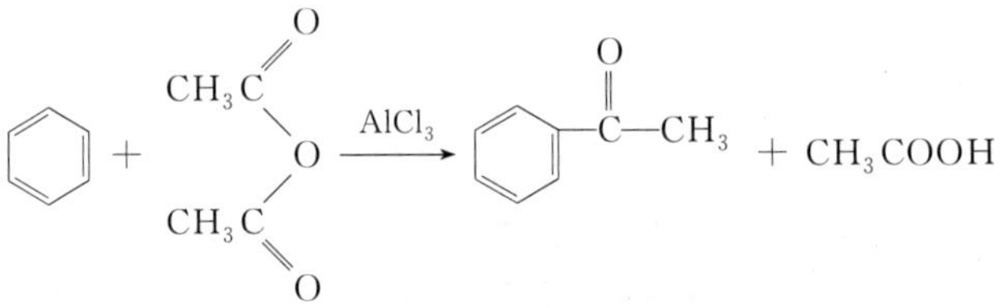

烷基化反应和酰基化反应共同之处为：催化剂相同；反应历程相似；当苯环上连有吸电子基时一般都不发生反应。不同之处为：酰基化反应不会发生异构化，无多元取代产物。

课内练习

1. 完成下列反应式。

(1) 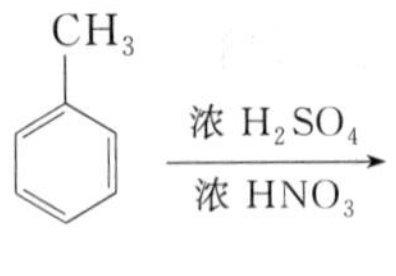 甲苯 $\xrightarrow{\text{浓 } H_2SO_4 / \text{浓 } HNO_3}$

(2) 甲苯 $\xrightarrow[\text{光照}]{Cl_2, FeCl_3}$

(3) 甲苯 $\xrightarrow[100℃]{\text{浓}H_2SO_4, \text{常温}}$

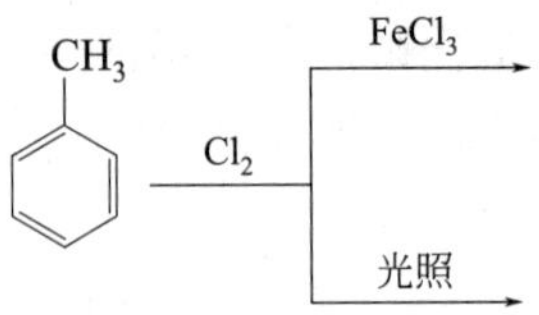

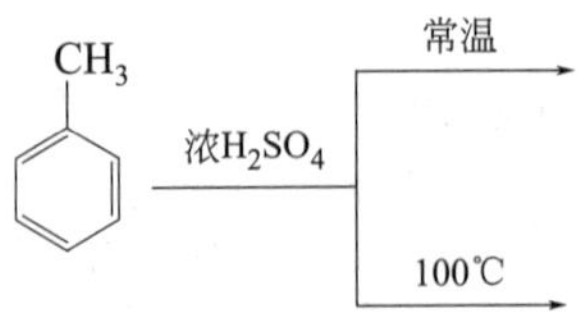

(4) $C_6H_6 + CH_3COCl \xrightarrow{AlCl_3}$

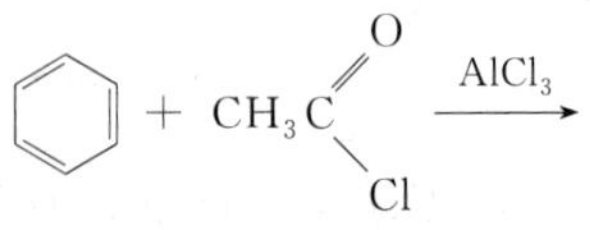

2. 以苯为原料，其他试剂任选，合成乙苯。
3. 以苯为原料，其他试剂任选，合成1,3-二硝基苯。

二、氧化反应

苯及其同系物可以燃烧，最终产物是 CO_2 和 H_2O。苯蒸气与空气混合后，点燃能发生爆炸。

1. 苯环的氧化

苯环比较稳定，一般不能被高锰酸钾、重铬酸钾和稀硝酸等氧化剂氧化，但在高温和五氧化二钒等催化剂作用下，苯可被空气氧化成顺丁烯二酸酐，这是工业上制备顺丁烯二酸酐的方法。

2. 侧链的氧化

直接与苯环相连的侧链上的碳原子称为 α-C，α-C 上的氢则为 α-H。当苯环上有侧链且侧链上有 α-H 时，则不论侧链长短，整个侧链都可被强氧化剂（高锰酸钾、重铬酸钾或硝酸）氧化成羧基—COOH。若侧链上无 α-H，则该侧链不被氧化。例如：

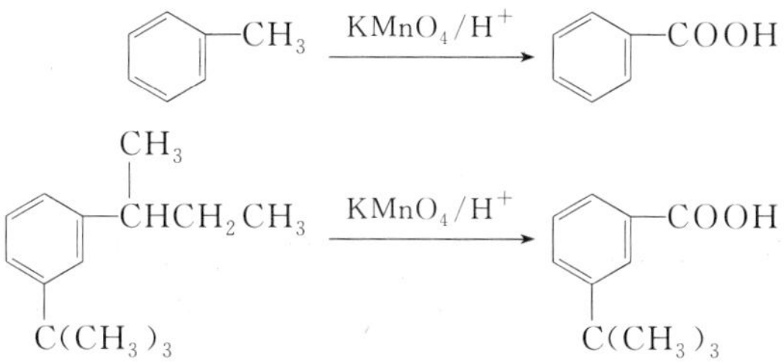

$$\text{C}_6\text{H}_5\text{--CH}_3 \xrightarrow{KMnO_4/H^+} \text{C}_6\text{H}_5\text{--COOH}$$

$$\underset{\text{C(CH}_3)_3}{\underset{|}{\text{C}_6\text{H}_4}}\text{--CH(CH}_3\text{)CH}_2\text{CH}_3 \xrightarrow{KMnO_4/H^+} \underset{\text{C(CH}_3)_3}{\underset{|}{\text{C}_6\text{H}_4}}\text{--COOH}$$

✲ 反应应用

> 人们可以通过在苯的同系物中加入高锰酸钾酸性溶液的方法鉴别苯环侧链是否含 α-H。

课内练习

> 1. 完成下列反应式。
>
> (1) 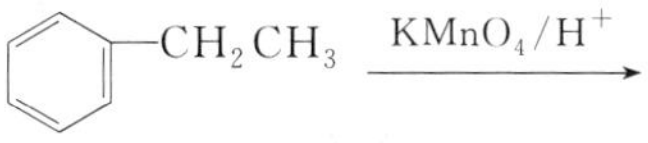 $\text{C}_6\text{H}_5\text{--CH}_2\text{CH}_3 \xrightarrow{KMnO_4/H^+}$
>
> (2) 邻-CH₃, C(CH₃)₃ 二取代苯 $\xrightarrow{KMnO_4/H^+}$
>
> (3) 间-C(CH₃)₃, C(CH₂CH₃)₃ 二取代苯 $\xrightarrow{KMnO_4/H^+}$
>
> 2. 用简单的方法鉴别苯、甲苯和戊烯。
>
> 3. 某芳香烃分子式为 C_9H_{10}，经高锰酸钾硫酸溶液氧化后得到对苯二甲酸。试写出该芳香烃的结构式。

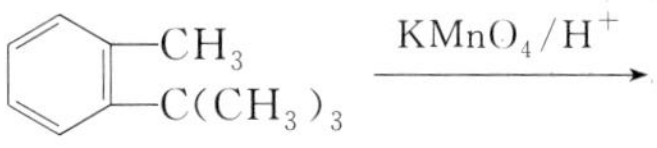

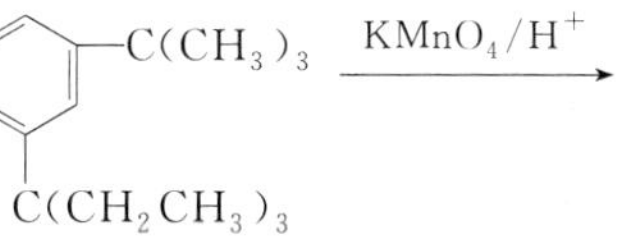

三、加成反应

芳烃的苯环比较稳定，但在特殊条件下也可发生加成反应。如在催化剂存在时，苯可与氢加成生成环己烷。

$$\text{C}_6\text{H}_6 + 3\text{H}_2 \xrightarrow[175℃]{\text{Pt}} \text{C}_6\text{H}_{12}$$

在光照下，苯与氯气发生加成反应生成六氯环己烷，俗名六六六，是过去常用的农药，但由于它在农作物中的残留会引起积累性中毒，目前已被禁止使用。

$$\text{C}_6\text{H}_6 + 3\text{Cl}_2 \xrightarrow[50\sim55℃]{\text{光}} \text{六氯环己烷}$$

第五节　苯环上亲电取代反应的定位规律

一、一元取代定位规律

当苯环上没有取代基时，六个碳原子的电子云密度是均匀的，因此亲电试剂可进攻任何一个碳原子，而生成一元取代物。但当苯环上有取代基（定位基）时，该取代基对苯环的诱导效应和共轭效应，使得整个苯环的电子云密度增大或减小。人们把能使苯环电子云密度增大的基团称为致活基团，把使苯环电子云密度降低的基团称为致钝基团。在原有取代基致活或致钝作用下，苯环上的电子云密度不再均匀，出现交替稀密的现象。此时，新引入基团的亲电部分优先进攻电子云密度大的碳原子，这样这些碳原子上的取代物就占据了比较大的比例。因此，当苯环上引入新取代基时，新取代基进入苯环的位置取决于原有取代基，也就是原有取代基决定了新引入基团的位置，这个原有取代基被称为定位基，而把定位基支配新基团进入苯环位置和定位能力的大小称为定位规律。

根据大量实验事实，把定位基分为两类：邻、对位定位基和间位定位基，见表7-3。

表 7-3　苯环亲电取代反应中的两类定位基

对苯环的影响	邻、对位定位基	对苯环的影响	间位定位基
强致活	$-O^-$，$-NR_2$，$-NHR$，$-OH$	强致钝	$-N^+R_3$，$-NO_2$，$-CF_3$，$-CCl_3$
中等致活	$-OCH_3$，$-NHCOR$，$-OCOR$	中等致钝	$-CN$，$-SO_3H$，$-CHO$，$-COR$，$-COOH$，$-COOR$，$-CONH_2$
较弱致活	$-R$		
较弱致钝	$-F$，$-Cl$，$-Br$，$-I$，$-CH_2Cl$		

1. 第一类定位基——邻、对位定位基

第一类定位基又称邻、对位定位基，使新引入的基团主要进入它的邻位和对位（邻位和对位产物之和大于 60%）。除卤素外，邻、对位定位基都是供电子基，使苯环上的电子云密度增大，活化苯环，它们的存在使得芳烃比苯更容易发生亲电取代反应。

根据表 7-3，常见邻、对位定位基对苯环亲电取代反应致活作用由强到弱的排列顺序为：—O^-（氧负离子基）、—$N(CH_3)_2$（二甲氨基）、—$NHCH_3$（甲氨基）、—NH_2（氨基）、—OH（羟基）、—OCH_3（甲氧基）、—$NHCOCH_3$（乙酰氨基）、—$OCOCH_3$（乙酰氧基）、—CH_3（甲基）、—Cl、—Br、—I 等。卤素虽是邻、对位定位基，却使苯环钝化。

苯环上有邻、对位定位基时，生成邻位和对位产物的比例大小，主要取决于原有取代基和新引入基团的体积。原有取代基和新引入基团的体积越大，空间位阻就越大，邻位异构体的比例越少，则对位异构体的比例就越大。

2. 第二类定位基——间位定位基

第二类定位基又称间位定位基，使新引入的基团主要进入它的间位（间位产物大于 40%）。间位定位基都是吸电子基，使得苯环上的电子云密度减小，钝化苯环，它们的存在使得芳烃比苯更难发生亲电取代反应。

根据表 7-3，常见间位定位基对苯环亲电取代反应致钝作用由强到弱的排列顺序为：—$N^+(CH_3)_3$（三甲铵正离子基）、—NO_2（硝基）、—CN（氰基）、—SO_3H（磺酸基）、—CHO（醛基）、—$COOH$（羧基）、—$CONH_2$（酰氨基）。

课内练习

> 下列化合物发生一元硝化反应，请用箭头表示出硝基进入苯环的位置。
>
> （1）⌬—CH_3 （2）⌬—$COOH$ （3）⌬—NO_2
>
> （4）⌬—SO_3H （5）⌬—OCH_3 （6）⌬—$NHCOCH_3$

二、二元取代定位规律

当苯环上已有两个取代基时，新引入基团进入苯环的位置取决于原有的两个取代基，具体如下。

1. 两定位基定位效应一致

如果苯环上原有两个取代基的定位效应一致，则新引入基团进入两定位基一致指向的位置。例如：下列化合物中新引入的基团进入箭头位置。

2. 两定位基定位效应不一致

① 两定位基属于同一类时，新引入基团进入苯环的位置由定位效应强的定位基决定。如：

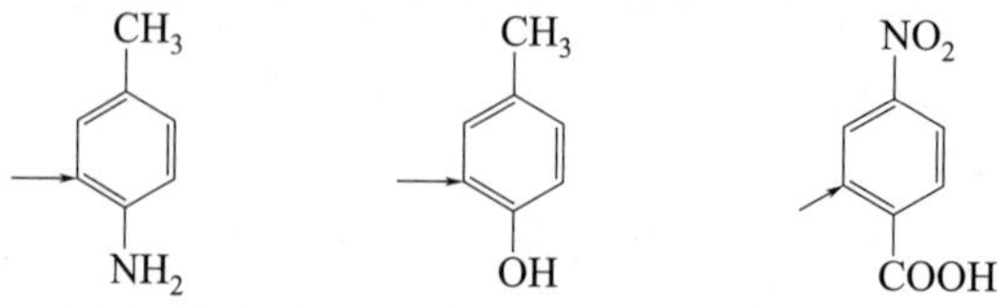

② 两定位基属于不同类时，则新引入基团进入苯环的位置主要取决于邻、对位定位基。如：

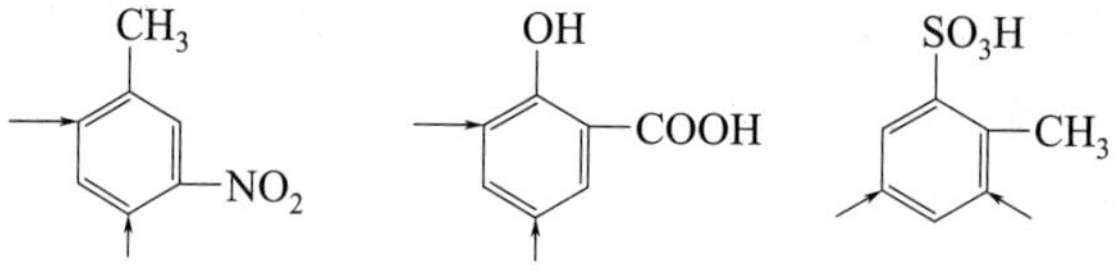

课内练习

下列化合物发生一元硝化反应，请用箭头标出新引入硝基的位置。

(1) 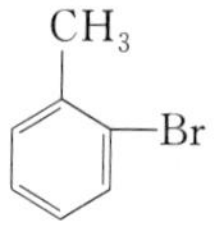 邻溴甲苯 (2) 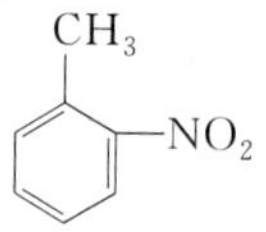 邻硝基甲苯 (3) 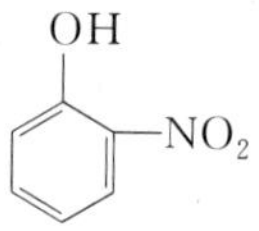 邻硝基苯酚 (4) 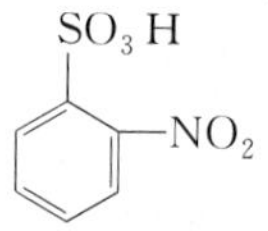 邻硝基苯磺酸
(5) 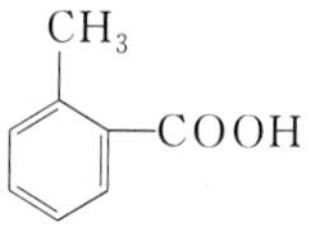 邻甲基苯甲酸 (6) 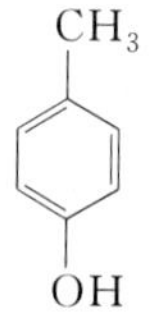 对甲基苯酚 (7) 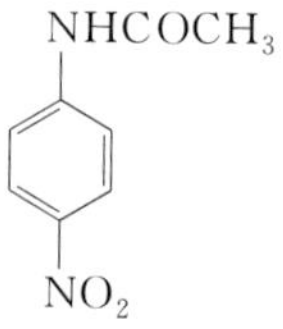 对硝基乙酰苯胺 (8) 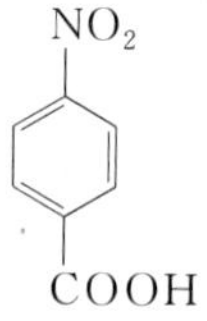 对硝基苯甲酸

三、定位规律的应用

定位规律不仅可以根据定位基的类型预测反应产物，还可用于选择最佳工艺路线。

例 7-2：由苯合成有机合成原料间硝基氯苯。

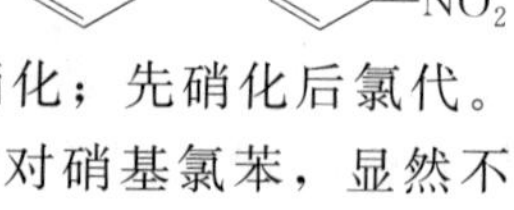

合成路线有两种：先氯代后硝化；先硝化后氯代。若先氯代，因—Cl 是邻、对位定位基，再硝化时则得到邻硝基氯苯和对硝基氯苯，显然不合适；若先硝化，因—NO_2 是间位定位基，再氯代时则得到产物间硝基氯苯。因此，正确合成路线如下：

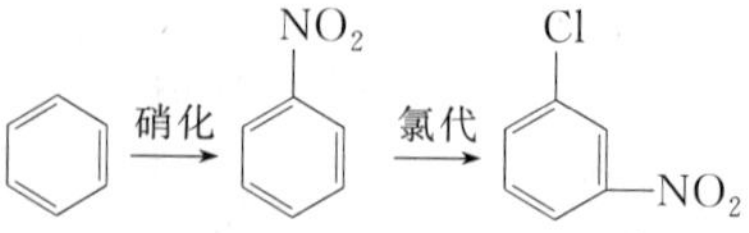

例 7-3：以甲苯为原料合成间硝基苯甲酸。

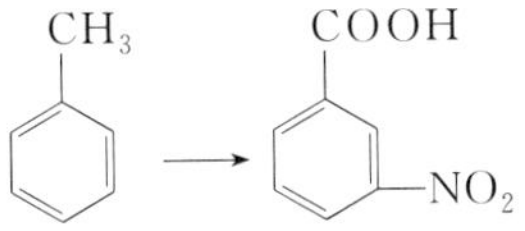

从反应物到产物需要经过氧化和硝化两个反应，合成路线有两种：先硝化后氧化；先氧化后硝化。若先硝化，因—CH_3 是邻、对位定位基，硝化时—NO_2 进入甲基的邻位和对位，显然不合适；若先氧化，则—CH_3 被氧化成—COOH，而—COOH 是间位定位基，再硝化时新的—NO_2 进入—COOH 的间位，得到最终产物间硝基苯甲酸。因此，正确合成路线如下：

课内练习

1. 以对硝基甲苯为原料合成 2,4-二硝基苯甲酸。

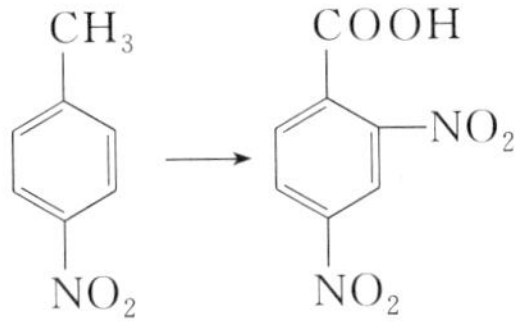

2. 以甲苯为原料合成 3-氯苯甲酸。

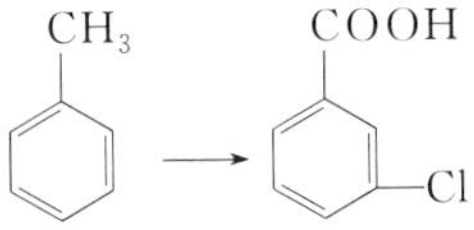

3. 以甲苯为原料合成 2-氯-4-磺酸基苯甲酸。

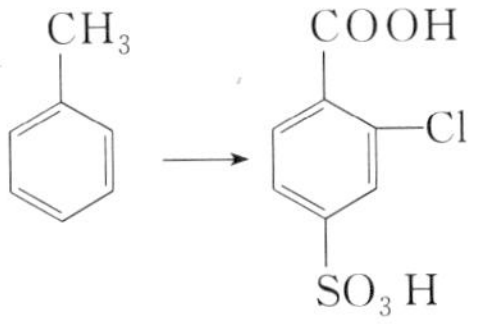

第六节　稠环芳烃

一、萘

萘是一种无色、有毒、易升华并有特殊气味的片状晶体，是煤焦油中最丰富的成分。萘有一种特殊臭味，具有杀菌、防蛀和驱虫的作用，以往的卫生球就是用萘制成的，但由于萘的毒性，目前卫生球已禁止使用萘作为成分。

1. 萘的结构和命名

（1）**结构**　萘的分子式为 $C_{10}H_8$，由两个苯环共用两个碳原子稠合而成。萘的成键方式与苯类似，由 10 个 p 轨道组成一个闭合的大 π 键，垂直于萘环的表面。萘环上的 10 个碳原子是不同的，为方便命名，按下列规定对萘编号：

$$\underset{\substack{8\\\alpha}}{}\underset{\substack{1\\\alpha}}{}\quad\underset{\substack{7}}{}\underset{\substack{2}}{}\quad\underset{\substack{6}}{}\underset{\substack{3}}{}\quad\underset{\substack{5\\\alpha}}{}\underset{\substack{4\\\alpha}}{}$$

1、4、5、8 四个位置为 α 位，2、3、6、7 四个位置不同于 α 位，称为 β 位。

（2）**命名**　萘的一元取代物有两种：α-取代和 β-取代。命名时，若只有一个取代基，其位次可用阿拉伯数字或希腊字母表示；若有两个及以上的取代基则必须用阿拉伯数字表示，例如：

2-氯萘（β-氯萘）　　1,2-二硝基萘

2. 萘的化学性质

萘比苯更容易发生亲电取代、氧化和加成等反应。

（1）**亲电取代反应**　萘 α 位上的电子云密度比 β 位上的大，因此萘的亲电取代反应主要发生在 α 位。

① **卤代**　萘与氯在 $FeCl_3$ 催化下可得到无色液体 α-氯萘。

$$\text{萘} + Cl_2 \xrightarrow[\triangle]{FeCl_3} \text{α-氯萘} + HCl$$

② **硝化**　萘和混酸在室温下即可发生硝化反应，生成 α-硝基萘。

$$\text{萘} + HNO_3 \xrightarrow{H_2SO_4} \text{α-硝基萘} + H_2O$$

反应应用

> α-硝基萘为黄色晶体，不溶于水而溶于有机溶剂，常用于制备 α-萘胺。α-萘胺是合成偶氮染料的中间体。

③ **磺化**　同苯一样，萘的磺化也是可逆的。萘磺化反应的产物随温度的不同而不同，低温时主要生成 α-萘磺酸，高温时主要生成 β-萘磺酸。α-萘磺酸与硫酸在较高温度下反应时，也能转变成 β-萘磺酸。

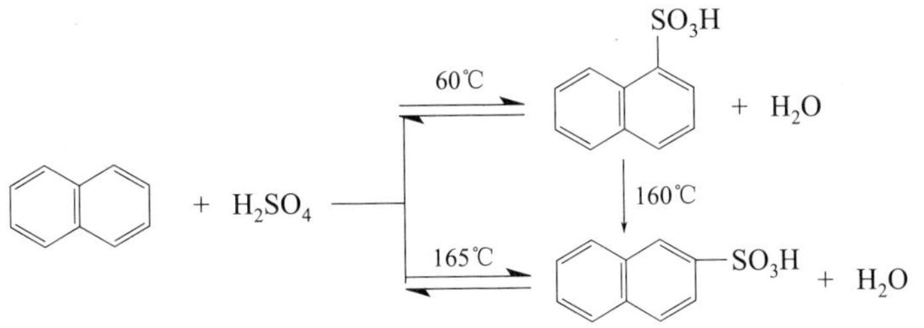

$$\text{naphthalene} + H_2SO_4 \xrightleftharpoons[165℃]{60℃} \text{1-naphthalenesulfonic acid (SO}_3\text{H)} + H_2O \xrightarrow{160℃} \text{2-naphthalenesulfonic acid (SO}_3\text{H)} + H_2O$$

✱ 反应应用

> β-萘磺酸的甲醛缩合物应用非常广泛，如用作染料和颜料分散剂、合成橡胶乳化剂、皮革鞣制剂等。

（2）氧化反应　苯不容易被氧化，而萘容易被氧化，人们可通过萘的氧化反应制备邻苯二甲酸酐。

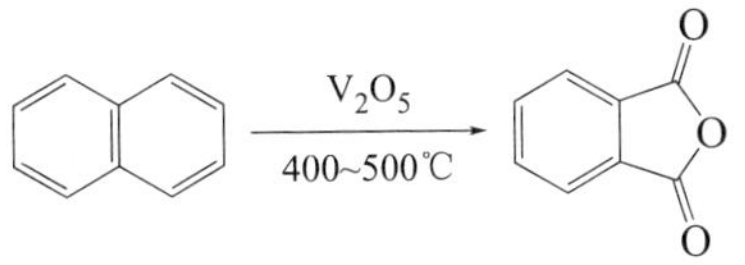

$$\text{naphthalene} \xrightarrow[400\sim 500℃]{V_2O_5} \text{phthalic anhydride}$$

✱ 反应应用

> 萘的氧化反应用于合成邻苯二甲酸酐，进而得到邻苯二甲酸氢钾，其是分析化学中常用的基准试剂。邻苯二甲酸二丁酯是聚氯乙烯塑料的增塑剂。

二、蒽、菲

除萘之外，比较重要的稠环芳烃还有蒽和菲，它们都是由三个苯环稠合而成的，分子式都是 $C_{14}H_{10}$，互为同分异构体。蒽、菲的结构式和编号如下：

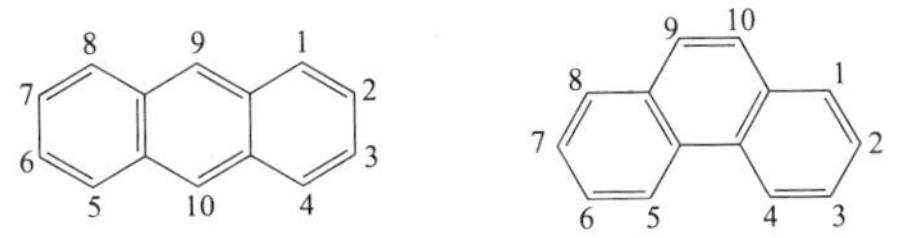

蒽　　　　菲

蒽和菲存在于煤焦油中，都是无色片状晶体，不溶于水，易溶于乙醇、苯或乙醚。菲本身没有什么实用价值，但菲的衍生物在生理生化及理论研究上极为重要。对生物体有重要作用的甾体和性激素等，分子中都含有全部氢化的菲环。

> **课内练习**
>
> 1. 命名下列化合物。
>
>   (1) 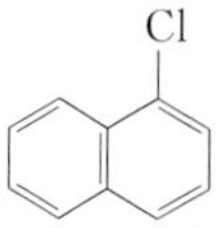 1-氯萘　(2) 2-硝基萘　(3) 萘-1-磺酸
>
> 2. 完成下列反应。
>
>   (1) 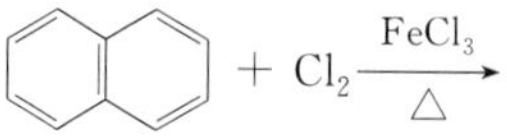 萘 + Cl_2 $\xrightarrow[\triangle]{FeCl_3}$
>
>   (2) 萘 + HNO_3 $\xrightarrow{H_2SO_4}$

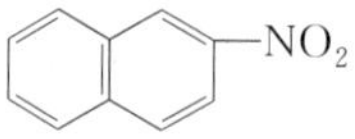

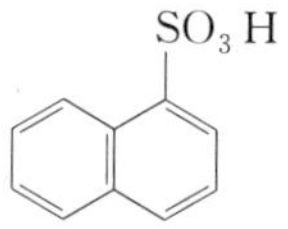

第七节　常用的芳香烃

芳烃来源于煤焦油和石油，煤干馏过程中可生成多种芳烃。工业用的芳烃主要来自煤炼焦副产物焦炉煤气及煤焦油。石油中也含多种芳烃，但含量不高。芳烃主要用作化工原料和有机溶剂。

一、苯

苯俗称安息油，是最简单的芳烃，在常温下是有甜味、可燃、有致癌毒性的无色透明液体，苯在世界卫生组织国际癌症研究机构公布的一类致癌物清单中。苯有强烈的芳香气味，沸点为80℃，熔点为5.5℃，难溶于水，易溶于有机溶剂，本身也可作为有机溶剂。苯是一种石油化工基本原料，其产量和生产技术水平是一个国家石油化工发展水平的标志之一。

二、甲苯

甲苯是易燃、易挥发的无色、澄清液体，有苯样气味。甲苯能与乙醇、乙醚、丙酮、氯仿、二硫化碳和乙酸混溶，极微溶于水，沸点为111℃，熔点为−95℃。甲苯低毒，在世界卫生组织国际癌症研究机构公布的三类致癌物清单中。

甲苯主要用于制造硝基甲苯、TNT、苯甲酸等物质，也可用作溶剂。TNT 是黄色晶体，有毒，味苦，不溶于水，而溶于有机溶剂，是一种烈性炸药。制备 TNT 的反应如下：

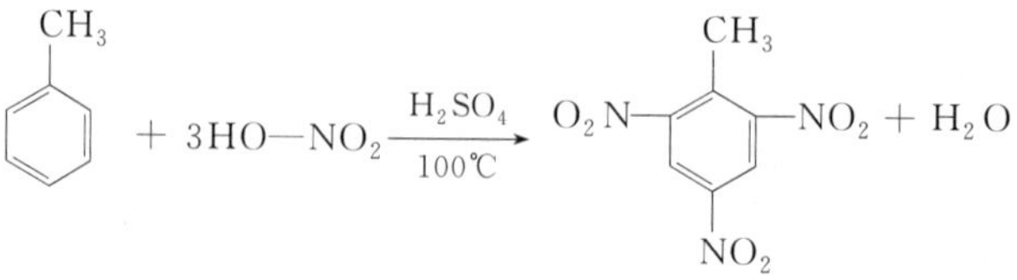

甲苯 + $3HO-NO_2$ $\xrightarrow[100℃]{H_2SO_4}$ 2,4,6-三硝基甲苯 + H_2O

三、二甲苯

二甲苯是一种无色、透明液体，具有刺激性气味，易燃，蒸气能与空气形成爆炸性混合物。二甲苯易挥发，沸点为137~140℃，不溶于水，溶于无水乙醇、乙醚等。工业上，二甲苯指邻、间、对三种异构体的混合物。

二甲苯作为溶剂广泛用于涂料、树脂、染料、油墨等行业；作为合成单体或溶剂用于医药、炸药、农药等行业；也可作为高辛烷值汽油组分，是有机化工的重要原料；还可用于去除车身的沥青等。

二甲苯具有中等毒性，经皮肤吸收后，对健康的影响远比苯小。若不慎口服了二甲苯或含有二甲苯的溶剂，会强烈刺激食道和胃，并引起呕吐，还可能引起血性肺炎，应立即饮入液体石蜡，延医诊治。二甲苯对眼及上呼吸道有刺激作用，高浓度时，对中枢系统有麻醉作用。短期内吸入较高浓度二甲苯可出现眼及上呼吸道明显刺激症状、眼结膜及咽充血、头晕、头痛、恶心、胸闷、四肢无力、意识模糊、步态蹒跚等症状；重者可有躁动、抽搐或昏迷症状。

拓展窗

苯的发现和苯分子的结构学说

1825年英国科学家法拉第发现了苯。当时英国的城市已普遍使用煤气照明，而生产煤气的原料制备出煤气后会剩余一种油状的液体，法拉第对这种油状液体产生了兴趣，他也是第一个产生兴趣的科学家。他蒸馏这种油状液体，得了另外一种液体，这种液体就是苯。到了1834年，德国科学家米希尔里希也制得了同样的液体，并命名为苯。后来苯的分子量被确认为78，分子式确认为C_6H_6。

从苯的分子式看，苯分子中碳的相对含量非常高，这给想确定它结构式的化学家们带来了难题。从苯的碳氢比值看，苯应该是高度不饱和的化合物，但试验表明它不能使溴水褪色，即并不具有典型的不饱和化合物的性质。

凯库勒对苯的结构做了大量研究后，在1865年终于悟出苯是以闭合链的形式存在的。凯库勒悟出苯结构的过程是化学史上的一个趣闻。一天夜晚，他在书房睡着了，梦见碳原子的长链像蛇一样盘绕卷曲，忽见蛇咬住了自己的尾巴，形成一个环。他立刻有了灵感，整理出了苯环结构的假说。

本章小结

一、芳香烃的命名

1. 简单烷基苯

一元烷基苯命名时通常以苯为母体，烷基作为取代基；二元烷基苯用阿拉伯数字或"邻、间、对"等表示取代基的位置；三元烷基苯用阿拉伯数字或"连、偏、均"等表示取代基的位置。

2. 复杂烷基苯或不饱和烷基苯

复杂烷基苯或不饱和烷基苯命名时，苯环作为取代基。苯环上基团母体的优先顺序为：

$$-COOH > -SO_3H > -CHO > -OH > -NH_2 > -R > -X > -NO_2$$
　　羧基　　磺酸基　　醛基　　酚羟基　氨基　烷基　卤素　硝基

二、芳香烃的化学性质

单环芳烃具有芳香性，由于苯环中闭合大π键的存在，苯环的结构相当稳定，一般情况下难氧化，难加成，却易发生亲电取代反应。苯环上含 α-H 侧链时，侧链易发生氧化反应。

1. 苯的取代反应

$$\text{C}_6\text{H}_6 \begin{cases} \xrightarrow[\text{FeX}_3]{X_2} \text{C}_6\text{H}_5\text{—X} \quad \text{—X: —Cl、—Br} \\ \xrightarrow[\text{H}_2\text{SO}_4, \triangle]{\text{HNO}_3} \text{C}_6\text{H}_5\text{—NO}_2 \\ \xrightarrow[\triangle]{\text{H}_2\text{SO}_4(\text{发烟})} \text{C}_6\text{H}_5\text{—SO}_3\text{H} \\ \xrightarrow[\text{AlCl}_3]{\text{CH}_3\text{CH}_2\text{Cl}} \text{C}_6\text{H}_5\text{—CH}_2\text{CH}_3 \\ \xrightarrow[\text{AlCl}_3]{\text{CH}_3\text{—CO—Cl}} \text{C}_6\text{H}_5\text{—CO—CH}_3 \end{cases}$$

2. 苯同系物的化学反应

$$\text{C}_6\text{H}_5\text{CH}_3 \begin{cases} \xrightarrow[\text{FeCl}_3]{\text{Cl}_2} \text{邻-CH}_3\text{C}_6\text{H}_4\text{Cl} + \text{对-CH}_3\text{C}_6\text{H}_4\text{Cl} \\ \xrightarrow[\text{光照}]{\text{Cl}_2} \text{C}_6\text{H}_5\text{CH}_2\text{Cl} \xrightarrow[\text{光照}]{\text{Cl}_2} \text{C}_6\text{H}_5\text{CHCl}_2 \xrightarrow[\text{光照}]{\text{Cl}_2} \text{C}_6\text{H}_5\text{CCl}_3 \\ \xrightarrow[\text{H}_2\text{SO}_4]{\text{HNO}_3} \text{邻-CH}_3\text{C}_6\text{H}_4\text{NO}_2 + \text{对-CH}_3\text{C}_6\text{H}_4\text{NO}_2 \\ \xrightarrow{\text{KMnO}_4/\text{H}^+} \text{C}_6\text{H}_5\text{COOH} \end{cases}$$

三、苯环上亲电取代反应的定位规律

1. 定位基

（1）第一类定位基（邻、对位定位基）　—NH$_2$（氨基）　—OH（羟基）　—NHCOCH$_3$（乙酰氨基）　—R（烷基）　—X（卤素）

（2）第二类定位基（间位定位基）　—NO$_2$（硝基）　—SO$_3$H（磺酸基）　—COOH（羧基）

2. 二元取代定位规律

（1）两定位基定位效应一致　如果苯环上原有两个取代基的定位效应一致，则新引入基团进入两定位基一致指向的位置。

（2）两定位基定位效应不一致

① 两定位基属于同一类时，新引入基团进入苯环的位置由定位效应强的定位基决定。

② 两定位基属于不同类时，则新引入基团进入苯环的位置主要取决于邻、对位定位基。

四、萘

1. 萘的命名

（1）萘的编号

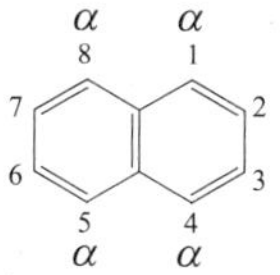

$$\overset{\alpha\quad\alpha}{\underset{\alpha\quad\alpha}{\underset{5\quad 4}{\underset{6\quad 3}{7\quad 2}}}_{8\quad 1}}$$

（2）命名 命名时，若只有一个取代基，其位次可用阿拉伯数字或希腊字母表示；若有两个及以上的取代基则必须用阿拉伯数字表示，如：

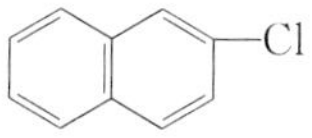

2-氯萘（β-氯萘） 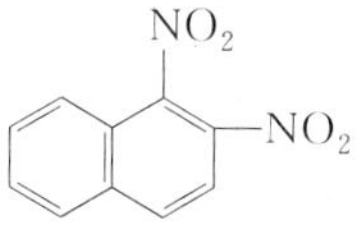　　　　1,2-二硝基萘

2. 萘的化学性质

萘的亲电取代反应主要发生在α位。

（1）卤代　萘与氯在$FeCl_3$催化下可得到无色液体α-氯萘。

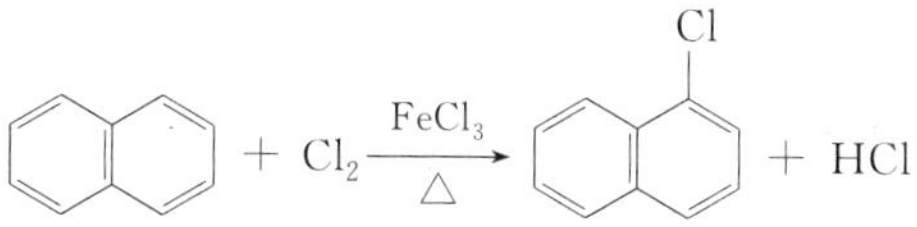

$$\text{萘} + Cl_2 \xrightarrow[\Delta]{FeCl_3} \text{α-氯萘} + HCl$$

（2）硝化　萘和混酸发生硝化反应，生成α-硝基萘。

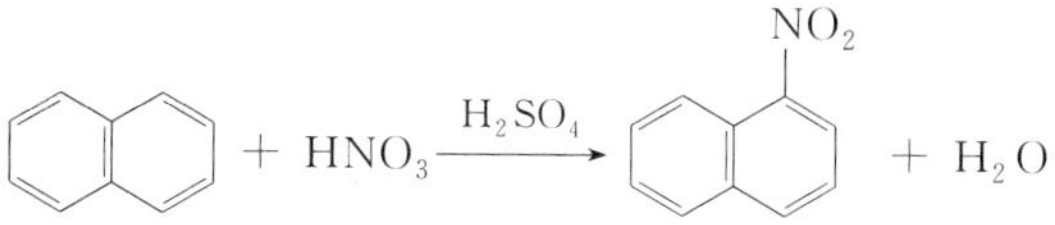

$$\text{萘} + HNO_3 \xrightarrow{H_2SO_4} \text{α-硝基萘} + H_2O$$

（3）磺化

$$\text{萘} + H_2SO_4 \xrightleftharpoons[165℃]{60℃} \text{1-萘磺酸} + H_2O \xrightarrow{160℃} \text{2-萘磺酸} + H_2O$$

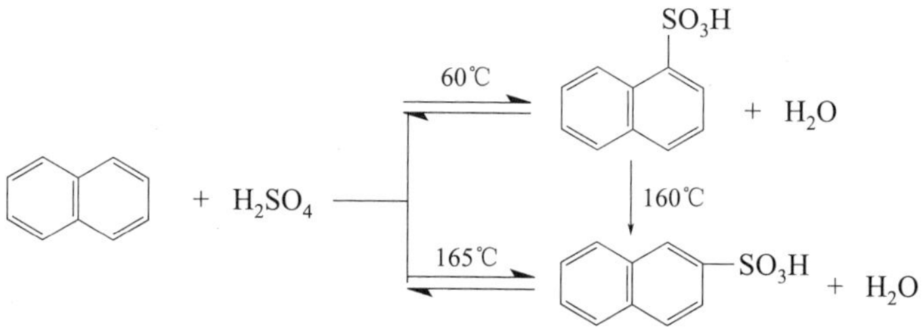

习题

一、单选题

（1）芳香烃苯环上最主要的化学反应是（　　）。
　　A. 加成反应　　B. 取代反应　　C. 氧化反应　　D. 聚合反应

（2）苯环中不存在单双键交替结构，可作为证据的是（　　）。
① 苯不能使酸性高锰酸钾溶液褪色
② 苯分子中碳-碳键的键长都相等
③ 苯能在加热和催化剂存在的条件下与H_2发生加成反应生成环己烷
④ 经实验测得邻二甲苯仅有一种结构

⑤ 苯在三溴化铁存在的条件下与 Br_2 发生取代反应,但不因化学变化而使溴水褪色
  A. ②③④⑤   B. ①③④⑤   C. ①②④⑤   D. ①②③④

(3) 下列基团中,属于邻、对位定位基的是(   )。
  A. —NH_2 B. —NO_2 C. —CHO   D. —COOH

(4) 下列化合物中,不能被高锰酸钾氧化的是(   )。
  A. 叔丁基苯   B. 乙苯   C. 异丙苯   D. 正丁基苯

(5) 下列化合物中,硝化反应最快的是(   )。
  A. 氯苯   B. 苯甲酸   C. 甲苯   D. 硝基苯

(6) Ph—CH=CH_2 可能具有的性质是(   )。
  A. 能使溴水褪色,但不能使酸性高锰酸钾溶液褪色
  B. 既能使溴水褪色,也能使酸性高锰酸钾溶液褪色
  C. 易溶于水,也易溶于有机溶剂
  D. 以上都不对

(7) 下列化合物中,在常温下能使溴水褪色的是(   )。
  A. 苯   B. 环己烷   C. 甲苯   D. 环丙烷

(8) 下列化合物中不能使酸性 $KMnO_4$ 溶液褪色的是(   )。
  A. 甲苯   B. 环己烷   C. 苯乙烯   D. 苯乙炔

二、写出下列化合物的构造式

(1) 3,5-二溴-2-硝基甲苯   (2) 2,6-二硝基甲苯
(3) 2-硝基对甲苯磺酸   (4) 三苯甲烷
(5) 3-苯基戊烷   (6) 间溴苯乙烯
(7) 对溴苯胺   (8) 对硝基苯甲酸
(9) 1,2-二硝基萘   (10) TNT

三、命名下列化合物

(1) 2-甲基-1,3,5-三硝基苯(结构式)
(2) 异丙苯(结构式)
(3) 苯乙炔(结构式)
(4) 2,4-二氯甲苯(结构式)
(5) 叔丁基苯(结构式)
(6) 结构式
(7) 3-氯-4-甲基苯磺酸(结构式)
(8) 结构式
(9) 结构式

四、完成下列反应式

(1) 甲苯 $\xrightarrow{\text{浓 } HNO_3 / \text{浓 } H_2SO_4}$

(2) $\text{C}_6\text{H}_6 + \text{CH}_3\text{CH}_2\text{Cl} \xrightarrow{\text{AlCl}_3}$

(3) 4-叔丁基甲苯 $\xrightarrow{\text{KMnO}_4/\text{H}_2\text{SO}_4}$

(4) 甲苯 $+ \text{Br}_2 \xrightarrow{\text{FeBr}_3}$

(5) 甲苯 $\xrightarrow{\text{Cl}_2/\text{光照}}$

(6) 甲苯 $\xrightarrow[100℃]{\text{浓 H}_2\text{SO}_4}$

(7) $\text{C}_{12}\text{H}_{25}$-苯 $\xrightarrow[\triangle]{\text{浓 H}_2\text{SO}_4}$

(8) 对硝基甲苯 $\xrightarrow[\text{浓 H}_2\text{SO}_4]{\text{浓 HNO}_3}$

五、用化学方法鉴别下列各组化合物

(1) 苯、甲苯、苯乙烯　　(2) 环丙烷、苯、苯乙炔

(3) 苯、环丁烷、1-己炔　　(4) 乙苯、苯乙炔、苯乙烯

六、合成题（无机试剂任选）

(1) 以苯为原料合成 对氯硝基苯（Cl 和 NO_2 对位）

(2) 以甲苯为原料合成 间硝基苯甲酸（COOH 和 NO_2 间位）

(3) 以苯为原料合成 苯甲酸（COOH）

七、推导题

1. 甲、乙、丙三种芳烃的分子式同为 C_9H_{12}，氧化时甲得一元酸，乙得二元酸，丙得三元酸；进行硝化时甲和乙分别主要得到两种一硝基化合物，而丙只得到一种一硝基化合物。试推断甲、乙、丙的结构。

2. 某烃的分子式为 C_8H_{10}，它能使酸性 KMnO_4 溶液褪色，能与 H_2 发生加成反应，生成乙基环己烷，试推断该烃的结构简式。

第八章
卤代烃

学习目标

1. 掌握卤代烃的命名；
2. 掌握卤代烃的化学性质；
3. 理解卤代烃的亲核反应历程及影响因素；
4. 了解一些常用卤代烃的性质及用途。

案例导入

我国是空调、冰箱的生产和消费大国，这些设备中使用的制冷剂主要为氟利昂。氟利昂是一种分子中含有氟、氯或溴的多卤代烃。现已发现，它能破坏大气臭氧层。由于大气臭氧层的破坏，太阳中的大量紫外线照射到地球上，使人类免疫系统失调，造成患白内障、皮肤癌的人增多；另外，还会使农作物减产，影响海洋浮游生物的生长等。为防止大气臭氧层进一步被破坏，1990 年 6 月在伦敦召开了"蒙特利尔协议书"缔约国的第二次会议，增加了对全部 CFC、四氯化碳（CCl_4）和甲基氯仿（CH_3CCl_3）生产的限制，要求缔约国中的发达国家在 2000 年完全停止生产以上物质，发展中国家可推迟到 2010 年。开发替代氟利昂的制冷剂已成为人类社会共同面临的重要问题。

烃分子中一个或多个氢原子被卤原子取代后，生成的化合物称为卤代烃。一卤代烃可用 RX 来表示，通式为 $C_nH_{2n+1}X$，X 代表卤原子，通常为氯原子、溴原子和碘原子。卤代烃的官能团是卤原子，能发生多种反应，生成多种化合物，因此卤代烃在有机合成中具有重要的作用，被广泛用作农药、麻醉剂、灭火剂、溶剂等。卤代烃在自然界中极少存在，绝大多数是人工合成的。

第一节 卤代烃的分类和命名

一、卤代烃的分类

1. 按卤代烃分子中卤原子的数目分类

根据分子中卤原子的数目，可将卤代烃分为一卤代烃、二卤代烃和多卤代烃。例如：

一卤代烃：RCH₂X

二卤代烃：RCHX₂

多卤代烃：RCX₃

2. 按卤代烃分子中烃基的种类分类

根据分子中烃基种类的不同，卤代烃分为饱和卤代烃、不饱和卤代烃和芳香族卤代烃。例如：

饱和卤代烃：R—CH₂—X

不饱和卤代烃：R—CH=CH—X　　乙烯式（卤原子连在形成碳-碳双键的碳上）

R—CH=CH—CH₂—X　烯丙式（卤原子与 α-C 相连）

芳香族卤代烃：

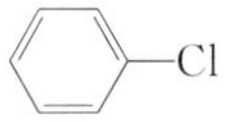

3. 按与卤原子直接相连的碳原子类型分类

根据与卤原子相连的碳原子类型的不同，卤代烃分为伯卤代烃、仲卤代烃和叔卤代烃。

R—CH₂—X　　　　R₂CH—X　　　　R₃C—X

伯卤代烃　　　　仲卤代烃　　　　叔卤代烃

二、卤代烃的命名

1. 普通命名法

普通命名法适用于结构简单的卤代烃，按卤原子相连烃基的名称来命名，称为"卤代某烃"或"某基卤"，"代"字常省略。例如：

CH₃CH₂CH₂Cl　　　CH₃—CH—CH₃　　　CH₂=CHBr　　　⌬—CH₂Br
　　　　　　　　　　　　|
　　　　　　　　　　　Cl

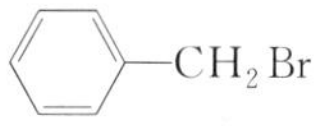

氯丙烷　　　　　氯代异丙烷　　　　溴乙烯　　　　溴化苄

（丙基氯）　　　（异丙基氯）　　　（乙烯基溴）　（苄基溴）

2. 系统命名法

结构复杂的卤代烃，采用系统命名法命名。卤代烃的系统命名规则如下。

（1）选主链　选择连有卤原子的最长碳链作为主链。

（2）编号　从靠近支链（烃基或卤原子）的一端给主链编号。若烃基和卤原子距离链端位次相同时，则优先从靠近烃基的一端编号。

（3）书写名称　将支链的位次、名称写在母体"某烷"前面，然后根据主链含碳原子总数命名为"某烷"。例如：

CH₃—CH—CH₃　　　　　　　CH₃—CH—CH₂—CH—CH₂—CH₃
　　　|　　　　　　　　　　　　　　|　　　　　|
　　　Cl　　　　　　　　　　　　　CH₃　　　　Br

2-氯丙烷　　　　　　　　　　　　2-甲基-5-溴己烷

　　　　　　　CH₃
　　　　　　　|
CH₃CH₂CH₂CHCHCH₂CH₂CH₃　　　　CH₃CH₂CH₂CHCHCHCH₃
　　　　　　|　　　　　　　　　　　　　　|　|　|
　　　　　CH₂Br　　　　　　　　　　　　Br Cl CH₃

3-甲基-2-丙基-1-溴己烷　　　　　　2-甲基-3-氯-5-溴辛烷

不饱和卤代烃命名时，要选择连有卤原子和不饱和键在内的最长碳链作为主链，称为"某"烯或"某"炔，编号时要使双键或三键的位次最小。

$$CH_3-C-CH_2Cl \quad\quad CH_3C\equiv C-CHCH_2CH_2Br \quad\quad CH_2=CH-CH-CH_2Br$$
$$\quad\ \ |\quad\quad\quad\quad\quad\quad\quad\quad\ \ |\quad\quad\quad\quad\quad\quad\quad\quad\quad\ |$$
$$\quad CH_2\quad\quad\quad\quad\quad\quad\quad CH_3\quad\quad\quad\quad\quad\quad\quad\quad CH_3$$

2-甲基-3-氯丙烯　　　　4-甲基-6-溴-2-己炔　　　　3-甲基-4-溴-1-丁烯

芳香族卤代烃命名时，则以芳烃为母体，卤原子作为取代基。若环上还有其他取代基，环上各取代基的编号及其书写顺序同卤代烃。

3-溴甲苯　　　　4-氯甲苯　　　　2,5-二溴苯甲酸　　　　2-氯苯酚
（间溴甲苯）　　（对氯甲苯）　　　　　　　　　　　　　　（邻氯苯酚）

复杂侧链芳香族卤代烃命名时，以链烃为母体，卤原子和芳环都作为取代基，例如：

$$CH_3-CHCH_2CH_2Br$$

3-苯基-1-溴丁烷

某些多卤代烷常用俗名或商品名。例如：

$CHCl_3$　　　　CHI_3　　　　CCl_2F_2

氯仿　　　　碘仿　　　　氟利昂　　　　六六六（林丹）

课内练习

1. 用普通命名法命名下列化合物。

（1）$CH_3CH_2CH_2CH_2Br$　　　　（2）$CH_3CH=CH-Cl$

（3）$CH_3-\underset{\underset{Cl}{|}}{\overset{\overset{CH_3}{|}}{C}}-CH_3$　　　　（4）苯基-Br

2. 用系统命名法命名下列化合物。

（1）$CH_3CH_2CHCH_2CH_2CHCH_3$
$\quad\quad\quad\quad\ |\quad\quad\quad\quad\ |$
$\quad\quad\quad\quad CH_2Cl\quad\quad CH_3$

（2）$CH_3CHCH\overset{\overset{CH_3}{|}}{C}CHCH_3$
$\quad\ \ |\quad\ |\quad\ \ |$
$\ CH_3\ CH_3\ Br$

第二节 卤代烃的物理性质

室温下,氯甲烷、氯乙烷和溴甲烷都是气体,一般的卤代烷为液体,C_{15} 以上的卤代烷为固体。

一氯代烷的相对密度小于1,一溴代烷、一碘代烷及多卤代烷的相对密度均大于1。在卤代烷的同系列中,相对密度随碳原子数的增加而降低,这是由于卤素在分子中所占的比例逐渐减少。

卤代烷的沸点随碳原子数的增加而升高。烷基相同而卤原子不同时,沸点顺序为:RI>RBr>RCl>RF。在卤代烷的同分异构体中,直链异构体的沸点最高,支链越多,沸点越低。例如:

$$CH_3CH_2CH_2CH_2Cl \qquad CH_3CH_2CHCH_3 \qquad (CH_3)_3CCl$$
$$\qquad\qquad\qquad\qquad\qquad\qquad | \qquad\qquad\qquad\qquad$$
$$\qquad\qquad\qquad\qquad\qquad\qquad Cl \qquad\qquad\qquad\qquad$$
$$78.44℃ \qquad\qquad\qquad 68.2℃ \qquad\qquad\qquad 52℃$$

卤代烷不溶于水,易溶于醇、醚等有机溶剂,因此常用 $CHCl_3$、CCl_4 从水层中提取有机物。纯净的卤代烷是无色的,碘代烷因受光、热的作用而分解,产生游离碘而逐渐变为红棕色,一般在使用前需重新蒸馏。卤代烷的蒸气有毒,应尽量避免吸入体内。

卤代烷在铜丝上燃烧生成绿色火焰,这是鉴别卤代烷的简单方法。表 8-1 是一些常见卤代烷的物理常数。

表 8-1 常见卤代烷的物理常数

名称	构造式	熔点/℃	沸点/℃	相对密度
氯甲烷	CH_3Cl	-97	-24	0.920
溴甲烷	CH_3Br	-93	3.5	1.732
碘甲烷	CH_3I	-66	42	2.279
二氯甲烷	CH_2Cl_2	-96	40	1.326
三氯甲烷	$CHCl_3$	-64	62	1.489
四氯化碳	CCl_4	-23	77	1.594
氯乙烷	CH_3CH_2Cl	-139	12	0.898
溴乙烷	CH_3CH_2Br	-119	38.4	1.430
碘乙烷	CH_3CH_2I	-111	72	1.936

第三节 卤代烃的化学性质

卤原子是卤代烃的官能团,卤原子的存在使得卤代烃的化学性质比烷烃活泼。由于卤原子的电负性大于碳,卤代烃分子中的卤原子带部分负电荷,与卤原子直接相连的 α-C 带部分正电荷,C—X 是极性共价键,其键能(除 C—F 外)比 C—H 小,因此,C—X 比 C—H 容易断裂而发生化学反应,其反应活性为 R—I>R—Br>R—Cl。

一、取代反应

当卤代烃遇到带有负电荷或带有未共用电子对的试剂（OH^-、CN^-、RO^-、H_2O、NH_3 等）时，试剂会进攻与卤原子相连的带部分正电荷的碳原子，并提供一对电子与碳原子成键。与此同时，卤原子以负离子的形式离开碳原子，这就是卤代烃的取代反应。像这种在反应中能提供一对电子的试剂称为亲核试剂，由亲核试剂进攻带部分正电荷的碳原子而引起的取代反应称为亲核取代反应。

1. 水解

卤代烃加水生成醇的反应称为水解反应。这个反应是可逆的。例如：

$$R{-}X + H{-}OH \rightleftharpoons R{-}OH + HX$$

通常情况下，卤代烃水解进行得很慢。为加快反应速率并使反应进行完全，常将卤代烃与强碱（氢氧化钠、氢氧化钾）的水溶液共热进行水解。因 OH^- 是比水更强的亲核试剂，所以反应容易进行。反应中产生的 HX 又被碱中和，从而加速反应并提高醇的产率。例如：

$$CH_3CH_2Br + NaOH \xrightarrow[\triangle]{H_2O} CH_3CH_2OH + NaBr$$

2. 醇解

卤代烃与醇钠共热发生反应时，卤原子被烷氧基取代，生成相应的醚，该反应称为醇解反应。反应式为：

$$R{-}X + Na{-}OR' \xrightarrow{\triangle} R{-}O{-}R' + NaX$$

例如：

$$CH_3CH_2Br + CH_3ONa \xrightarrow{\triangle} CH_3OCH_2CH_3 + NaBr$$

反应应用

> 醇解反应是制备混醚的常用方法，也称威廉森合成法。

3. 氨解

卤代烃与过量的 NH_3 反应生成胺。

$$R{-}X + H{-}NH_2 \xrightarrow{\triangle} RNH_2 + HX$$

例如：

$$CH_3CH_2CH_2Br + 2NH_3 \xrightarrow{\triangle} CH_3CH_2CH_2NH_2 + NH_4Br$$

反应应用

> 正丙胺是无色液体，有强烈气味，是重要的精细化学品中间体，用于合成农药、医药、染料、石油添加剂、除碳剂、乳化剂等。

4. 氰解

卤代烃与氰化钠在乙醇溶液中反应，卤原子被氰基取代而生成腈。反应后，分子中增加了一个碳原子，这是有机合成中增长碳链的方法之一。

$$R{-}X + Na{-}CN \xrightarrow[\triangle]{CH_3CH_2OH} RCN + NaX$$

例如：

$$CH_3CH_2CH_2Br + NaCN \xrightarrow[\triangle]{CH_3CH_2OH} CH_3CH_2CH_2CN + NaBr$$

✴ 反应应用

> 氰解反应可用于增长碳链的有机合成中。

5. 与硝酸银反应

卤代烃与硝酸银的乙醇溶液反应生成硝酸酯和卤化银沉淀。

$$R{-}X + Ag{-}ONO_2 \xrightarrow{乙醇} RONO_2 + AgX\downarrow$$

不同卤代烃的反应活性顺序为：叔卤代烃＞仲卤代烃＞伯卤代烃。常温下卤代烃与硝酸银醇溶液的反应现象如下：

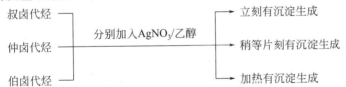

不同类型卤代烃的反应活性

烯丙基卤和苄基卤也很活泼，同叔卤代烃一样，与 $AgNO_3$ 乙醇溶液一般是立刻反应。根据不同卤代烃与硝酸银乙醇溶液反应生成卤化银沉淀的快慢，判断卤原子的活性，如表 8-2 所示。该反应在有机分析上可用来检验卤代烃。

表 8-2 不同类型卤代烃卤原子活性的比较

卤代烃类型	实 例	与硝酸银乙醇溶液反应	卤原子的活性
烯丙基卤、苄基卤和叔卤代烃	$CH_2{=}CH{-}CH_2{-}X$ $C_6H_5{-}CH_2X$ $R_2{-}\underset{R_3}{\overset{R_1}{C}}{-}X$	立即反应，产生 AgX 沉淀	最活泼
卤代烃和孤立型卤代烃	CH_3CH_2X $CH_2{=}CH(CH_2)_nX$ $(n=2、3、4\cdots)$	室温下不反应，加热产生 AgX 沉淀	活性次之
卤乙烯和苯基型卤代烃 （—X 与碳-碳双键的碳相连）	$CH_2{=}CH{-}X$ $C_6H_5{-}X$	加热后也不反应，无 AgX 沉淀产生	最不活泼

反应应用

> 可根据卤代烃和硝酸银醇溶液反应出现沉淀现象的不同，鉴别不同类型的卤代烃。

二、消除反应

卤代烃与强碱的醇溶液共热时，脱去一分子 HX 生成烯烃，这种脱去一个简单小分子（如 H_2O、HX 等），同时形成碳-碳双键的反应称为消除反应。例如：

$$R-\underset{H}{\overset{\beta}{C}H}-\underset{X}{\overset{\alpha}{C}H_2} \xrightarrow[\triangle]{KOH/CH_3CH_2OH} R-CH=CH_2 + KX + H_2O$$

仲卤代烃与叔卤代烃分子中含有两个以上的 β-C，发生消除反应时，可按不同方式脱去卤化氢，生成两种不同的产物。例如：

$$CH_3-\underset{H}{\overset{\beta}{C}H}-\underset{Br}{\overset{\alpha}{C}(CH_3)}-\underset{H}{\overset{\beta}{C}H_2} \xrightarrow[\triangle]{KOH/CH_3CH_2OH} CH_3CH=C(CH_3)_2 + CH_3CH_2\underset{CH_3}{\overset{|}{C}}=CH_2$$

$$\qquad\qquad\qquad\qquad\qquad\qquad\qquad 71\% \qquad\qquad 29\%$$

实验证明，当卤代烃不只含一个带氢原子的 β-C 时，消除反应主要从含氢较少的 β-C 上脱去氢原子，从而生成双键上连有烃基最多的烯烃，此经验规律称为札依采夫规则。

各种卤代烃发生消除反应时的活性顺序为：叔卤代烃＞仲卤代烃＞伯卤代烃。

卤代烃水解与消除反应都是在碱的作用下进行的，卤代烃水解时不可避免地会有消除产物生成，反之，在消除反应时也有水解产物生成，水解和消除两种反应相互竞争。一般强极性溶剂有利于水解反应，强碱和弱极性溶剂有利于消除反应。所以卤代烃水解反应在碱性水溶液中进行，消除反应则在强碱的醇溶液中更为有利。

反应应用

> 可通过消除反应由卤代烃制备不饱和烯烃。

三、与金属镁反应

卤代烃可与金属镁在无水乙醚中反应，生成卤化烷基镁，又称为格利雅（Grigard）试剂，简称格氏试剂，用 RMgX 表示。

$$R-X + Mg \xrightarrow{\text{无水乙醚}} RMgX$$

在卤代烃中，碳原子带部分正电荷，而在 RMgX 中，由于碳的电负性比镁的电负性大得多，$C(\delta^-)-Mg(\delta^+)$ 是很强的极性共价键，性质非常活泼，能与水、醇、酸、氨等含活泼氢的化合物反应生成相应的烷烃。例如：

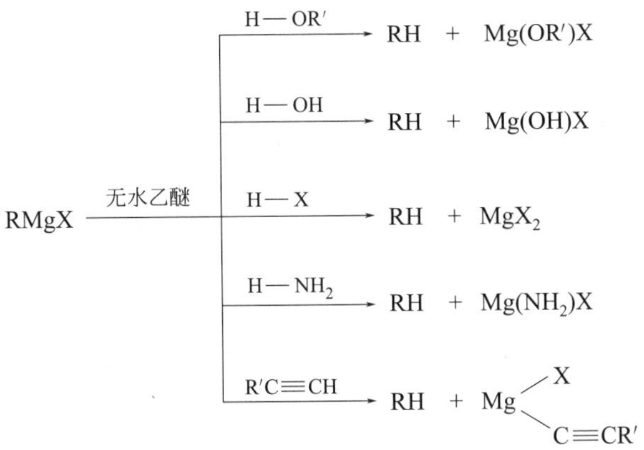

$$RMgX \xrightarrow{\text{无水乙醚}} \begin{cases} H-OR' \rightarrow RH + Mg(OR')X \\ H-OH \rightarrow RH + Mg(OH)X \\ H-X \rightarrow RH + MgX_2 \\ H-NH_2 \rightarrow RH + Mg(NH_2)X \\ R'C\equiv CH \rightarrow RH + Mg(X)(C\equiv CR') \end{cases}$$

由于格氏试剂遇水就分解，所以，在制备格氏试剂时必须用无水试剂和干燥的反应器，操作时也要采取隔绝空气中湿气的措施。其他含活泼氢的化合物在制备和使用格氏试剂过程中都必须注意避免水分。

反应应用

格氏试剂在有机合成中非常重要，还能与二氧化碳、醛、酮、酯等多种化合物反应，生成羧酸、醇等一系列重要的化合物。

课内练习

1. 完成下列反应。

(1) $CH_3CH_2CHCH_3 \xrightarrow[\triangle]{NaOH/醇}$
         |
         Br

(2) $CH_3CH_2CH_2Br \xrightarrow[\triangle]{NaOH/水}$

(3) $CH_3CH_2CH_2Br + Mg \xrightarrow{\text{无水乙醚}}$

2. 将下列化合物按照与 KOH 醇溶液发生消除反应的难易顺序排列，并写出其产物的构造式。

(1) 2-溴-2-甲基丁烷　　(2) 1-溴戊烷　　(3) 2-溴戊烷

第四节　卤代烃的亲核取代反应机理

亲核取代反应是卤代烃的一类重要反应。由于这类反应可用于各种官能团的转化和碳-碳键的形成，因此在有机合成中具有广泛的用途。

本文以一卤代烃的水解为例来研究亲核取代反应历程。在研究水解速率与反应物浓度的关系时，人们发现一些卤代烃的水解速率仅与卤代烃的浓度有关，而另一些卤代烃的水解速率则与卤代烃和碱的浓度都有关系。溴代烷在80%乙醇-水中的相对水解速率（55℃）如表8-3所示。

表 8-3　溴代烷在80%乙醇-水中的相对水解速率（55℃）

条件 \ 溴代烷	CH_3Br	$(CH_3)_3CBr$
中性	1	2900
0.1mol/L NaOH	610	2900

从表 8-3 可以看出，溴代叔丁烷在中性条件下的水解速率比溴甲烷快得多。加入 $0.1 mol \cdot L^{-1}$ NaOH，即增加 OH^- 的浓度，对一级卤代烃产生了显著的增速作用，但并不影响三级卤代烃的水解速率。以上实验现象及其他大量事实说明，卤代烃的亲核取代反应是按照两种不同的反应历程进行的。

一、S_N1、S_N2 反应历程

卤代烃的亲核反应机理

1. 单分子反应历程（S_N1）

溴代叔丁烷水解速率只取决于溴代叔丁烷本身的浓度，而与碱的浓度无关，也就是说，整个反应过程中决定反应速率的关键步骤与 OH^- 浓度无关。

$$CH_3\text{—}\underset{\underset{CH_3}{|}}{\overset{\overset{CH_3}{|}}{C}}\text{—}Br + NaOH \xrightarrow{H_2O} CH_3\text{—}\underset{\underset{CH_3}{|}}{\overset{\overset{CH_3}{|}}{C}}\text{—}OH + NaBr$$

$$v = k\left[CH_3\text{—}\underset{\underset{CH_3}{|}}{\overset{\overset{CH_3}{|}}{C}}\text{—}Br\right]$$

式中，v 为反应速率；k 为反应速率常数。

由此可以推想，溴代叔丁烷的水解是按如下机理进行的：

第一步：

$$CH_3\text{—}\underset{\underset{CH_3}{|}}{\overset{\overset{CH_3}{|}}{C}}\text{—}Br \xrightarrow{\text{慢}} \left[CH_3\text{—}\underset{\underset{CH_3}{|}}{\overset{\overset{CH_3}{|}}{C}}\overset{\delta+}{\cdots\cdots}\overset{\delta-}{Br}\right] \longrightarrow CH_3\text{—}\underset{\underset{CH_3}{|}}{\overset{\overset{CH_3}{|}}{C^+}} + Br^-$$

过渡态(1)　　　　　碳正离子

第二步：

$$CH_3\text{—}\underset{\underset{CH_3}{|}}{\overset{\overset{CH_3}{|}}{C^+}} + OH^- \xrightarrow{\text{快}} \left[CH_3\text{—}\underset{\underset{CH_3}{|}}{\overset{\overset{CH_3}{|}}{C}}\overset{\delta+}{\cdots\cdots}\overset{\delta-}{OH}\right] \longrightarrow CH_3\text{—}\underset{\underset{CH_3}{|}}{\overset{\overset{CH_3}{|}}{C}}\text{—}OH$$

过渡态(2)

整个反应过程分为两步，第一步溴代叔丁烷离解，溴原子带着电子对逐渐离开中心碳原子，经历一个 C—Br 键将断未断而能量较高的过渡态（1），这一步进行得很慢，C—Br 键完全断裂后生成碳正离子中间体；第二步是活泼碳正离子中间体与亲核试剂 OH^- 结合而生

成取代产物叔丁醇，并在反应过程中经历了一个 C—O 键尚未形成又即将形成的过渡态（2），形成过渡态（2）时需要的能量和第一步形成过渡态（1）时所需要的能量相比是较小的，所以第二步进行得较快。

这类反应历程进行过程中的能量变化，可用图 8-1 的位能曲线来表示。

对于多步反应而言，生成最终产物的速率主要由速率最慢的一步决定。由于在决定反应速率的关键步骤（第一步）发生 C—Br 键的断裂，参与形成过渡态的只有溴代叔丁烷一个分子，所以称这种反应为

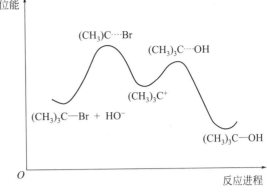

图 8-1　S_N1 反应过程中的能量变化

单分子亲核取代，用 S_N1 表示（S_N 代表 substitution nucleophilic，"1"代表单分子）。也正是由于在决定反应速率的步骤中，不涉及 OH^-，所以反应速率与 OH^- 浓度无关，在动力学上是一级反应。

S_N1 反应的特征是：分步进行的单分子反应，并有活泼中间体碳正离子的生成。

2. 双分子反应历程（S_N2）

与溴代叔丁烷不同，溴甲烷的水解速率同溴甲烷和碱（OH^-）的浓度都成正比关系。

$$CH_3Br + NaOH \xrightarrow{H_2O} CH_3OH + NaBr$$

$$v = k[CH_3Br][OH^-]$$

通过研究，人们认为溴甲烷的水解反应历程如图 8-2 所示。

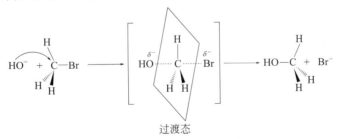

图 8-2　溴甲烷的水解反应历程

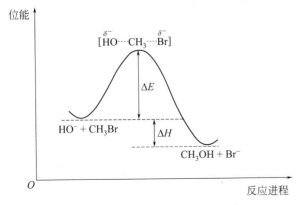

图 8-3　S_N2 反应过程中的能量变化

形成过渡态时，亲核试剂 OH^- 由于受电负性大的溴原子的排斥，只能从溴原子背后且沿 C—Br 键的轴线进攻 α-C。到达过渡态时，OH^- 与 α-C 之间部分成键，C—Br 键部分断裂，三个氢原子与碳原子在一个平面上，进攻试剂和离去基团分别处在该平面的两侧。当 OH^- 进一步拉长并彻底断裂时，Br^- 离去，整个过程是连续的，旧键的断裂和新键的形成是同时进行的，所以水解速率与卤代烃和亲核试剂的浓度都有关系。

图 8-3 是这类反应历程进行过程中的能量变化，可用位能曲线来表示。

当反应物形成过渡态时，需要吸收活化能 ΔE，过渡态处于位能最高点，一旦形成过渡态，即释放能量，形成生成物，反应物与生成物之间的能量差为 ΔH。因为决定反应速率的一步有两种分子参与了过渡态的形成，即反应速率与两种反应物的浓度有关，故这类反应历程称为双分子亲核取代反应，简称为 S_N2，在动力学上是二级反应。

S_N2 反应的特征是：旧键断裂与新键形成同时进行的双分子反应，反应一步完成。

二、影响取代反应的主要因素

卤代烃的亲核取代反应一般有 S_N1 和 S_N2 两种反应历程，那么不同结构的卤代烃，到底按哪种机理进行反应呢？影响的因素很多，主要有卤代烃分子的结构、亲核试剂和离去基团的性质、溶剂的性质等。本书仅对卤代烃分子的结构和亲核试剂性质两个方面的影响进行讨论。

1. 烃基结构

烃基结构对亲核取代反应的影响包括两个方面，一是空间效应，二是电子效应。从空间效应看，α-C 上烃基数目越多，体积越大，对亲核试剂进攻时的空间阻碍作用越大，越不利于反应按 S_N2 历程进行。相反，α-C 上烃基越多，基团之间拥挤程度以及相互排斥力越大，促使卤素以 X^- 形式离去，反应易按 S_N1 历程进行。从电子效应看，α-C 上烃基越多，其上的电子密度越大，形成的碳正离子也越稳定，越有利于反应按 S_N1 历程进行。相反，α-C 上烃基越少，其上的电子密度越小，越有利于亲核试剂进攻 α-C，因此有利于反应按 S_N2 历程进行。

2. 亲核试剂性质

在 S_N1 反应中，反应速率只取决于 RX 的离解，而与亲核试剂无关，因此亲核试剂性质对 S_N1 的反应活性无明显影响。在 S_N2 反应中，亲核试剂的亲核性越强，浓度越大，其反应速率就越大。

> **课内练习**
>
> （1）按 S_N1 反应排列以下化合物的活性顺序。
> ①2-甲基-1-溴丁烷　②2-甲基-2-溴丁烷　③3-甲基-2-溴丁烷　④溴甲烷
> （2）按 S_N2 反应排列以下化合物的活性顺序。
> ①1-溴丁烷　　②2-甲基-2-溴丁烷　　③2-溴丁烷

第五节　常用的卤代烃

一、三氯甲烷

三氯甲烷是一种无色、有甜味的液体，沸点为 61.2℃，相对密度为 1.482，不能燃烧，也不溶于水，是一种良好的不燃性溶剂，能溶解油脂、蜡、有机玻璃和橡胶等。三氯甲烷俗称氯仿，曾作为手术麻醉剂，但它对肝脏有毒，且有其他副作用，现不再使用，另外，氯仿还广泛用作有机合成的原料。

氯仿在光照下容易被空气氧化并分解生成毒性很强的光气：

$$2CHCl_3 + O_2 \xrightarrow{\text{日光}} 2 \underset{Cl}{\overset{Cl}{\big>}}C=O + 2HCl$$

光气

因此氯仿要保存在棕色瓶中，装满到瓶口并封闭，以阻止和空气接触。通常还可加入1%的乙醇以破坏可能生成的光气。

$$\underset{Cl}{\overset{Cl}{\big>}}C=O + 2CH_3CH_2OH \xrightarrow{\text{日光}} \underset{CH_3CH_2O}{\overset{CH_3CH_2O}{\big>}}C=O + 2HCl$$

碳酸二乙酯（无毒）

二、四氯化碳

四氯化碳为无色液体，沸点为 77℃，相对密度为 1.594，有特殊的气味。四氯化碳不能燃烧，沸点低，其蒸气比空气重，不导电，因此它的蒸气可把燃烧物体覆盖，使之与空气隔绝而达到灭火的目的。四氯化碳适用于扑灭油类的燃烧和电源附近的火，是一种常用的灭火剂。

四氯化碳在 500℃ 以上高温时，能发生水解并生成少量光气，故灭火时要注意空气流通，以防中毒。

$$CCl_4 + H_2O \longrightarrow COCl_2 + 2HCl$$

光气

四氯化碳主要用作合成原料、溶剂、灭火剂、干洗剂、杀虫剂等，但四氯化碳有一定的毒性，会损害肝脏，应引起注意。

三、氯乙烯

氯乙烯是无色、有乙醚味的气体，沸点为 $-13.9℃$，与空气形成爆炸混合物，难溶于水，易溶于有机溶剂。氯乙烯有毒，当空气中浓度达到 5% 时，即可使人中毒。近年来，人们还发现氯乙烯是一种致癌物，使用时需注意防护。

工业上可用乙炔或乙烯作原料生产氯乙烯。

1. 乙炔法

氯乙烯在工业上较早是用乙炔法制备的。由乙炔在 $HgCl_2$ 催化下与氯化氢发生加成反应而制得，反应式如下：

$$CH\equiv CH + HCl \xrightarrow[150\sim 160℃]{HgCl_2} CH_2=CHCl$$

该法优点是产率高，流程简单；缺点是成本高，催化剂有毒，故有被其他方法代替的趋势。

2. 乙烯法

乙烯与氯气加成先生成 1,2-二氯乙烷，然后在高温及催化剂存在下，1,2-二氯乙烷分子脱去一分子 HCl，生成氯乙烯，反应式如下：

$$CH_2=CH_2 + Cl_2 \xrightarrow{FeCl_3} CH_2ClCH_2Cl$$

$$CH_2ClCH_2Cl \xrightarrow[480\sim520℃,催化剂]{高温} CH_2=CHCl + HCl$$

为了利用乙烯法的副产物 HCl，工业上将乙炔法与乙烯法联合使用，将裂解生成的 HCl 作为乙炔法的原料，因在工艺上合理，且较经济，现已得到推广。

氯乙烯主要用于合成聚氯乙烯（PVC），聚氯乙烯性质稳定，耐酸碱、耐化学腐蚀，不受空气氧化，不溶于一般溶剂等优良性质，是工农业使用的重要塑料。

拓展窗

卤代烃

卤代烃的化学性质十分活泼，是化学工业常用的重要原料，可用于制造醇、醚、腈、胺等多种有机化合物，在医药、农药、油漆等生产行业中被广泛使用。另外卤代烃不溶于水却能使醇、脂等溶解，是一种优良的溶剂，在油脂加工中也常被使用。此外，部分卤代烃（如四氯化碳）不能燃烧，常用作灭火剂。总之，卤代烃是人们广泛使用的一种化学物质。

在生产和使用过程中部分卤代烃常随废气、废水（油）、废渣排入环境，其已成为一种主要的环境污染物。研究证明：卤代烃对植物是有毒的，且毒性与浓度成正比，即卤代烃对农作物的毒性随浓度的增加而增大。因此，对农田环境来说，卤代烃是一种污染物，并且卤代烃的毒性随着碳原子上氢原子被取代个数的增加而增大。毒性大小如下：四氯化碳＞三氯甲烷＞二氯甲烷。目前对环境破坏作用最大的是氟利昂。氟利昂是一类甲烷、乙烷等的含氟、氯或溴的衍生物，其应用十分广泛，主要可用作制冷剂、气雾剂、发泡剂、清洗剂、灭火剂等。氟利昂的大量生产和使用，导致臭氧层的破坏，使人类失去了阻挡太阳紫外线辐射的天然屏障，导致患皮肤癌等疾病的人数不断增加。另一个引人注目的氯代烃污染物是二噁英，一种剧毒化学物质，具有很强的致癌作用，主要来源于农作物秸秆的燃烧。

卤代烃的毒性随卤族元素原子序数的增大而增大。即在氢原子被卤族元素取代个数相同时，卤代烃对植物的毒性随卤族元素原子序数的增大而急剧增大，其排列次序是碘代烃＞溴代烃＞氯代烃。

本章小结

一、卤代烃的命名

1. 普通命名法

普通命名法按与卤原子相连的烃基的名称来命名，称为"卤代某烃"或"某基卤"。

2. 系统命名法

① 饱和卤代烃命名时选择连有卤原子的最长碳链作为主链，从靠近支链（烷基或卤原

子）的一端给主链编号，把支链位次和名称写在母体名称前，并按次序规则将较优基团排列在后，称为"某烷"。

② 不饱和卤代烃命名时要选择连有卤原子和不饱和键在内的最长碳链作为主链，称为"某"烯或"某"炔，编号时要使双键或三键的位次最小。

③ 芳香族卤代烃命名时一般以芳烃为母体，卤原子看作其取代基；如芳烃的侧链复杂，则以烃基为母体，命名时将芳环与卤原子作为取代基。

二、卤代烃的化学性质

1. 取代反应

$$CH_3CH_2Br \begin{cases} \xrightarrow[\triangle]{KOH/H_2O} CH_3CH_2OH \\ \xrightarrow[\text{乙醇},\triangle]{NaCN} CH_3CH_2CN \\ \xrightarrow[\triangle]{NaOCH_3} CH_3OCH_2CH_3 \\ \xrightarrow[\triangle]{NH_3} CH_3CH_2NH_2 \\ \xrightarrow[\text{醇溶液}]{AgNO_3} CH_3CH_2ONO_2 + AgBr\downarrow \end{cases}$$

2. 消除反应

条件不同，反应类型也不同：卤代烃与 NaOH(KOH) 的水溶液反应，为取代反应；而与 NaOH(KOH) 醇溶液的共热反应，则为消除反应。仲或叔卤代烃消除反应主要生成双键碳原子上连较多烃基的烯烃，遵循札依采夫规则。

3. 与金属镁的反应

$$R—X + Mg \xrightarrow{\text{无水乙醚}} RMgX$$

三、卤代烃类型与卤原子种类对反应活性的影响

卤代烃类型	实 例	与硝酸银乙醇溶液反应	卤原子的活性
烯丙基卤、苄基卤和叔卤代烃	$CH_2=CH-CH_2-X$ $C_6H_5-CH_2X$ $R_2\overset{R_1}{\underset{R_3}{C}}-X$	立即反应，产生 AgX 沉淀	最活泼
卤代烃和孤立型卤代烃	CH_3CH_2X $CH_2=CH(CH_2)_nX$ $(n=2、3、4\cdots)$	室温下不反应，加热产生 AgX 沉淀	活性次之
卤乙烯和苯基型卤代烃（—X 与碳-碳双键的碳相连）	$CH_2=CH-X$ C_6H_5-X	加热后都不反应	最不活泼

习题

一、单选题

(1) 化合物① $CH_3CH=CHCH_2Cl$ ② $CH_3CH_2CHClCH_3$ ③ $CH_3CH=CClCH_3$
④ $CH_2=CHCH_2CH_2Cl$，下式按卤原子活性由强到弱顺序排列的是（　　）。
  A. ①＞②＞③＞④　　　　　　　　B. ④＞③＞②＞①
  C. ①＞②＞④＞③　　　　　　　　D. ②＞①＞③＞④

(2) 下列物质中可作灭火剂的是（　　）。
  A. CH_3Cl　　　B. CH_2Cl_2　　　C. $CHCl_3$　　　D. CCl_4

(3) 下列卤代烃中，与强碱共热时最容易发生消除反应的是（　　）。
  A. 伯卤代烃　　B. 仲卤代烃　　C. 叔卤代烃　　D. 无法判断

(4) 按 S_N1 历程，下列化合物中反应活性最大的是（　　）。
  A. 正溴丁烷　　B. 仲丁基溴　　C. 2-甲基-2-溴丙烷　　D. 正溴丙烷

(5) 下列卤代烃中，室温下能与硝酸银醇溶液反应析出白色沉淀的是（　　）。
  A. $CH_2=CCH_2CH_3$　　　　　　　　B. $CH_2=CHCHCH_3$
     |　　　　　　　　　　　　　　　　　　　　　|
     Cl　　　　　　　　　　　　　　　　　　　　Cl
  C. $CH_2=CHCH_2CHCH_3$　　　　　　D. $CH_3CHCH_2CH_3$
         |　　　　　　　　　　　　　　　　　|
         Cl　　　　　　　　　　　　　　　Cl

二、写出下列化合物的构造式

(1) 丙烯基溴　　　　(2) 烯丙基溴　　　　(3) 正丙基溴
(4) 1-氯丙烯　　　　(5) 溴苯　　　　　　(6) 2,4-二硝基氯苯
(7) 5-溴-1,3-环戊二烯　(8) 2-氯-5-溴己烷　　(9) 1-甲基-6-溴环己烯

三、用系统命名法命名下列化合物

(1) $CH_2BrCH_2CH_2CH_2Br$

(2) $CH_3CHClCHCH_2CH_3$
       |
       CH_2CH_3
（注：上方为 CH_3）

(3) $CH_2BrCH=CHCH_3$

(4) 对氯甲苯结构式

(5) 苯基-$CH=CHCH_2Cl$

(6) $CH_2=CHCH_2Cl$

四、写出 1-溴丙烷与下列物质反应所得到的主要产物

(1) NaOH（水溶液）　　　(2) KOH（乙醇溶液）　　　(3) Mg，无水乙醚
(4) NH_3（过量）　　　　(5) NaCN　　　　　　　　(6) $AgNO_3$，C_2H_5OH

五、完成下列各反应式

(1)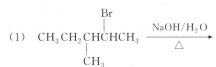

(2) 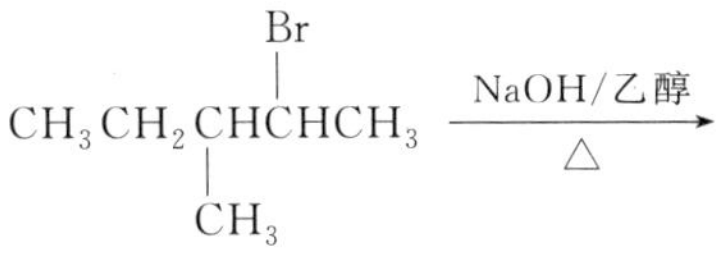 CH$_3$CH$_2$CH(CH$_3$)CH(Br)CH$_3$ $\xrightarrow{\text{NaOH/乙醇}, \Delta}$

(3) 1-甲基环己烯 + HCl →

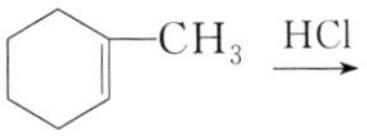

(4) 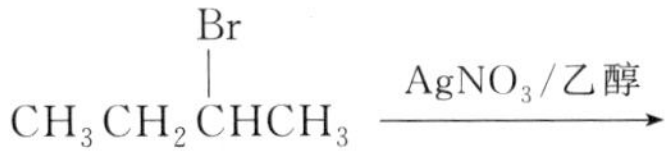 CH$_3$CH$_2$CH(Br)CH$_3$ $\xrightarrow{\text{AgNO}_3/\text{乙醇}}$

(5) CH$_3$CH=CH$_2$ $\xrightarrow{\text{HBr}}$ $\xrightarrow{\text{NaOH/乙醇}, \Delta}$

六、用简单化学方法鉴别下列各组化合物

(1) 正丁基氯　仲丁基氯　叔丁基氯

(2) 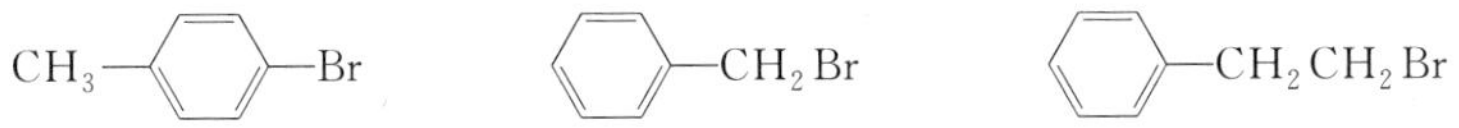 CH$_3$—C$_6$H$_4$—Br　　C$_6$H$_5$—CH$_2$Br　　C$_6$H$_5$—CH$_2$CH$_2$Br

(3) 2-氯-1-戊烯　　3-氯-1-戊烯　　4-氯-1-戊烯

七、由 2-溴丙烷合成 1-溴丙烷，无机试剂任选。

八、某卤代烃 A，与 NaOH 醇溶液作用生成 B(C$_3$H$_6$)，B 氧化后得到乙酸、CO$_2$ 和水，B 与氯化氢作用，得到 A 的异构体 C，试推测 A、B、C 的构造式。

九、分子式为 C$_5$H$_{10}$ 的 A 烃，与溴水不发生反应，在紫外光照射下与溴作用得到产物 B（C$_5$H$_9$Br），B 与 KOH 的醇溶液加热得到 C（C$_5$H$_8$），C 经 KMnO$_4$ 酸性溶液氧化得到戊二酸，写出 A、B、C 的构造式及各步反应式。

第九章
醇、酚、醚

学习目标

1. 了解醇、酚、醚的分类；
2. 掌握醇、酚、醚的命名；
3. 掌握醇、酚、醚重要的化学性质；
4. 了解重要醇、酚、醚的物理性质和用途。

案例导入

随着人民生活水平的大幅度提高，小汽车进入普通百姓家庭，汽车用汽油的消耗大幅度增加。我国是世界上最大的发展中国家，人多地少，石油资源紧缺，随着世界原油价格的持续攀升、环境压力的日益加重，我国政府从世界乙醇汽油的发展历史以及我国的能源战略考虑，推广使用车用乙醇汽油具有重要的现实意义和深远的战略意义，是解决当前影响我国经济社会全面协调可持续发展诸多制约因素的积极探索。到目前为止，我国已成为世界第三大乙醇汽油生产国，乙醇汽油的使用在我国有着广阔的市场前景。

醇（R—OH）、酚（Ar—OH）、醚（R—O—R′、Ar—O—Ar′、Ar—O—R）都是烃的含氧衍生物，它们也可以看作是水分子中的氢原子被烃基取代后的衍生物。

水分子中的一个氢原子被脂肪烃基取代后的产物，称作醇（R—OH）；水分子中的一个氢原子被芳香烃基取代且羟基直接与芳环相连的产物，称作酚（Ar—OH）；水分子中的两个氢原子都被烃基取代的产物，称作醚（R—O—R′、Ar—O—Ar′、Ar—O—R）。

醇和酚都含有羟基，羟基直接和芳环相连的是酚；羟基不与芳环直接相连，而是与脂肪族碳链直接相连的是醇。例如：

CH₃OH   苯甲醇（C₆H₅—CH₂OH）   苯酚（C₆H₅—OH）

甲醇   苯甲醇 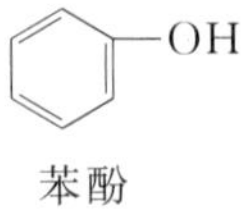   苯酚

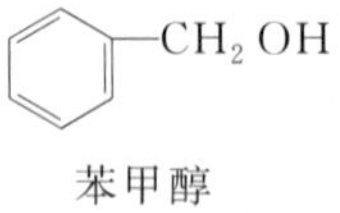

第一节 醇

一、醇的分类和命名

醇的官能团是羟基（—OH），称为醇羟基，饱和一元醇的通式为 R—OH。

1. 醇的分类

（1）按羟基所连烃基分类　可分为脂肪醇、脂环醇、芳香醇三类。脂肪醇又可根据烃基是否饱和，分为饱和醇和不饱和醇。例如：

① 脂肪醇

饱和醇：CH_3CH_2OH　　　　$CH_3CH_2CH_2OH$
　　　　　　乙醇　　　　　　　　1-丙醇

不饱和醇：$CH_2=CHCH_2OH$
　　　　　　　烯丙醇

② 脂环醇 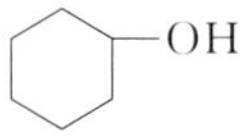　　环己醇

③ 芳香醇 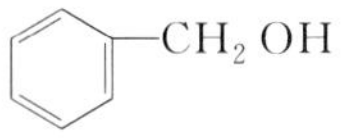　　苯甲醇

（2）按羟基所连碳原子的种类分类　可分为伯醇、仲醇、叔醇。羟基与伯碳原子相连的是伯醇；羟基与仲碳原子相连的是仲醇；羟基与叔碳原子相连的是叔醇。

伯醇：RCH_2OH　　　　　　CH_3CH_2OH　　　乙醇

仲醇：$\begin{matrix}R\\|\\R'\end{matrix}CHOH$　　　$CH_3CHCH_3\atop|\atop OH$　　　异丙醇

叔醇：$\begin{matrix}R\\|\\R'-C-OH\\|\\R''\end{matrix}$　　　$CH_3-\underset{\underset{CH_3}{|}}{\overset{\overset{CH_3}{|}}{C}}-OH$　　　叔丁醇

（3）按所含羟基数目分类　可分为一元醇、二元醇、三元醇等，含两个羟基以上的醇统称为多元醇。例如：

一元醇：CH_3CH_2OH　　　乙醇（俗名：酒精）

二元醇：$\underset{OH}{CH_2}-\underset{OH}{CH_2}$　　　乙二醇（俗名：甘醇）

三元醇：$\underset{OH}{CH_2}-\underset{OH}{CH}-\underset{OH}{CH_2}$　　　丙三醇（俗名：甘油）

2. 醇的命名

（1）普通命名法　简单醇可采用普通命名法，即在与羟基相连的烃基名称后面加一"醇"字。例如：

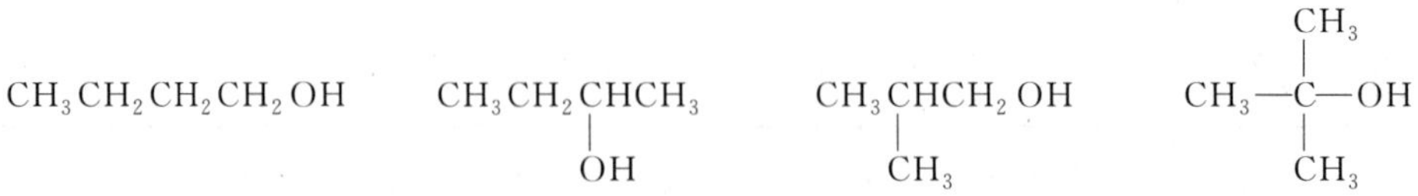

CH₃CH₂CH₂CH₂OH　　CH₃CH₂CHCH₃　　CH₃CHCH₂OH　　CH₃—C—OH
　　　　　　　　　　　　　|　　　　　　|　　　　　(CH₃)₂
　　　　　　　　　　　　　OH　　　　　CH₃

　　正丁醇　　　　　　　仲丁醇　　　　　异丁醇　　　　　叔丁醇

(2) 系统命名法　结构复杂的醇则采用系统命名法，其命名原则如下。

① 选主链　选择连有羟基的最长碳链作为主链，根据主链碳原子数称为"某醇"。

② 编号　从靠近羟基的一端给主链上的碳原子用阿拉伯数字编号。

③ 写名称　将取代基的位次、数目、名称和羟基的位次写在母体名称"某醇"之前。羟基所连碳的位次加半字符"-"置于"某醇"之前构成母体名称，若羟基在链端，则可省去"1-"。例如：

CH₃CH₂CH₂CH₂OH　　　　CH₃CH₂CHCH₃　　　　CH₃CHCH₂OH
　　　　　　　　　　　　　　|　　　　　　　　　|
　　　　　　　　　　　　　　OH　　　　　　　　CH₃

　　1-丁醇　　　　　　　　2-丁醇　　　　　　2-甲基-1-丙醇

2-甲基-2-丙醇　　　3-甲基-2-乙基-1-丁醇　　　5-甲基-3-乙基-4-氯-2-庚醇

芳香醇命名时可把芳基作为取代基。例如：

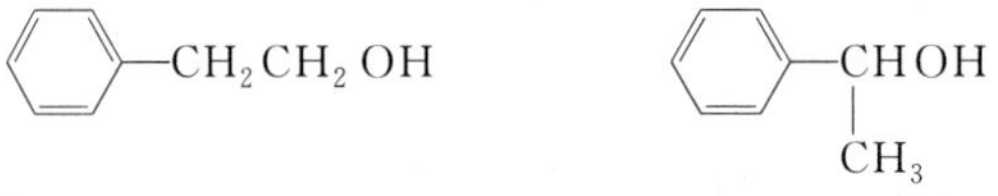

C₆H₅—CH₂CH₂OH　　　　　　C₆H₅—CHOH
　　　　　　　　　　　　　　　　|
　　　　　　　　　　　　　　　　CH₃

　　2-苯基乙醇　　　　　　　　1-苯基乙醇

不饱和醇命名时，应选择连有羟基和不饱和键在内的最长碳链作为主链，并从靠近羟基的一端开始编号。例如：

CH₃CH₂CH₂CHCH₂CH₂OH　　　　　　　C₆H₅—CH=CHCH₂OH
　　　　　|
　　　　　CH=CH₂

4-丙基-5-己烯-1-醇　　　　　　3-苯基-2-丙烯-1-醇(肉桂醇)

脂环醇则从连有羟基的环碳原子开始编号。例如：

环己醇　　　　　6-乙基-2-环己烯-1-醇

多元醇命名时，应选择含有尽可能多羟基的碳链作为主链，在"醇"字前面，用二、三、四等汉字数字表示分子中羟基的数目，用阿拉伯数字标明羟基的位次。例如：

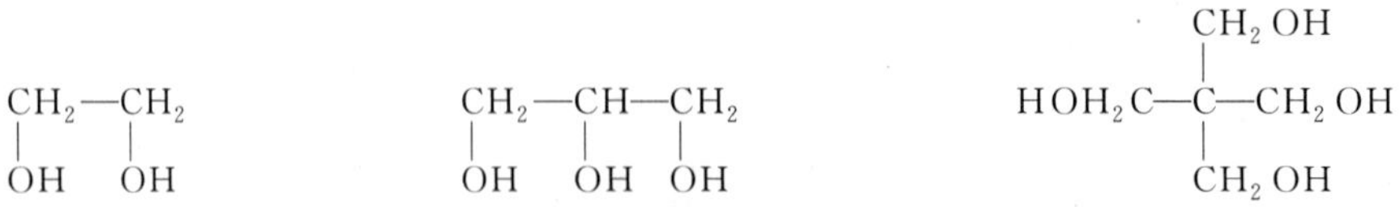

CH₂—CH₂　　　　CH₂—CH—CH₂　　　　　　CH₂OH
|　　|　　　　　|　　|　　|　　　　HOH₂C—C—CH₂OH
OH　OH　　　　　OH　OH　OH　　　　　　　|
　　　　　　　　　　　　　　　　　　　　CH₂OH

1,2-乙二醇　　　　　1,2,3-丙三醇　　　　2,2-二羟甲基-1,3-丙二醇
(简称乙二醇,俗名为甘醇)　(简称丙三醇,俗名为甘油)　(俗名为新戊四醇或季戊四醇)

课内练习

用系统命名法命名下列化合物。

(1) CH₃—CH—CH₃
         |
         OH

(2) CH₃—CH—CHCH₃
         | |
         OH   (上)
         CH₃

实际结构：
(2) CH₃—CH—CHCH₃，其中上方为OH，下方为CH₃

(3) CH₃—CH—CH=CHCH₃
         |
         OH

(4) CH₃—C=CHCH₂CH₃
         |
         CH₂CH₃
         （OH在C上）

(5) CH₃—CH—CHCH₃
         | |
         OH   OH

(6) C₆H₅—CH₂CHCH₃
              |
              OH

二、醇的物理性质

在直链饱和一元醇中，C_4 以下的低级醇为有酒精气味的挥发性液体，$C_5 \sim C_{11}$ 的醇为具有令人不愉快气味的油状液体，C_{12} 及以上的醇为无臭、无味的蜡状固体。某些醇具有特殊的香味，如苯乙醇有玫瑰香味，橙花醇有橙花香味等，常用于多种香精油中。二元醇、三元醇等多元醇为有甜味的无色液体或固体。脂肪醇中饱和一元醇的相对密度小于 1，芳香醇及多元醇的相对密度大于 1。一些醇的物理常数见表 9-1。

表 9-1 一些醇的物理常数

名称	构造式	熔点/℃	沸点/℃	相对密度 (d_4^{20})	水中溶解度 (25℃, g/100g)
甲醇	CH₃OH	−97	64.7	0.792	∞
乙醇	CH₃CH₂OH	−114	78.3	0.789	∞
正丙醇	CH₃CH₂CH₂OH	−126	97.2	0.804	∞
1-丁醇	CH₃(CH₂)₃OH	−89.5	117.7	0.810	7.9
1-戊醇	CH₃(CH₂)₄OH	−78.5	138.0	0.817	2.4
1-己醇	CH₃(CH₂)₅OH	−52	156.0	0.819	0.6
1-癸醇	CH₃(CH₂)₉OH	6	228	0.829	—
2-丙醇	(CH₃)₂CHOH	−89.5	82.4	0.7855	∞
2-丁醇	CH₃CH₂CHOHCH₃	−114.7	99.5	0.808	12.5
乙二醇	CH₂OHCH₂OH	−16	197	1.113	∞
丙三醇	CH₂OHCHOHCH₂OH	18	290	1.261	∞
苯甲醇	C₆H₅—CH₂OH	−15.3	205.35	1.046	4

直链饱和醇的沸点也是随着碳原子数的增加而升高；在碳原子数相同的异构体中，含支链越多的醇沸点越低。例如：

$$CH_3CH_2CH_2CH_2OH \qquad CH_3CHCH_2OH \qquad CH_3-\overset{CH_3}{\underset{CH_3}{\overset{|}{C}}}-OH$$
$$\underset{CH_3}{|}$$

沸点　　　　　118℃　　　　　　　　108℃　　　　　　　　83℃

低级醇的沸点，比相近分子量的烷烃和卤代烃高得多，例如，CH_3OH 的分子量为 32，CH_3CH_3 的分子量为 30，两者分子量相近，但 CH_3OH 的沸点为 64.7℃，远远高于 CH_3CH_3 的沸点（-88.6℃）。

醇的沸点如此反常是因为醇分子间能通过氢键相缔合，如图 9-1 所示，而烃分子间不存在氢键。要使醇由液态变成气态，除需克服分子间的范德华力之外，还需克服氢键的能量，因此所需的能量比烷烃高，故其沸点比相应烷烃高得多。形成氢键的能力越大，沸点就越高，因此多元醇的沸点高于一元醇的沸点。

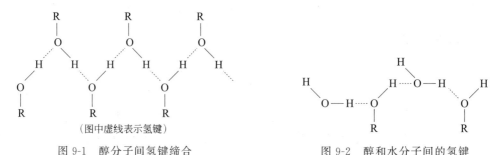

图 9-1　醇分子间氢键缔合　　　　　　图 9-2　醇和水分子间的氢键

C_4 以下的低级醇与水互溶，随着碳原子数的增加，醇在水中的溶解度逐渐降低。其原因是除醇分子间能相互形成氢键外，醇与水分子间也能形成氢键（图 9-2）。这是由于随着烃基的增大，羟基在醇中所占的比例下降，与水形成氢键的能力减小，水溶性也就逐渐降低。同理，多元醇含多个羟基时，与水形成氢键的能力大，因此多元醇在水中的溶解度比一元醇的更大，例如乙二醇、丙三醇等有强烈的吸水性，常用作吸湿剂和助溶剂。分子的碳原子数相同时，羟基越多，其沸点越高，在水中的溶解度也越大。

三、醇的化学性质

醇的化学反应主要发生在：醇分子中 C—O、O—H 的断裂；与羟基直接相连的 α-C 上的氢（α-H）也具有一定的活性，容易被氧化。醇分子中易发生反应的部位如下图所示：

$$R-\underset{\underset{4}{H}}{\overset{\beta}{C}H}-\overset{\alpha}{\underset{H}{C}H}\underset{1}{\vert}O\underset{}{\vert}H$$

1：O—H 断裂，与活泼金属反应。
2：C—O 断裂，羟基被取代。
3：C—O 和 βC—H 同时断裂，发生消除反应。
4：α-H 被氧化。

1. 与活泼金属的反应

醇和水一样能与金属钠反应生成醇钠和氢气。例如：

$$R-OH + Na \longrightarrow R-ONa + \frac{1}{2}H_2 \uparrow$$

醇与水相似，也有一定的酸性，但反应比水缓慢。由此说明，醇羟基上氢原子的活泼性比水弱，醇是比水还弱的酸。

反应中生成的醇钠溶解在过量的醇中，将醇蒸去，即得白色粉末状的醇钠。醇钠极易水解，生成原来的醇和氢氧化钠，由此说明醇钠的碱性比 NaOH 强。例如：

$$C_2H_5ONa + H_2O \rightleftharpoons C_2H_5OH + NaOH$$

✱ 反应应用

> 工业生产上常将固体氢氧化钠与醇作用制得醇钠，并加入苯（约 8%）共沸蒸馏，以除去其中的水分。此法制醇钠的优点是避免使用昂贵的金属钠，且生产较为安全。
> 醇与不同金属的反应速率不同，例如，乙醇与金属钠在室温下很容易就能发生反应，但与金属镁的反应需在较高的温度下才能进行。

2. 与氢卤酸的反应

醇分子中的羟基可被氢卤酸中的卤原子取代，生成卤代烃。

$$R{-}OH + H{-}X \rightleftharpoons R{-}X + H_2O$$

醇与氢卤酸的反应速率为：HI＞HBr＞HCl。

这个反应是可逆的，如果使反应物之一过量或将生成物之一从平衡混合物中移去，则可提高卤代烃的产率。

✱ 反应应用

> 醇与氢卤酸的反应是一种由醇制备相应卤代烃的方法。

伯醇与浓盐酸的反应，必须在无水氯化锌催化及加热条件下才能完成。无水氯化锌的浓盐酸溶液称为卢卡斯（Lucas）试剂。六个碳以下的低级醇可溶于卢卡斯试剂中，生成的氯代烷不溶于卢卡斯试剂，故反应体系常出现浑浊和分层现象。

室温下，卢卡斯试剂与不同类型醇的反应速率不同，出现浑浊的快慢不同，可用于伯醇、仲醇、叔醇的鉴别。烯丙基型醇、苄基型醇及叔醇反应最快，立刻出现浑浊；仲醇次之，10min 内出现浑浊；伯醇反应最慢，需加热后才出现浑浊。反应如下：

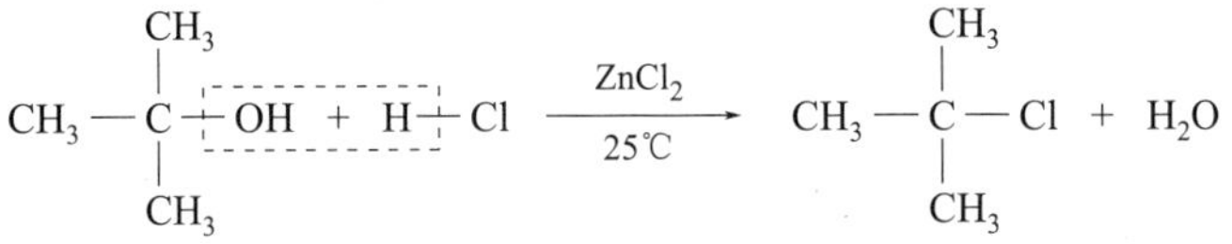

$$(CH_3)_3C{-}OH + H{-}Cl \xrightarrow[25\,^\circ\!C]{ZnCl_2} (CH_3)_3C{-}Cl + H_2O$$

(1min 内出现浑浊，随后分层)

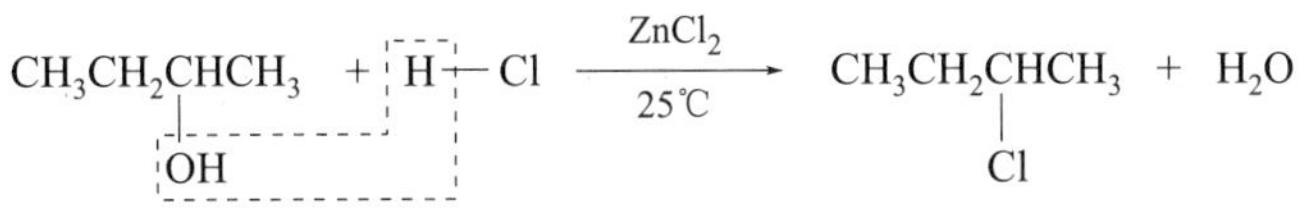

$$CH_3CH_2CH(OH)CH_3 + H{-}Cl \xrightarrow[25\,^\circ\!C]{ZnCl_2} CH_3CH_2CH(Cl)CH_3 + H_2O$$

(10min 内出现浑浊，随后分层)

$$CH_3CH_2CH_2CH_2{-}OH + H{-}Cl \xrightarrow[25\,^\circ\!C]{ZnCl_2} CH_3CH_2CH_2CH_2Cl + H_2O$$

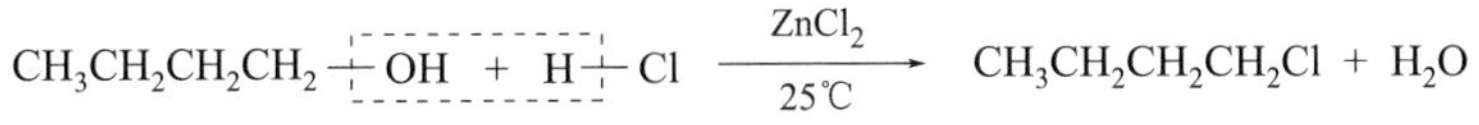

(1h 内不出现浑浊，加热后才浑浊)

注意，六个碳及以上的醇不溶于卢卡斯试剂，很难辨别反应是否发生，故不能用卢卡斯试剂鉴别；甲醇、乙醇生成的氯代烷是气体，异丙醇生成的 $(CH_3)_2CHCl$ 沸点很低（36℃），在未分层前极易挥发，因此，均不宜用此法鉴别。

 反应应用

> 卢卡斯试剂可用于六个碳以下伯醇、仲醇、叔醇的鉴别。

3. 脱水反应

醇与脱水剂共热时会发生脱水反应，脱水的方式有两种：较高温度下，主要发生分子内脱水生成烯烃；较低温度下，主要发生分子间脱水生成醚。例如：

$$CH_2-CH_2 \xrightarrow[170℃]{H_2SO_4} CH_2=CH_2 + H_2O$$
$$H\ \ OH$$

$$CH_3CH_2OH + HOCH_2CH_3 \xrightarrow[140℃]{H_2SO_4} CH_3CH_2OCH_2CH_3 + H_2O$$
$$\phantom{CH_3CH_2OH + HOCH_2CH_3 \xrightarrow[140℃]{H_2SO_4}}乙醚$$

仲醇、叔醇发生分子内脱水时，与卤代烃的消除反应相似，也遵循札依采夫规则，即羟基与其相邻的含氢较少的碳原子上的氢原子共同脱去水，或者说，主要产物是双键碳上连有烷基最多的烯烃。例如：

$$CH_3CH-CHCH_3 \xrightarrow[\triangle]{H_2SO_4} CH_3CH=CHCH_3 + H_2O$$
$$H\ \ OH$$

脱水难易程度与醇类型的关系很大，其反应活性顺序是：叔醇＞仲醇＞伯醇。

由于叔醇在酸性条件下易发生分子内脱水生成烯烃，因此，不宜用叔醇与氢卤酸作用制叔卤代烃，或与浓硫酸作用制叔丁醚。

4. 酯的生成

醇和含氧无机酸（如硝酸、硫酸）反应时，分子间脱去一分子水（醇脱羟基酸脱氢）生成无机酸酯。此类反应称为酯化反应。

（1）硫酸酯的生成　伯醇与浓硫酸作用生成硫酸氢酯。例如：

$$CH_3CH_2OH + HOSO_3H \rightleftharpoons CH_3CH_2OSO_3H + H_2O$$
$$硫酸氢乙酯$$

两分子酸性硫酸氢酯经减压蒸馏，脱去一分子硫酸生成中性硫酸酯。

$$CH_3CH_2OSO_2OH + HOO_2SOCH_2CH_3 \longrightarrow CH_3CH_2OSO_2OCH_2CH_3 + H_2SO_4$$
$$硫酸二乙酯$$

✱ 反应应用

> 生成的酸性硫酸酯用碱中和后,可得到烷基硫酸钠 $ROSO_2ONa$。当 R 为 $C_{12} \sim C_{16}$ 时,烷基硫酸钠常用作洗涤剂、乳化剂。硫酸二乙酯是重要的烷基化试剂,毒性很大,对呼吸器官和皮肤有强烈的刺激性,使用时要注意安全。

(2) 硝酸酯的生成　醇与硝酸作用生成硝酸酯,多元醇的硝酸酯是烈性炸药。例如,用浓硝酸处理甘油得到甘油三硝酸酯。

$$\begin{matrix} CH_2-OH \\ | \\ CH-OH \\ | \\ CH_2-OH \end{matrix} + 3HO-NO_2 \longrightarrow \begin{matrix} CH_2-ONO_2 \\ | \\ CH-ONO_2 \\ | \\ CH_2-ONO_2 \end{matrix} + 3H_2O$$

三硝酸甘油酯(俗称硝化甘油)

✱ 反应应用

> 三硝酸甘油酯受热或撞击时立即爆炸,将它与木屑、硅藻土混合制成甘油炸药,对震动较稳定,只有在起爆剂引发下才会爆炸,是常用的炸药;三硝酸甘油酯同时也是治疗冠心病的药物。

5.醇的氧化反应

有机化学中,通常将在有机物分子中引入氧或脱去氢的反应,称为氧化反应。由于羟基的影响,醇分子中的 α-H 具有一定的活泼性,易发生氧化或脱氢反应生成羰基化合物。不同结构的醇,氧化产物不同。

(1) 强氧化剂氧化　在重铬酸钾或高锰酸钾硫酸溶液的作用下,伯醇被氧化成同碳原子数的醛,醛继续被氧化,生成同碳原子数的羧酸。

$$RCH_2OH \xrightarrow{[O]} RCHO \xrightarrow{[O]} RCOOH$$

由于醛比醇更易被氧化,如要制取醛,就必须把生成的醛立即从反应混合物中蒸馏出去,否则会继续氧化成羧酸。而低级醛的沸点比相应醇的低得多,因此,只要适当控制温度,就可使生成的醛蒸出,而未反应的醇仍留在反应混合物中。工业上常用此法制备低级醛。

检查司机是否酒后驾车的呼吸分析仪,就是利用乙醇被重铬酸钾氧化的原理。若司机呼出的气体中含有一定量的乙醇,则乙醇被氧化的同时,橙红色的 $Cr_2O_7^{2-}$ 被还原为绿色的 Cr^{3+}。根据颜色的变化即可判断司机是否饮酒。原理如下:

$$3C_2H_5OH + 2K_2Cr_2O_7 + 8H_2SO_4 \longrightarrow 3CH_3COOH + 2Cr_2(SO_4)_3 + 2K_2SO_4 + 11H_2O$$
　　(橙红色)　　　　　　　　　　　　　　　　(绿色)

仲醇在上述条件下被氧化成含相同碳原子数的酮。

$$\underset{R-CH-R'}{\overset{OH}{|}} \xrightarrow{[O]} \underset{R-C-R'}{\overset{O}{\|}}$$

例如：

$$CH_3-\underset{\underset{OH}{|}}{CH}-CH_3 \xrightarrow{K_2Cr_2O_7/H_2SO_4} CH_3-\underset{\underset{O}{\|}}{C}-CH_3$$

酮一般不易被氧化，因此，仲醇的氧化较易控制在生成酮这一步，这也是实验室中制备酮的常用方法。若在更强烈的氧化条件下，酮会发生碳链断裂，生成碳原子数较少的羧酸混合物，在生产实践中无实用价值。

叔醇分子中无 α-H，上述条件下不会被氧化。

✱ 反应应用

> 在实验室中可利用醇的氧化反应，区别伯醇、仲醇和叔醇。

（2）脱氢反应　伯醇、仲醇的蒸气在高温下通过活性铜或银等催化剂时，伯醇脱氢生成醛，仲醇脱氢生成酮。例如：

$$CH_3CH_2OH \xrightleftharpoons[250\sim350℃]{Cu} CH_3CHO$$

$$CH_3\underset{\underset{OH}{|}}{CH}CH_3 \xrightleftharpoons[500℃，0.3MPa]{Cu} CH_3\underset{\underset{O}{\|}}{C}CH_3$$

✱ 反应应用

> 可利用催化脱氢合成醛、酮。

6. 多元醇的特性

多元醇由于分子中羟基比较多，醇分子间、醇分子与水分子间形成氢键的机会多，因此低级多元醇的沸点比同碳原子数的一元醇高得多，而且乙二醇和丙三醇能与水以任意比例混溶。

多元醇除与一元醇具有的相似化学性质外，还有一些特殊性质。例如，乙二醇和丙三醇等具有邻二羟基结构的多元醇，能和氢氧化铜反应生成深蓝色化合物。此反应可用于鉴别具有邻二羟基结构的多元醇。

👥 课内练习

> 写出下列反应的主要产物。
>
> (1) $CH_3CH_2OH \xrightarrow[170℃]{H_2SO_4}$
>
> (2) $CH_3CH-CHCH_3 \xrightarrow[\triangle]{H_2SO_4}$
>   　　　$|$　$|$
>   　　　CH_3 OH
>
> (3) $CH_3-\underset{\underset{OH}{|}}{CH}-CH_3 \xrightarrow{K_2Cr_2O_7/H_2SO_4}$
>
> (4) $CH_3-CH_2-CH_2OH \xrightarrow{K_2Cr_2O_7/H_2SO_4}$

四、重要的醇

1. 甲醇

　　甲醇最初由木材干馏得到,故俗称木精或木醇。甲醇是一种无色、透明、有酒味的挥发性易燃液体,沸点为 64.7℃,可与水以任意比例互溶。甲醇有毒,若误服 10g,就会使眼睛失明;误服 25g,即可使人死亡。甲醇易燃、易爆,爆炸极限是 6.0%~36.5%(体积分数)。

　　甲醇是重要的有机化工原料,也是优良的有机溶剂,工业上主要用来合成甲醛、羧酸甲酯以及作为甲基化试剂和油漆的溶剂等。甲醇是合成有机玻璃、医药等产品的原料,还可作为无公害燃料加入汽油中或单独用作汽车、飞机的燃料。

2. 乙醇

　　乙醇,俗称酒精,是一种无色且有酒香味的易燃液体,沸点为 78.3℃。乙醇可以与水混溶,也能溶解多种有机物,是常用的有机溶剂。目前工业上主要用乙烯水合法生产乙醇,但以甘薯、谷物等的淀粉或糖蜜为原料的发酵法,在工业上依然被采用。

　　用无水硫酸铜或高锰酸钾晶体检验无水乙醇,若无水硫酸铜变蓝,即生成了 $CuSO_4 \cdot 5H_2O$,说明乙醇中有水;若高锰酸钾变为紫红色,也说明乙醇中有水,否则即"无水"。

　　乙醇不仅是常用的有机溶剂,还是重要的化工原料,可合成乙醛、三氯乙醛、氯仿、1,3-丁二烯等三百多种有机物。70%~75%(质量分数)乙醇的杀菌能力最强,在医药上可用作消毒剂和防腐剂。

　　为了防止廉价的工业酒精被人们用作饮用酒,常在工业酒精中加入少量有毒的甲醇或带有臭味的吡啶,这种酒精又称变性酒精。

3. 乙二醇

　　乙二醇是无色、味甜但有毒性的黏稠性液体,俗称"甜醇"或"甘醇"。乙二醇沸点为 197℃,相对密度为 1.113,能与水、低级醇、甘油、丙酮、乙酸、吡啶等混溶,微溶于乙醚,几乎不溶于石油醚、苯、卤代烃。

　　乙二醇是多元醇中最简单、工业上最重要的二元醇。目前工业上普遍采用环氧乙烷水合法制备乙二醇。

　　乙二醇本身是常用的高沸点溶剂,也是重要的化工原料,可用于制造树脂、增塑剂、合成纤维(涤纶),以及常用的其他高沸点溶剂二甘醇(一缩二乙二醇)、三甘醇(二缩三乙二醇)。60%乙二醇的凝固点为 -40℃,是很好的汽车水箱的防冻剂及飞机发动机的制冷剂。

4. 丙三醇

　　丙三醇,俗称甘油,是最重要的三元醇。甘油是一种无色、无臭、有甜味的黏稠性液体,沸点为 290℃,相对密度为 1.261,可以与水无限混溶,具有强烈的吸湿性,能吸收空气中的水分。

　　丙三醇以酯的形式广泛存在于自然界中,油脂的主要成分是丙三醇的高级脂肪酸酯。丙三醇最初是油脂水解制肥皂时的副产物,近代工业中主要由石油裂解气中的丙烯合成得到。

　　甘油是重要的有机原料,主要用来制醇酸树脂涂料和三硝酸甘油酯炸药,此外还广泛用于食品、化妆品、烟草、纺织、皮革、印刷等工业部门,用途非常广泛。

5. 苯甲醇

　　苯甲醇,又称苄醇,沸点为 205.35℃,相对密度为 1.046,微溶于水,溶于乙醇、甲醇、乙醚等有机溶剂，是最简单且最重要的芳醇。苯甲醇具有芳香气味，存在于茉莉等香精油中，工业上可由氯化苄碱性水解制备。

苯甲醇长期放置于空气中，可被氧化为苯甲醛。苯甲醇可合成香料或作为香料的溶剂和定香剂，也可用来制备药物。此外，由于苯甲醇具有微弱的麻醉性而且无毒，因此目前使用的青霉素稀释液中就含有 2% 的苯甲醇，以减少注射时的疼痛。

第二节　酚

芳香烃分子芳环上的氢被羟基取代时，得到的化合物称为酚，即酚为羟基与芳环直接相连的化合物。酚的通式为 Ar—OH，苯酚（ ⌬—OH ）是最简单的酚。

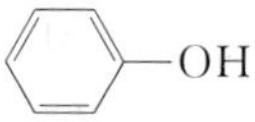

酚和醇结构中都含有羟基，为区别起见，醇分子中的羟基通称为醇羟基，酚分子中的羟基通称为酚羟基。

酚的结构和命名

一、酚的分类和命名

1. 酚的分类

按照酚分子中所含羟基的数目，酚可分为一元酚、二元酚、三元酚等，含两个以上羟基的酚称为多元酚。例如：

苯酚（一元酚）　　邻苯二酚（二元酚）　　1,3,5-苯三酚（三元酚）

2. 酚的命名

酚命名时，一般是在"酚"字前面加上芳烃的名称，称为某酚。编号时从与羟基相连的碳原子开始，其他基团作为取代基，将取代基的位次、数目和名称写在母体"某酚"前面。当芳环上连有—COOH、—SO₃H、—CO—等基团时，命名时则把酚羟基作为取代基。例如：

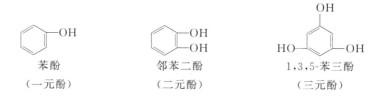

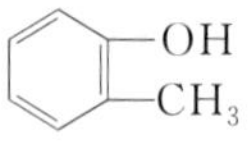

邻甲基苯酚 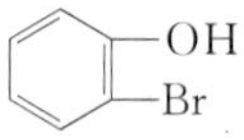　　邻溴苯酚 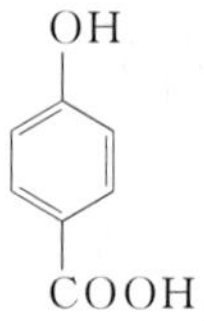　　对羟基苯甲酸

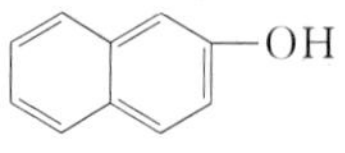

2-萘酚 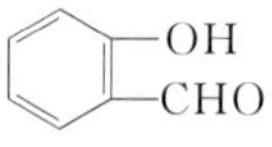　　邻羟基苯甲醛 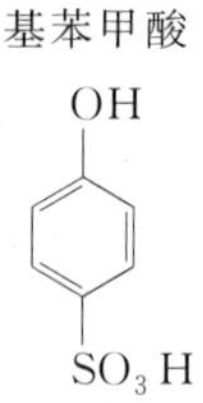　　对羟基苯磺酸

二、酚的物理性质

室温下,除少数烷基酚(如间甲苯酚)为高沸点液体外,大多数酚为无色晶体。酚在空气中易被氧化而呈粉红色、红色甚至褐色。

由于酚中也含有羟基,因此也能形成分子间氢键,故沸点和熔点比相近分子量的烃高。例如,苯酚(分子量为94)的熔点为43℃,沸点为182℃,而甲苯(分子量为92)的熔点为-95℃,沸点为111℃。酚中虽然含有羟基,但仅微溶或不溶于水,这是因为不溶于水的芳基在分子中占有较大的比例。酚在水中的溶解度,一般随羟基的增多而增大。酚能溶于乙醇、乙醚等有机溶剂。

酚的毒性很大,口服致死量是530mg·kg^{-1}(体重)。因此,化工生产和炼焦工业的含酚污水在排放前必须加以治理,按国家规定严格控制污水中酚的含量,否则将危害人体健康,破坏生态环境。

一些酚的物理常数见表9-2。

表9-2 一些酚的物理常数

名称	熔点/℃	沸点/℃	溶解度/[g·(100g)$^{-1}$]	pK_a(25℃)
苯酚	43	182	9.3	9.89
邻甲苯酚	30	191	2.5	10.2
间甲苯酚	11	201	2.3	10.17
对甲苯酚	35.5	201	2.6	10.01
邻硝基苯酚	44.5	214	0.2	7.23
间硝基苯酚	96	194(9.33kPa)	1.4	8.40
对硝基苯酚	114	279(分解)	1.6	7.15
2,4-二硝基苯酚	113	升华	0.56	4.00
2,4,6-三硝基苯酚	122	分解(300℃爆炸)	1.4	0.71
邻苯二酚	105	245	45.1	9.48
间苯二酚	110	281	123	9.44
对苯二酚	170	286	8	9.96
1,2,3-苯三酚	133	309	62	7.0
α-萘酚	94	279(升华)	难溶	9.31
β-萘酚	123	286	0.1	9.55

三、酚的化学性质

酚和醇分子中都含有极性的C—O键和O—H键,因此能发生类似的反应。但酚羟基与苯环直接相连,由于受到苯环的影响,O—H键极性增大,C—O键加强,在化学性质上显示出一定的差异,例如一方面其酸性比醇大,另一方面较难发生羟基被取代的反应等。苯环也受到羟基的影响,其邻、对位比较活泼,比相应芳烃易发生亲电取代反应。

苯酚是酚类中最简单且最重要的代表物,现以苯酚为代表,讨论酚的化学性质。

1. 酚羟基的反应

（1）**酚的酸性** 酚具有酸性，其酸性比醇、水强，但比碳酸弱。酚能溶于 NaOH 生成酚钠，但不能与碳酸钠反应。

$$\text{C}_6\text{H}_5\text{—OH} + \text{NaOH} \longrightarrow \text{C}_6\text{H}_5\text{—ONa} + \text{H}_2\text{O}$$

由于酚的酸性比碳酸弱，向酚钠的溶液中通入二氧化碳，即可使酚游离出来。

$$\text{C}_6\text{H}_5\text{—ONa} + \text{CO}_2 + \text{H}_2\text{O} \longrightarrow \text{C}_6\text{H}_5\text{—OH} + \text{NaHCO}_3$$

上述性质可用来区别及分离醇、酚和羧酸。醇不溶于 NaOH 稀溶液；酚不溶于 NaHCO$_3$ 稀溶液，而溶于 NaOH 稀溶液；羧酸溶于 NaHCO$_3$ 稀溶液。

反应应用

> 工业上从煤焦油中分离酚时，就是利用酚的弱酸性，用稀的氢氧化钠溶液处理焦油含酚馏分，使酚成钠盐溶于水，分离水层和油层。在水层加入硫酸或通入二氧化碳烟道，酚即析出。

酚的酸性与芳环上取代基的种类、数目、位置有关。大量实验事实表明，当酚的芳环上连有吸电子基（如硝基、卤原子等）时，其酸性增强，即酸性比苯酚强；当芳环上连有供电子基（如烷基、烷氧基等）时，酚的酸性减弱，即酸性比苯酚弱。

酸性强弱顺序如下：

对甲苯酚 < 苯酚 < 对硝基苯酚 < 2,4-二硝基苯酚 < 2,4,6-三硝基苯酚

（2）**与 FeCl$_3$ 的显色反应** 具有烯醇式结构（ —C=C—OH ）的化合物大多能与三氯化铁水溶液发生显色反应，生成有色配合物。因酚中含有烯醇式结构，也可与三氯化铁发生显色反应，不同结构的酚呈现出的颜色不同，可据此鉴别酚类。酚和三氯化铁呈现出的颜色如表 9-3 所示。

表 9-3　酚类化合物与三氯化铁呈现出的颜色

化合物	呈现出的颜色	化合物	呈现出的颜色
苯酚	紫色	间苯二酚	紫色
邻甲苯酚	蓝色	对苯二酚	暗绿色
间甲苯酚	蓝色	α-萘酚	紫
对甲苯酚	蓝色	β-萘酚	黄-绿
邻苯二酚	绿色	邻硝基苯酚	红-棕

> **反应应用**
>
> 利用酚与 $FeCl_3$ 的显色反应，可鉴别具有烯醇式结构的物质。

2. 芳环上的取代反应

羟基是强的邻、对位定位基，可使苯环活化。在酚羟基的邻、对位易发生卤代、硝化、磺化等取代反应。

(1) 卤代反应　苯酚与氯气反应时，无需铁粉催化，即可生成以对氯苯酚为主的一元取代苯酚。

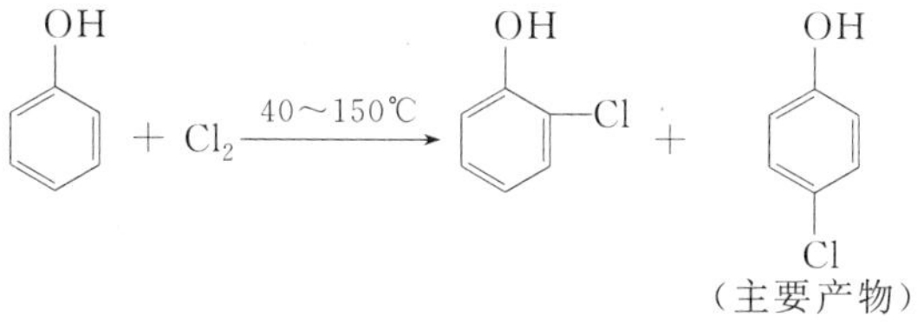

$$\text{C}_6\text{H}_5\text{OH} + Cl_2 \xrightarrow{40\sim150℃} \text{邻-氯苯酚} + \text{对-氯苯酚（主要产物）}$$

苯酚与 Br_2/CCl_4 稀溶液在低温下反应时，主要得到对溴苯酚。

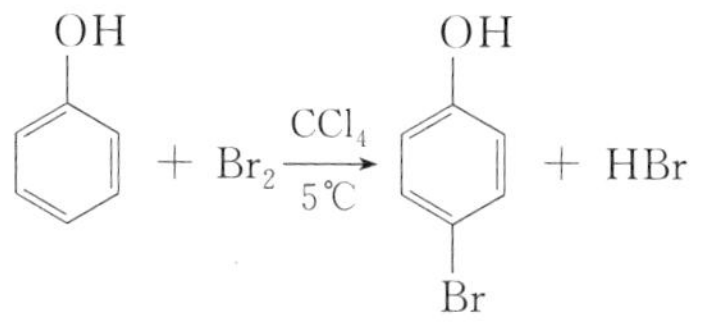

$$\text{C}_6\text{H}_5\text{OH} + Br_2 \xrightarrow[5℃]{CCl_4} \text{对-溴苯酚} + HBr$$

苯酚在常温下与溴水作用时，不需催化剂就会立即生成 2,4,6-三溴苯酚白色沉淀。

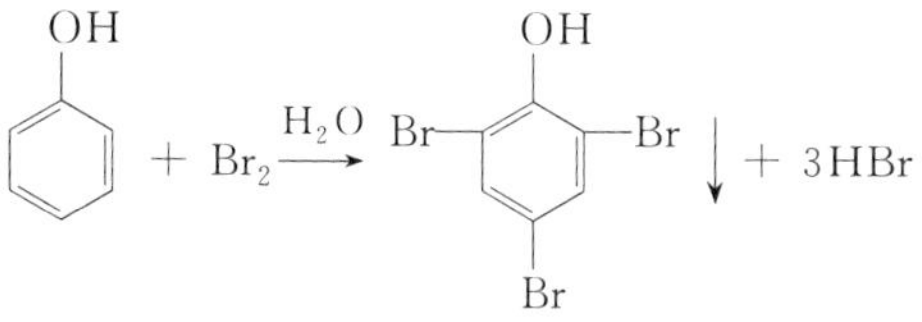

$$\text{C}_6\text{H}_5\text{OH} + Br_2 \xrightarrow{H_2O} \text{2,4,6-三溴苯酚} \downarrow + 3HBr$$

> **反应应用**
>
> 三溴苯酚的溶解度很小，很稀的苯酚溶液就能与溴水作用生成白色沉淀，反应灵敏，常用于酚的定性鉴别和定量测定。

(2) 硝化反应　在常温下，苯酚与 20% 稀硝酸作用便可生成邻硝基苯酚和对硝基苯酚的混合物。

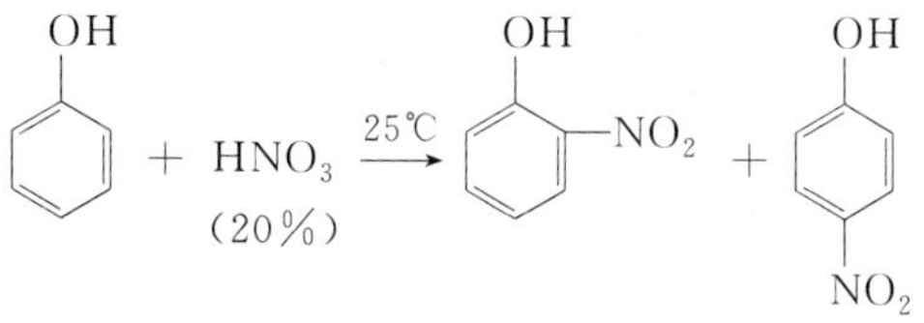

$$\text{C}_6\text{H}_5\text{OH} + HNO_3(20\%) \xrightarrow{25℃} \text{邻-硝基苯酚} + \text{对-硝基苯酚}$$

由于硝酸的氧化作用，反应产生大量焦油状酚的氧化副产物，直接硝化产率较低，无制备意义。因此，硝基苯酚宜由硝基氯苯水解制备。

（3）磺化反应　苯酚与浓硫酸作用时，随反应温度不同，可得到不同的取代产物。如果反应在室温下进行，则生成几乎等量的邻、对位取代产物；如果反应在较高温度（100℃）下进行，则主要产物是对位异构体。

$$\text{C}_6\text{H}_5\text{OH} \xrightarrow{98\% \text{ H}_2\text{SO}_4} \text{o-HOC}_6\text{H}_4\text{SO}_3\text{H} + \text{p-HOC}_6\text{H}_4\text{SO}_3\text{H}$$

（20℃）　　49%　　　51%
（100℃）　10%　　　90%

（4）烷基化反应　酚的傅-克烷基化反应通常以烯烃或醇为烷基化试剂，浓硫酸或磷酸作为催化剂，反应迅速生成二和三烷基化产物。例如：

$$\text{p-CH}_3\text{C}_6\text{H}_4\text{OH} + 2(\text{CH}_3)_2\text{C}=\text{CH}_2 \xrightarrow{\text{H}_2\text{SO}_4} \text{4-甲基-2,6-二叔丁基苯酚}$$

4-甲基-2,6-二叔丁基苯酚

 反应应用

> 4-甲基-2,6-二叔丁基苯酚是白色晶体，熔点为70℃，俗称二四六抗氧剂，可用作有机物的抗氧剂，也可用作食物防腐剂。

3. 氧化反应

酚类化合物非常容易被氧化，长期放置在空气中的苯酚，会慢慢从无色晶体变为粉红色、红色或深褐色物质，这种氧化称为自动氧化。如果用重铬酸钾硫酸溶液氧化苯酚，不仅酚羟基被氧化，同时对位上的氢也被氧化，得到黄色的对苯醌。

$$\text{C}_6\text{H}_5\text{OH} \xrightarrow{\text{K}_2\text{Cr}_2\text{O}_7/\text{H}_2\text{SO}_4} \text{对苯醌（黄色）}$$

对苯醌（黄色）

反应应用

> 利用某些酚的自动氧化，食品、石油、橡胶和塑料等工业常加入少量酚，以起到抗氧剂的作用。

四、重要的酚

1. 苯酚

苯酚具有弱酸性，俗称石炭酸，最初是从煤焦油中发现的。纯苯酚为具有特殊气味的无色针状结晶，熔点为43℃。苯酚钠易被氧化，在空气中放置时可逐渐被氧化而呈微红色，渐至深褐色。苯酚微溶于冷水而溶于热水，65℃以上时可与水无限混溶，易溶于乙醇、乙醚等有机溶剂。苯酚有腐蚀性，且有毒，能灼烧皮肤。苯酚及其衍生物是消毒剂和防腐剂的有效成分。

苯酚用途很广，其大量用于制造酚醛树脂（俗称电木）、环氧树脂、合成纤维（尼龙-6和尼龙-66）、药物、染料、炸药等，是有机合成的重要原料。

2. 甲苯酚

甲苯酚，俗称甲酚，通常为邻甲苯酚、间甲苯酚和对甲苯酚三种异构体的混合物，三种异构体都存在于煤焦油中。三种异构体的沸点相近，不易分离，工业上是用其混合物。甲酚有苯酚的气味，杀菌效力比苯酚强，毒性也较大。甲苯酚溶于水可杀灭细菌繁殖体和某些亲脂病毒，目前医药上使用的消毒剂"煤酚皂"（俗称"来苏儿"）溶液，就是含有47%～53%甲苯酚的肥皂水溶液。

甲苯酚在有机合成中是制备染料、炸药、农药、电木的原料，也可用作木材及铁路枕木的防腐剂。

3. 对苯二酚

对苯二酚，又称氢醌，熔点为170℃，为无色或浅灰色针状晶体，当温度稍低于其熔点时，易升华而不分解。对苯二酚溶于热水，也溶于乙醇、乙醚和氯仿等有机溶剂。对苯二酚有毒，可渗入皮肤引起中毒，蒸气可导致眼病，空气中的允许浓度为 $0.002 \sim 0.003 \text{mg} \cdot \text{L}^{-1}$。

对苯二酚极易氧化，是一个强还原剂，可用作显影剂、抗氧剂及高分子单体的阻聚剂、橡胶防老剂；在氮肥工业中作为催化脱硫剂。

课内练习

1. 写出下列反应的主要产物。

(1) 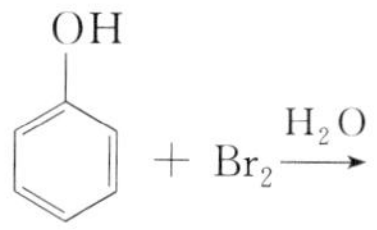 C₆H₅OH + Br₂ $\xrightarrow{H_2O}$

(2) C₆H₅OH $\xrightarrow[100℃]{98\% \ H_2SO_4}$

(3) C₆H₅OH $\xrightarrow{K_2Cr_2O_7/H_2SO_4}$

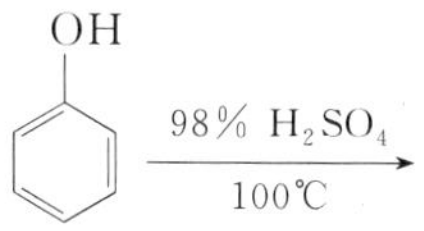

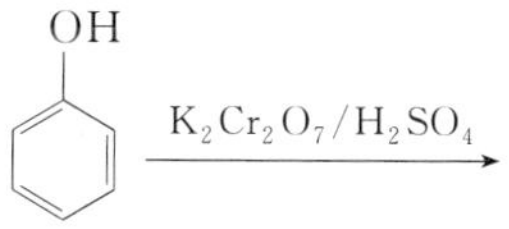

2. 指出下列试剂与苯酚有无反应，若有则写出反应方程式。
(1) 稀硝酸　　(2) 溴水　　(3) 乙酸　　(4) 碳酸氢钠
3. 比较下列化合物酸性的强弱。
(1) 乙醇　　(2) 苯酚　　(3) 对甲苯酚　　(4) 对硝基苯酚

第三节　醚

醚可看作是水分子中的两个氢原子都被烃基取代后得到的产物，醚的通式为 R—O—R′、R—O—Ar、Ar—O—Ar。C—O—C 称为醚键，是醚的官能团，是醚类化合物的结构特征。

一、醚的分类和命名

1. 醚的分类

醚分子中的氧原子与两个烃基相连，烃基可以是饱和烃基、不饱和烃基或芳基等。根据烃基结构的不同，醚可分为饱和醚、不饱和醚和芳醚。醚分子中两个烃基相同的为简单醚，简称单醚；两个烃基不同的为混合醚，简称混醚。两个烃基中有一个是不饱和的则称为不饱和醚；有一个是芳基的则称为芳醚。例如：

饱和醚：$CH_3CH_2OCH_2CH_3$　（单醚）　　$CH_3OCH_2CH_3$　（混醚）

不饱和醚：$CH_3OCH=CH_2$　（混醚）

芳醚：⌬—OCH₃　（混醚） 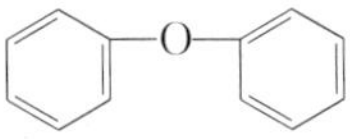　　⌬—O—⌬　（单醚）

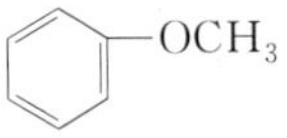

此外，醚分子中氧原子与烃基连接成环的，称为环醚。例如：

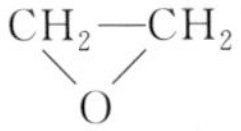

$$\underset{O}{CH_2{-}CH_2}$$

2. 醚的命名

(1) 普通命名法　醚的命名广泛采用普通命名法，即在"醚"字前冠以两个烃基的名称。单醚在烃基名称前加"二"，烃基是烷基时，往往把"二"字省去，单芳醚一般保留"二"字。

$CH_3CH_2OCH_2CH_3$　　　⌬—O—⌬
（二）乙醚　　　　　　　二苯醚

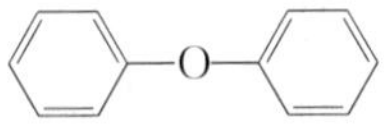

混醚命名时，小的烃基写在前，大的烃基写在后，最后加上"醚"字即可。若烃基中有一个是芳基，则将芳基名称写在前面。例如：

$CH_3OCH_2CH_3$　　　⌬—O—CH_2CH_3
甲乙醚　　　　　　苯乙醚

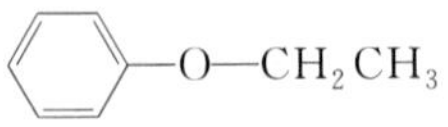

(2) 系统命名法　结构复杂的醚要用系统命名法命名。把与氧原子相连的较大烃基作为

母体,烷氧基作为取代基。例如:

$CH_3CH_2CH_2CH_2CHCH_3$
　　　　　　　　　$|$
　　　　　　　　　OCH_3

2-甲氧基己烷

$CH_3-CH-CH-CH-CH_3$
　　　$|$　　$|$　　$|$
　　CH_3 OCH_3 CH_3

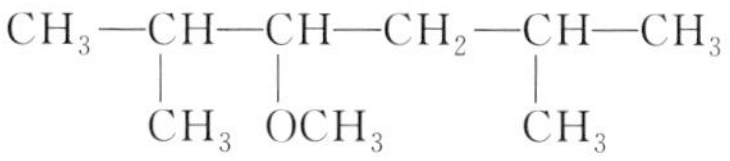

2,5-二甲基-3-甲氧基己烷

此外,环醚多用俗名,一般称环氧某烷,或按杂环化合物命名。例如:

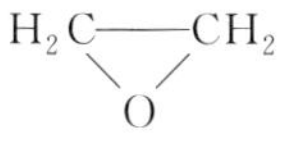

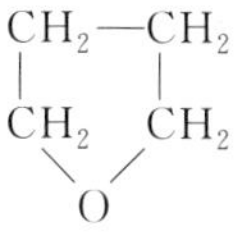

环氧乙烷 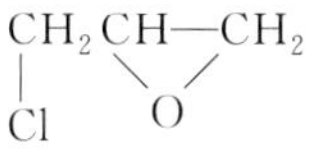　　3-氯-1,2-环氧丙烷　　1,4-环氧丁烷
　　　　　　　　(环氧氯丙烷)　　　　(四氢呋喃)

课内练习

命名下列化合物。

(1) CH_3OCH_3　　(2) 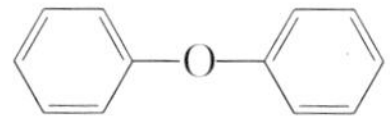 苯-O-苯　　(3) 苯-OCH_3

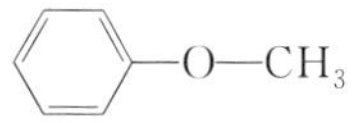

(4) CH_3OCH_3　　(5) $CH_3CH_2OCH_2CH_3$　　(6) 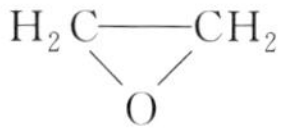 H_2C-CH_2 (环氧)

二、醚的物理性质

常温下,除甲醚、甲乙醚为气体外,大多数醚均为无色、有香味的易燃液体,相对密度小于1。低级醚的沸点比相同碳原子数的醇低得多,例如 $CH_3CH_2OCH_2CH_3$ 的沸点为34.6℃,$CH_3CH_2CH_2CH_2OH$ 的沸点为117.7℃。这是由于醚分子间不能形成氢键,无缔合现象所致。醚在水中的溶解度,与相同碳原子数的醇相近,例如,乙醚与丁醇在水中的溶解度相同,都是约8g/100g H_2O,原因是醚与醇一样,也可与水分子发生氢键缔合现象。

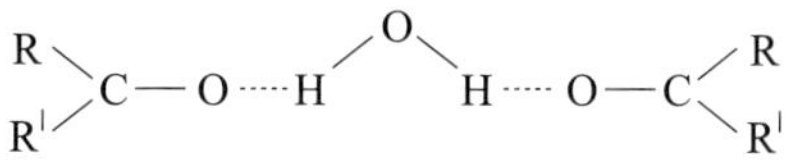

醚和水分子间氢键

醚一般微溶于水,易溶于有机溶剂,其本身也是一种常用的优良溶剂,可作为多种反应的溶剂。醚在常温下不与金属钠作用,因而可用金属钠干燥醚。一些醚的物理常数见表9-4。

表9-4　一些醚的物理常数

名称	结构简式	熔点/℃	沸点/℃	相对密度(d_4^{20})
甲醚	CH_3-O-CH_3	-142	-25	0.661
乙醚	$C_2H_5-O-C_2H_5$	-116	34.6	0.714
正丁醚	$C_4H_9-O-C_4H_9$	-98	141	0.769

续表

名称	结构简式	熔点/℃	沸点/℃	相对密度(d_4^{20})
二苯醚	$C_6H_5\text{—}O\text{—}C_6H_5$	27	259	1.027
苯甲醚	$C_6H_5\text{—}O\text{—}CH_3$	−37	154	0.994
环氧乙烷	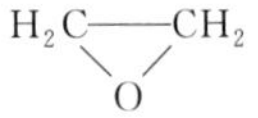 $H_2C\text{—}CH_2$ 下接 O (三元环)	−111	13.5	0.887

三、醚的化学性质

除环醚外，醚对于大多数碱、稀酸、氧化剂、还原剂都十分稳定，是一类相当不活泼的化合物，稳定性稍次于烷烃。但醚的稳定性是相对的，醚可与强酸反应生成𬭩盐，甚至可发生醚键的断裂。

1. 𬭩盐的生成

醚键氧原子上有孤对电子，常温下，醚可溶于强无机酸（如 HCl、H_2SO_4 等）中，生成𬭩盐。

$$R\ddot{O}R + H_2O \longrightarrow \left[\begin{array}{c}H\\R\ddot{O}R\end{array}\right]^+ Cl^-$$

$$R\ddot{O}R + H_2SO_4 \longrightarrow \left[\begin{array}{c}H\\R\ddot{O}R\end{array}\right]^+ HSO_4^-$$

醚的碱性很弱，生成的𬭩盐是强酸弱碱盐，仅在浓酸中稳定，用冰水稀释，立即分解为原来的醚。

$$\left[\begin{array}{c}H\\R\ddot{O}R\end{array}\right]^+ Cl^- + H_2O \longrightarrow ROR + H_3O^+ + Cl^-$$

注意，若冷却程度不够，则部分醚可水解生成醇。

✳ 反应应用

> 利用醚生成𬭩盐，加冰水后又分解为原来的醚的这种性质，可将醚从烷烃或卤代烃等混合物中分离出来。

2. 醚键的断裂

醚与强无机酸（如浓氢卤酸）共热时，醚的碳-氧键会发生断裂。氢碘酸是最有效且最常用的强酸，其次是氢溴酸。

烷氧键断裂后生成卤代烃和醇，若氢卤酸过量，则生成的醇可进一步与过量的氢卤酸作用转化为卤代烃。

混醚与 HI 反应时，一般较小的烷基生成卤代烃，较大的烷基生成醇。例如：

$$CH_3OCH_2CH_3 + HI \longrightarrow CH_3CH_2OH + CH_3I$$

带有芳基的混醚与 HI 反应时，一般生成卤代烃和酚，例如：

$$C_6H_5-OCH_3 + HI \xrightarrow{\triangle} CH_3I + C_6H_5-OH$$

注意，若醚的两个烃基都是芳基，则不能和浓的 HX 发生醚的碳-氧键的断裂反应。

3. 过氧化物的生成

低级醚和空气长时间接触时，会逐渐被氧化成过氧化物。过氧化物不易挥发，受热易爆炸，沸点又比醚高，因此在蒸馏醚时，切记不可蒸干，以免发生爆炸。

贮存过久的乙醚，在使用或蒸馏前，应检验是否有过氧化物存在，检验方法是：用淀粉碘化钾试纸试验，若试纸显蓝色，则证明存在过氧化物；或用硫酸亚铁与硫氰化钾（KSCN）溶液检验，如有血红色的配合离子 $[Fe(SCN)_6]^{3-}$ 生成，则证明存在过氧化物。贮存过久含有过氧化物的醚，一定要用 $FeSO_4$-H_2SO_4 水溶液洗涤后或用 Na_2SO_3 等还原剂处理后方能蒸馏。为避免过氧化物的生成，贮存时可在醚中加入少许金属钠。

四、重要的醚

1. 乙醚

乙醚是最重要、最常见的醚，可通过乙醇分子间脱水制备。制得的乙醚中混有少量乙醇和水，用固体无水氯化钙处理后，再用金属钠处理。

乙醚为无色、透明液体，沸点为 34.6℃，常温下易挥发，其蒸气密度大于空气。乙醚易燃、易爆，爆炸极限为 2.34%~36.15%（体积分数）。实验时，反应中逸出的乙醚要排出室外或引入下水道。在制备和使用乙醚时，要远离火源，严防事故发生。

乙醚比水轻，微溶于水，易溶于乙醇等有机溶剂。乙醚也能溶解许多有机物，如油脂、树脂、硝化纤维等，是常用的有机溶剂。乙醚蒸气具有麻醉性，纯乙醚在医药上用作麻醉剂。

工业上乙醚是由乙醇在浓硫酸中于 140℃下脱水制得的，也可以由乙醇与氧化铝高温气相催化脱水制得。

2. 环氧乙烷

环氧乙烷，也称氧化乙烯，是重要的有机合成原料，也是最简单且最重要的环醚。常温下，环氧乙烷是无色、有毒气体，沸点为 13.5℃，易液化；低温时为无色易流动的液体。环氧乙烷具有类似乙醚的气味，能与水以任意比例混溶，也溶于乙醇、乙醚等有机溶剂。利用其挥发性和灭菌能力，可作熏蒸剂，消毒、灭菌。环氧乙烷易燃、易爆，爆炸极限很宽，为 3%~80%（体积分数），使用时应注意安全！工业上用它作原料时，常用氮气预先清洗反应釜及管线，以排除空气，保障安全。环氧乙烷常贮存于钢瓶中。

环氧乙烷的化学性质与开链醚不同，它很活泼，在酸催化下，可与水、醇、氨、氢卤酸等多种含活泼氢的试剂作用，生成相应的双官能团化合物。除此之外，环氧乙烷还能与格氏试剂作用，用来制备比格氏试剂多两个碳原子的伯醇。

课内练习

完成下列方程式。

(1) 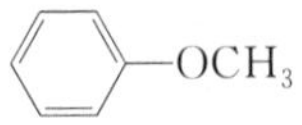 —OCH$_3$ + HI ⟶

(2) CH$_3$CH$_2$—OCH$_3$ + HI ⟶

拓展窗

乙醇汽油的发展历史

汽车是人类不可缺少的交通运输工具，一方面给人们的生活和工作带来了很大的便利。另一方面，汽车也带来了大气污染，也就是汽车尾气污染。汽车尾气中含有一氧化碳、一氧化氮和其他一些固体颗粒，会对人体造成很大的危害。目前，人们也逐渐认识到了汽车尾气的危害性。

有关专家想到了一种替代能源措施，即用乙醇调配汽油。乙醇汽油是一种新型清洁燃料，是目前世界上可再生能源的发展重点。乙醇汽油在不影响汽车行驶性能的前提下，还可改善油品的性能和质量，降低一氧化碳、烃类等主要污染物的排放。

乙醇汽油在我国的发展还不成熟，而这种技术在国外已经比较成熟了，如巴西的乙醇汽油大约占该国汽油消耗量的1/3；美国列居第二位。乙醇汽油作为一种环保产品，相信将在清洁能源这一巨大的潜在市场中扮演重要的角色，终将成为汽油和柴油的替代品。

本章小结

一、醇、酚、醚的命名

1. 醇的命名原则

① 选主链　选一条连有羟基所连碳原子在内的最长碳链作为主链（母体），命名为"某醇"；

② 编号　从靠近羟基的碳一端开始编号；

③ 命名　先写取代基的位次、数目和名称，然后写母体醇的位次和名称。

2. 酚的命名原则

酚命名时一般是在芳烃的名称后面加上"酚"字即可。

3. 醚的命名原则

脂肪混合醚命名时，小的烃基在前，大的烃基在后；芳香混合醚命名时，芳烃基在前，脂肪烃基在后。

二、醇、酚的酸性

酚的酸性比醇强，但比碳酸弱。当酚羟基的邻、对位上连有吸电子原子或基团时，其酸性增强；连有供电子基团时，其酸性减弱。

三、醇、酚、醚的化学性质

1. 醇的化学性质

醇分子易发生反应的部位如下图所示：

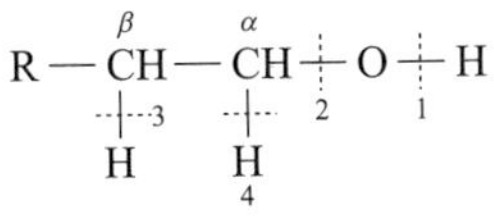

$$\text{R}-\underset{\underset{H}{|}}{\overset{\beta}{\text{CH}}}-\underset{\underset{H}{|}}{\overset{\alpha}{\text{CH}}}-\text{O}-\text{H}$$

1. O—H断裂，与活泼金属反应；
2. C—O断裂，羟基被取代；
3. C—O和β C—H同时断裂，发生消除反应；
4. α-H被氧化。

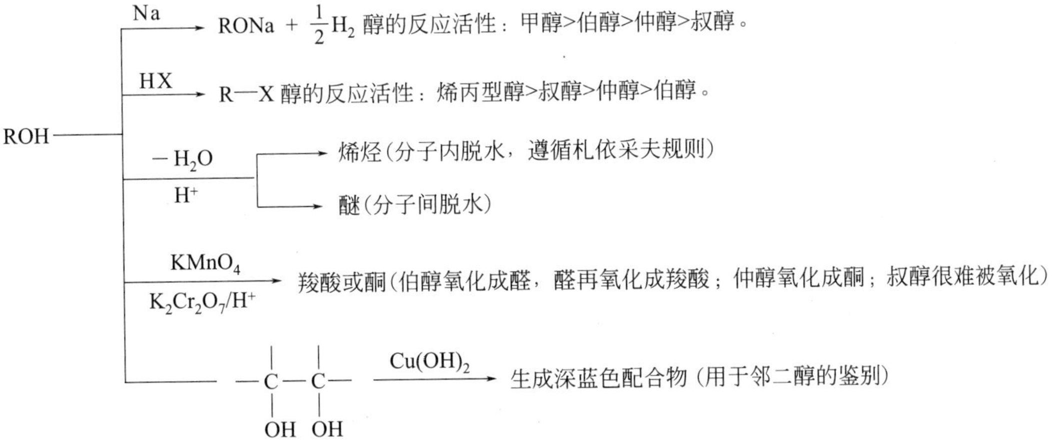

ROH 的反应：
- Na → RONa + $\frac{1}{2}$H$_2$ 　 醇的反应活性：甲醇>伯醇>仲醇>叔醇。
- HX → R—X 　 醇的反应活性：烯丙型醇>叔醇>仲醇>伯醇。
- −H$_2$O / H$^+$ → 烯烃（分子内脱水，遵循札依采夫规则）
           → 醚（分子间脱水）
- KMnO$_4$ / K$_2$Cr$_2$O$_7$/H$^+$ → 羧酸或酮（伯醇氧化成醛，醛再氧化成羧酸；仲醇氧化成酮；叔醇很难被氧化）
- 邻二醇 —C(OH)—C(OH)— + Cu(OH)$_2$ → 生成深蓝色配合物（用于邻二醇的鉴别）

2. 酚的化学性质

酚类的化学性质，主要反应归纳如下：

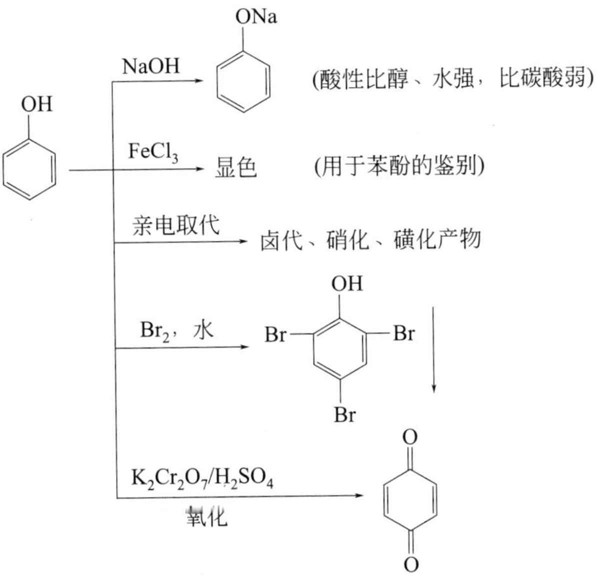

苯酚（C$_6$H$_5$OH）的反应：
- NaOH → C$_6$H$_5$ONa　（酸性比醇、水强，比碳酸弱）
- FeCl$_3$ → 显色　（用于苯酚的鉴别）
- 亲电取代 → 卤代、硝化、磺化产物
- Br$_2$，水 → 2,4,6-三溴苯酚↓
- K$_2$Cr$_2$O$_7$/H$_2$SO$_4$ 氧化 → 对苯醌

3. 醚的化学性质

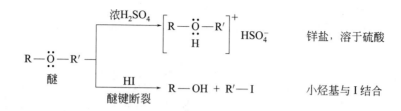

注意：①芳基烷基醚生成碘代烷和酚；
②若醚的两个烃基都是芳基，则不能和浓 HX 发生醚中碳-氧键断裂的反应。

 习题

一、单选题

(1) 下列化合物中酸性最强的是（   ）。
   A. 对甲苯酚   B. 苯酚   C. 对硝基苯酚   D. 2,4,6-三硝基苯酚

(2) 下面可用来鉴别 1-丁醇、2-丁醇和叔丁醇的试剂是（   ）。
   A. 卢卡斯试剂   B. 溴水   C. $KMnO_4/H^+$ 溶液   D. $AgNO_3$ 的醇溶液

(3) 下列化合物中沸点最高的是（   ）。
   A. $CH_3CH_2CH_3$ B. $CH_3CH(OH)CH_3$
   C. $HOCH_2CH(OH)CH_3$ D. $HOCH_2CH(OH)CH_2OH$

(4) 下列化合物中不能使酸性高锰酸钾溶液褪色的是（   ）。
   A. 乙苯   B. 1-丁醇   C. 叔丁醇   D. 对甲苯酚

(5) 下列化合物中不与 $FeCl_3$ 发生显色反应的是（   ）。
   A. CH_3—O—⌬—OH   B. CH_2=CHOH
   C. ⌬—CH_2OH D. Br—⌬—OH

二、用系统命名法命名下列化合物

(1) $CH_3(CH_2)_4CH_2OH$ (2) $(CH_3)_3COH$
(3) $HOCH_2CH_2OH$ (4) $(CH_3)_2CHCH_3$
                                          $\quad\quad\quad\quad\;\;OH$
(5) $CH_3CH_2CH_2CH_2CHCH_2OH$ (6) 2,4-二氯苯酚结构
              $|$
              $CH=CH_2$
(7) 2-异丙基-4,6-二硝基苯酚结构   (8) 间苯二酚结构

(9) $CH_3CH_2CHCH_2CH_2OH$
        $|$
       OCH_3

(10) CH_3-O-CH_3

(11) $CH_3-O-CHCH_3$
              $|$
             CH_3

(12) $CH_3-\underset{}{\bigcirc}-O-CH_2CH_3$

三、写出下列化合物的构造式

(1) 异丁醇
(2) 苄醇
(3) 乙醇
(4) 2-丁烯-1-醇
(5) 2,4,6-三硝基苯酚
(6) 对甲氧基苯酚
(7) 2,6-二叔丁基-4-硝基苯酚
(8) 甲乙醚
(9) 乙醚
(10) 甘油

四、比较下列化合物的水溶性

(1) $CH_3CH_2CH_2OH$
(2) CH_2OHCH_2OH
(3) $CH_3OCH_2CH_3$
(4) $CH_3CH_2CH_2Cl$

五、写出异丙醇分别与下列试剂作用的化学反应式

(1) Na
(2) HBr
(3) H_2SO_4，170℃
(4) H_2SO_4，140℃
(5) Cu（加热）
(6) $K_2Cr_2O_7/H_2SO_4$

六、写出苯酚分别与下列试剂作用的反应方程式

(1) Br_2，水
(2) NaOH
(3) 浓 H_2SO_4，25℃
(4) 浓 H_2SO_4，100℃
(5) HNO_3（稀）
(6) $K_2Cr_2O_7/H_2SO_4$

七、完成下列反应式

(1) $CH_3\underset{\underset{OH}{|}}{\overset{\overset{CH_3}{|}}{CH}}CHCH_3 \xrightarrow[170℃]{H_2SO_4}$

(2) $CH_3CH_2OH \xrightarrow[140℃]{H_2SO_4}$

(3) $CH_3-\underset{\underset{OH}{|}}{CH}-CH_2CH_3 \xrightarrow{K_2Cr_2O_7/H_2SO_4}$

(4) $CH_3-\underset{\underset{CH_3}{|}}{CH}-CH_2OH \xrightarrow{K_2Cr_2O_7/H_2SO_4}$

(5) $CH_3-\bigcirc-O-CH_3 + HI \longrightarrow$

八、试把下列两组化合物按其酸性由强至弱的顺序排列

(1) 苯酚　乙醇　碳酸

(2) 苯酚，对甲基苯酚，对硝基苯酚

九、用化学方法鉴别下列各组化合物

(1) 苯酚　　邻甲苯酚　　邻苯二酚

(2) 苯甲醚　　苯酚　　苄醇

(3) $CH_3CH_2CH_2CH_2OH$　　$CH_3CH(OH)CH_2CH_3$　　$(CH_3)_3COH$

十、
有 A、B 两种液体化合物，其分子式都是 $C_4H_{10}O$，在室温下分别与卢卡斯试剂作用时，A 能迅速地生成 2-甲基-2-氯丙烷，B 却不能发生反应；当分别与浓的氢碘酸充分作用时，A 生成 2-甲基-2-碘丙烷，B 生成碘乙烷。试写出 A 和 B 的构造式，并写出有关反应方程式。

十一、
某醇依次与下列试剂反应（1）HBr；（2）KOH（醇溶液）；（3）H_2O（H_2SO_4）；（4）$K_2Cr_2O_7$/H_2SO_4，最终产物是 2-戊酮，试推测醇的结构并写出有关的反应方程式。

第十章
醛和酮

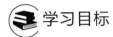 学习目标

1. 掌握醛、酮的分类和命名；
2. 理解醛、酮的结构与化学性质的关系；
3. 掌握醛、酮重要的化学性质。

案例导入

甲醛用途非常广泛，在化学工业上用于生产聚甲醛（POM），聚甲醛又称"赛钢"，因其性能优良，在工业机械、汽车制造、电子电器等诸多工业领域都有广泛应用；在木材工业，由甲醛与尿素按一定摩尔比混合反应生成脲醛树脂，由甲醛与苯酚按一定摩尔比混合反应生成酚醛树脂；在纺织产业，在助剂中添加甲醛，可使服装面料达到防皱、防缩、阻燃等目的，使印花、染色的耐久性增强，手感也得到改善，纯棉纺织品因容易起皱，更需要含甲醛的助剂；防腐溶液是甲醛的水溶液，俗称福尔马林，具有防腐、杀菌性能，可用来浸制生物标本，给种子消毒等。

甲醛虽然用途广泛，但使用必须限量。若装修房子用的材料或购买的家具中甲醛含量超标，则会引起人体肝肾损伤，皮肤过敏等。若短期接触高浓度的甲醛，轻者有视物模糊、头晕头痛、乏力等症状，重者可出现喉水肿、肺水肿或支气管哮喘。含有甲醛的纺织品，会逐渐释放出游离甲醛，通过人体呼吸道及皮肤接触引发呼吸道炎症和皮肤炎症，还会对眼睛产生刺激。甲醛能引发过敏，还可诱发癌症。厂家使用的含甲醛的染色助剂，特别是一些生产厂家为降低成本，使用的甲醛含量极高的廉价助剂，对人体十分有害。

醛、酮分子中都含有官能团羰基 $-\overset{O}{\underset{\|}{C}}-$，因此统称为羰基化合物。羰基与一个氢原子相连的化合物称为醛，其官能团为醛基—CHO，醛的通式为：$(Ar)R-\overset{O}{\underset{\|}{C}}-H$；羰基与两个烃基相连的化合物称为酮，酮的通式为：$(Ar)R-\overset{O}{\underset{\|}{C}}-R'(Ar')$。

第一节　醛、酮的结构及分类和命名

一、醛、酮的结构

羰基碳原子以 sp^2 杂化状态参与成键，三个 sp^2 杂化轨道分别与氧和其他两个原子形成三个 σ 键，三个 σ 键处于同一平面上，键角近似为 120°；而碳原子未参与杂化的 p 轨道与氧原子的 p 轨道侧面重叠交盖形成 π 键，因此碳-氧双键是由一个 σ 键和一个 π 键形成的。在碳-氧双键中，由于氧的电负性大，成键电子云偏向氧，使得氧带部分负电荷，而碳带部分正电荷（图 10-1）。

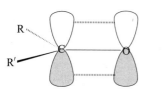

图 10-1　羰基的结构

二、醛、酮的分类

根据羰基所连烃基的不同，醛、酮分为脂肪族醛、酮和芳香族醛、酮两类。例如：

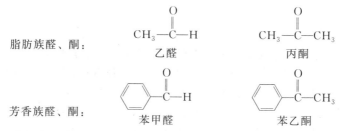

根据烃基是否含不饱和键，醛、酮可分为饱和醛、酮和不饱和醛、酮，例如：

$$CH_3-\overset{O}{\underset{\|}{C}}-H \qquad CH_2=CHCHO$$
乙醛（饱和醛）　　　　丙烯醛（不饱和醛）

$$CH_3\overset{O}{\underset{\|}{C}}CH_3 \qquad CH_3\overset{O}{\underset{\|}{C}}CH_2CH=CH_2$$
丙酮（饱和酮）　　　　4-戊烯-2-酮（不饱和酮）

三、醛、酮的命名

1. 普通命名法

简单的醛、酮多采用普通命名法。简单脂肪族醛的命名类似于醇，按照所含碳原子数称为某醛。例如：

$$HCHO \qquad CH_3CHO \qquad CH_3CH_2CHO$$
甲醛　　　　乙醛　　　　丙醛

简单酮可根据羰基连有的两个烃基命名，注意简单烃基放在前面，较复杂烃基放在后面，最后加"甲酮"，"基"和"甲"可省去。带有芳基的混合酮要把芳基写在前面。例如：

$$\underset{\substack{\text{二甲基甲酮}\\\text{(二甲酮)}}}{CH_3-\overset{O}{\underset{\|}{C}}-CH_3} \qquad \underset{\substack{\text{甲基乙基甲酮}\\\text{(甲乙酮)}}}{CH_3-\overset{O}{\underset{\|}{C}}-CH_2CH_3} \qquad \underset{\text{苯基乙基酮}}{C_6H_5-\overset{O}{\underset{\|}{C}}-CH_2CH_3}$$

有些醛常用俗名命名，由相应酸的命名而来，例如：

$$\underset{\text{蚁醛}}{H-\overset{O}{\underset{\|}{C}}-H} \qquad \underset{\text{月桂醛}}{CH_3(CH_2)_{10}CHO} \qquad \underset{\text{水杨醛}}{\text{邻-CHO, OH 苯}} \qquad \underset{\text{肉桂醛}}{C_6H_5CH=CHCHO}$$

2. 系统命名法

结构复杂的醛、酮则采用系统命名法：选择含有羰基的最长碳链作为主链，从靠近羰基的一端开始给主链上的碳原子编号，然后把取代基的位次、数目和名称写在醛或酮母体的前面。由于醛基总在碳链一端，因此位次总是"1"，不需注明其羰基的位次；酮命名时，必须标明其羰基的位次。

取代基的位次除了用阿拉伯数字1、2、3…表示外，也可用希腊字母 α、β、γ…表示，与羰基官能团直接相连的碳原子为 α-C，依此类推为 β-、γ-…C。例如：

$$\underset{\substack{\text{3-甲基丁醛}\\\text{(β-甲基丁醛)}}}{\overset{4}{C}H_3\overset{3}{C}H\overset{2}{C}H_2\overset{1}{C}HO} \qquad \underset{\substack{\text{2-甲基-3-戊酮}\\\text{(α-甲基-3-戊酮)}}}{\overset{1}{C}H_3\overset{2}{C}H\overset{3}{\underset{\|}{C}}\overset{4}{C}H_2\overset{5}{C}H_3}$$
$$\underset{CH_3}{} \qquad \underset{CH_3}{}$$

不饱和醛、酮命名时应选择含有羰基和不饱和键在内的最长碳链作为主链，从靠近羰基的一端开始编号，并标明不饱和键的位次，命名为"某烯醛"或"某烯酮"。例如：

$$\underset{\text{2-甲基-2-丁烯醛}}{\overset{4}{C}H_3\overset{3}{C}H=\overset{2}{C}\overset{1}{C}HO} \qquad \underset{\text{4-己烯-2-酮}}{\overset{1}{C}H_3\overset{2}{\underset{\|}{C}}\overset{3}{C}H_2\overset{4}{C}H=\overset{5}{C}H\overset{6}{C}H_3}$$
$$\underset{CH_3}{}$$

芳香族醛、酮命名时，把芳基作为取代基，例如：

$$\underset{\text{苯甲醛}}{C_6H_5-CHO} \qquad \underset{\text{苯乙酮}}{C_6H_5-\overset{O}{\underset{\|}{C}}-CH_3} \qquad \underset{\text{3-苯基丙烯醛}}{C_6H_5\overset{3}{C}H=\overset{2}{C}H\overset{1}{C}HO}$$

课内练习

1. 命名下列化合物。

(1) $CH_3\underset{\underset{CH_3}{|}}{C}HCH_2\underset{\underset{CH_3}{|}}{C}HCHO$ (2) $CH_3\overset{O}{\underset{\|}{C}}CH_2\underset{\underset{CH_3}{|}}{C}HCH_3$ (3) $CH_3CH_2\overset{O}{\underset{\|}{C}}CH_3$

(4) 苯-C(CH₃)₂-CHO (5) 苯-CO-CH₃ (6) 苯-CH(CH₃)-CH₂CHO

2. 写出下列化合物的构造式。
(1) 2-甲基戊醛　　　(2) 苯乙酮　　　(3) 2-苯基丁醛
(4) 3-甲基-2-戊酮　　(5) 水杨醛　　　(6) 苯甲醛

第二节　醛、酮的物理性质

室温下，除甲醛是气体外，分子中含有 12 及以下个碳原子的脂肪醛是液体，高级的醛、酮是固体。一般，低级醛、酮具有刺激性的气味，而一些高级醛、酮则具有香味，常用于香料工业。

醛、酮分子中的羰基具有极性，因此分子具有较大的极性，导致醛、酮的沸点比相近分子量的烃类和醚类高。但由于羰基分子间不能形成氢键，因此沸点较相近分子量的醇低。

醛、酮分子之间不能形成氢键，醛、酮分子羰基中的氧原子却可以和水分子形成氢键。因此低级醛、酮能溶于水，例如乙醛和丙酮能与水混溶。但随着醛、酮分子中碳原子数的增加，其在水中的溶解度逐渐降低，乃至变为不溶。6 个碳原子以上的醛、酮不溶于水但可溶于有机溶剂，因此常用作有机溶剂。一些常见醛、酮的物理常数如表 10-1 所示。

表 10-1　常见醛、酮的物理常数

名称	熔点/℃	沸点/℃	溶解度/[g·(100g)$^{-1}$]
甲醛	−92	−21	55
乙醛	−121	20	∞
丙醛	−81	49	16
正丁醛	−99	76	7
正戊醛	−91	103	1.35
苯甲醛	−26	179	0.33
丙酮	−95	56	∞
丁酮	−86	79.6	35.3
2-戊酮	−77.8	102	24.0
3-戊酮	−42	102	4.7
苯乙酮	19.7	202	0.55

第三节　醛、酮的化学性质

羰基中氧原子的电负性较大，吸电子能力强，电子云偏向氧原子，使得氧原子带有部分负电荷，而碳原子则带有部分正电荷，因此羰基是极性基团。分析醛、酮的结构不难发现：带有部分正电荷的碳原子易受亲核试剂的进攻而发生亲核加成；受羰基影响，与羰基直接相连的 α-H 比较活泼；醛基比较容易被氧化。因此，醛和酮主要发生以下三类反应：羰基的亲核加成和还原反应，α-H 键的断裂和醛氢的氧化反应。

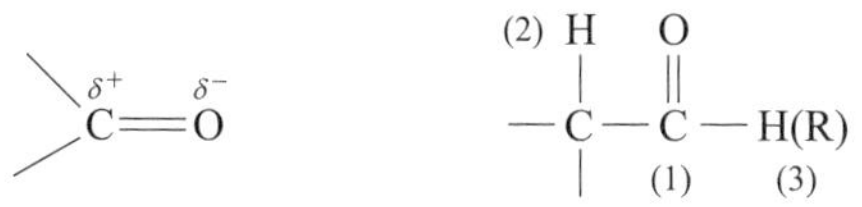

(1) 羰基的亲核加成和还原反应
(2) α-H 的反应
(3) 醛氢的氧化反应

一、醛、酮的亲核加成

羰基的亲核加成

1. 与氢氰酸加成

醛、脂肪族甲基酮及 8 个碳原子以下的环酮可与氢氰酸（有剧毒，易挥发）发生亲核加成，生成 α-羟基腈，又叫做 α-氰醇。加碱可催化此反应，而加酸则使反应速率明显变慢。因氢氰酸本身为弱酸，加酸使得 CN^- 的浓度降低，而加碱则使得 CN^- 的浓度升高。该反应产物比原来的醛、酮多了一个碳原子，因此其是有机合成中增长碳链的方法之一。

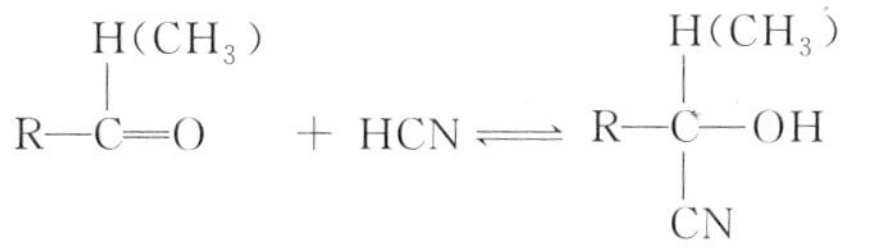

生成的 α-羟基腈比较活泼，可在酸性条件下进一步水解得到 α-羟基酸。

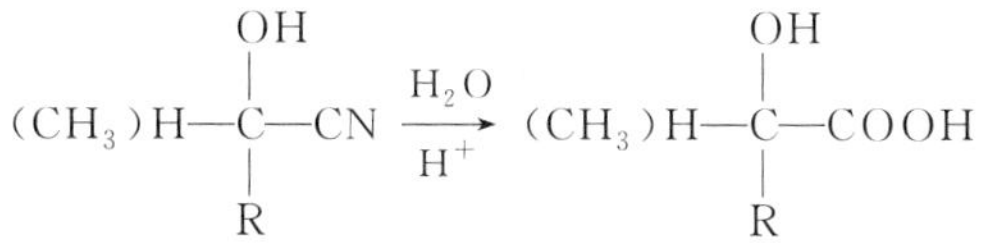

反应应用

通过丙酮和氢氰酸的加成反应制备 2-甲基-2-羟基丙腈，该物质是合成有机玻璃单体 α-甲基丙烯酸甲酯的中间体，也可用于制备甲基丙烯酸甲酯等。

2. 与亚硫酸氢钠加成

醛、脂肪族甲基酮及 8 个碳原子以下的环酮，可与饱和亚硫酸氢钠溶液发生加成反应，生成无色晶体 α-羟基磺酸钠。

$$\text{R-}\underset{\underset{\text{H(CH}_3)}{|}}{\text{C}}\text{=O} + \text{NaHSO}_3 \rightleftharpoons \text{R-}\underset{\underset{\text{SO}_3\text{Na}}{|}}{\overset{\overset{\text{H(CH}_3)}{|}}{\text{C}}}\text{-OH}\downarrow$$

α-羟基磺酸钠

因生成的 α-羟基磺酸钠不溶于饱和亚硫酸氢钠溶液而析出无色结晶，可用于鉴别醛和某些酮。此反应为可逆反应，产物 α-羟基磺酸钠遇到稀酸或稀碱又可分解为原来的醛和酮，因此该反应可用于分离、提纯醛和某些酮。

$$\text{R-}\underset{\underset{\text{SO}_3\text{Na}}{|}}{\overset{\overset{\text{H(CH}_3)}{|}}{\text{C}}}\text{-OH} \begin{array}{c} \xrightarrow{\text{稀HCl}} \\ \\ \xrightarrow{\text{稀Na}_2\text{CO}_3} \end{array} \begin{array}{l} \text{R-}\underset{}{\overset{\overset{\text{H(CH}_3)}{|}}{\text{C}}}\text{=O} + \text{SO}_2\uparrow + \text{NaCl} + \text{H}_2\text{O} \\ \\ \text{R-}\underset{}{\overset{\overset{\text{H(CH}_3)}{|}}{\text{C}}}\text{=O} + \text{CO}_2\uparrow + \text{Na}_2\text{SO}_3 + \text{H}_2\text{O} \end{array}$$

反应应用

> 因醛、脂肪族甲基酮及 8 个碳原子以下的环酮，可与饱和亚硫酸氢钠溶液反应生成白色结晶，因此可利用此现象鉴别、分离、提纯醛、酮。

课内练习

> 采用化学方法鉴别下列各组化合物。
> （1）丙醛和 3-戊酮　　　　（2）2-戊酮和 3-戊酮

3. 与醇加成

在干燥 HCl 气体催化下，醛可以和醇发生加成反应，生成半缩醛；半缩醛不稳定，继续和一分子醇反应，失去一分子水，生成缩醛。

$$\text{R-}\overset{\overset{\text{H}}{|}}{\text{C}}\text{=O} + \text{R'OH} \underset{}{\overset{\text{HCl(气)}}{\rightleftharpoons}} \text{R-}\underset{\underset{\text{OR'}}{|}}{\overset{\overset{\text{H}}{|}}{\text{C}}}\text{-OH} \xrightarrow[\text{HCl(气)}]{\text{R'OH}} \text{R-}\underset{\underset{\text{OR'}}{|}}{\overset{\overset{\text{H}}{|}}{\text{C}}}\text{-OR'} + \text{H}_2\text{O}$$

半缩醛(不稳定)　　缩醛(稳定)

缩醛对碱、氧化剂和还原剂稳定，但在稀酸溶液中可水解为原来的醛。在有机合成中常利用此性质保护醛基，即先将醛变为缩醛，再进行其他基团的转化反应，最后再利用缩醛的水解变为原来的醛基。

$$\text{R-}\underset{\underset{\text{OR'}}{|}}{\overset{\overset{\text{H}}{|}}{\text{C}}}\text{-OR'} \xrightarrow{\text{H}_2\text{O,H}^+} \text{R-}\overset{\overset{\text{H}}{|}}{\text{C}}\text{=O} + 2\text{R'OH}$$

酮在催化剂作用下也可生成半缩酮和缩酮，但反应比较困难。

反应应用

有机合成中，与醇的加成反应常用于保护醛基。

课内练习

以丙烯醛为原料合成 2,3-二羟基丙醛。

4. 与格氏试剂加成

醛、酮可与格氏试剂（格利雅试剂）发生亲核加成反应，加成产物再水解时可制得不同种类的醇，这是合成醇的一个重要方法。此反应也是一种增碳反应，所增加的碳个数取决于格氏试剂中烃基的碳原子数。

$$\overset{\delta^+}{\underset{}{>}}\!\!C\!\!=\!\!\overset{\delta^-}{O} + \overset{\delta^-}{R}\!\!-\!\!\overset{\delta^+}{MgX} \xrightarrow{\text{干醚}} R\!-\!\overset{|}{\underset{|}{C}}\!-\!OMgX \xrightarrow[H^+]{H_2O} R\!-\!\overset{|}{\underset{|}{C}}\!-\!OH$$

甲醛与格氏试剂反应生成伯醇。例如：

$$HCHO + RMgX \xrightarrow{\text{干醚}} RCH_2OMgX \xrightarrow{H_2O, H^+} RCH_2OH$$

其他醛与格氏试剂反应生成仲醇。例如：

$$CH_3CHO + RMgX \xrightarrow{\text{干醚}} \underset{OMgX}{CH_3\overset{|}{C}HR} \xrightarrow{H_2O, H^+} \underset{OH}{CH_3\overset{|}{C}HR}$$

酮与格氏试剂反应生成叔醇。例如：

$$\underset{}{CH_3\overset{O}{\overset{\|}{C}}CH_3} + RMgX \xrightarrow{\text{干醚}} \underset{R}{CH_3\overset{OMgX}{\overset{|}{C}}CH_3} \xrightarrow{H_2O, H^+} \underset{R}{CH_3\overset{OH}{\overset{|}{C}}CH_3}$$

反应应用

与格氏试剂的反应可制备伯醇、仲醇和叔醇，也可用于有机合成中以增长碳链。

课内练习

用格氏试剂和醛、酮反应合成下列化合物，醛、酮自选。

（1）$CH_3CH_2CH_2OH$ 　　（2）$CH_3CH_2\underset{CH_3}{\overset{OH}{\overset{|}{C}}}CH_3$

5. 与氨的衍生物加成

氨的衍生物是指氨分子中氢原子被其他基团取代后的产物，例如羟胺（H_2N-OH）、肼（H_2N-NH_2）、苯肼（$C_6H_5-NH-NH_2$）、2,4-二硝基苯肼等。醛或酮与氨的衍生物发生缩合反应时，脱去一分子水，生成含有碳-氮双键（$C=N$）的化合物。其反应通式如下：

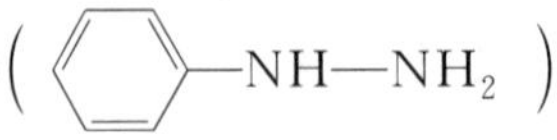

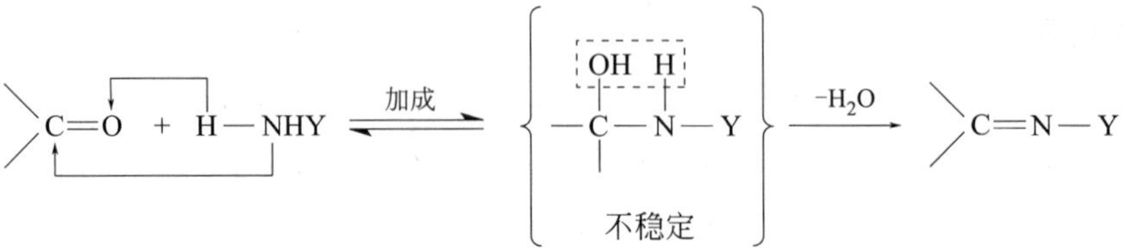

$$>C=O + H-NHY \xrightleftharpoons{\text{加成}} \left\{ \begin{array}{c} OH \; H \\ | \quad | \\ -C-N-Y \\ \text{不稳定} \end{array} \right\} \xrightarrow{-H_2O} >C=N-Y$$

式中，Y = $-OH$，$-NH_2$，$-NH-C_6H_5$，$-NH-C_6H_3(NO_2)_2$。具体反应如下：

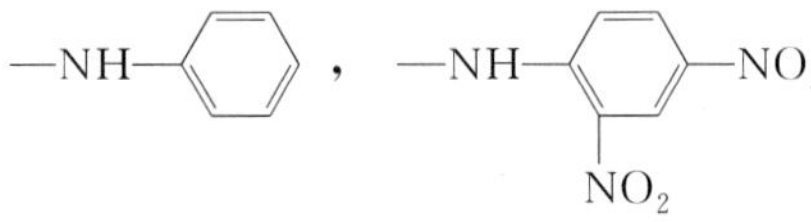

$$>C=O + \begin{cases} H_2N-OH \\ H_2N-NH_2 \\ H_2N-NH-C_6H_5 \\ H_2N-NH-C_6H_3(NO_2)_2 \end{cases} \longrightarrow \begin{cases} >C=N-OH \quad \text{肟} \\ >C=N-NH_2 \quad \text{腙} \\ >C=N-NH-C_6H_5 \quad \text{苯腙} \\ >C=N-NH-C_6H_3(NO_2)_2 \quad \text{2,4-二硝基苯腙} \end{cases}$$

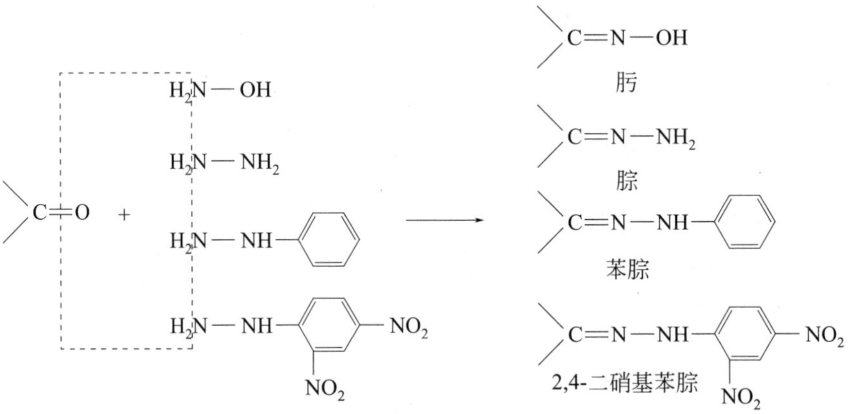

反应生成的肟、腙、苯腙、2,4-二硝基苯腙等是具有一定熔点的晶体，若测定出产物的熔点，再和文献数据对比即可确定原来的醛，因此该反应可用于醛、酮的鉴别。因 2,4-二硝基苯肼与醛或酮反应生成黄色晶体，反应灵敏，因此常作为鉴别醛、酮的定性分析试剂。

✱ 反应应用

> 醛、酮与氨的衍生物加成的产物在稀酸调节下水解为原来的醛、酮，可用来分离和提纯醛、酮。

二、α-H 的反应

醛、酮分子中直接与羰基相连的碳称为 α-C，α-C 上连有的氢原子称为 α-H。α-H 因受羰基吸电子的影响变得比较活泼，具有一定的酸性，易被其他原子或基团取代。

1. 卤代和卤仿反应

在酸、碱催化下，醛、酮分子中的 α-H 可逐步被卤素（氯、溴、碘）取代，生成 α-卤代醛、酮。

(1) **酸催化下的卤代** 容易控制在一元卤代阶段。例如：

$$CH_3COCH_3 + X_2 \xrightarrow{H^+} CH_2XCOCH_3 + HX$$
$$(X=Cl,Br,I)$$

(2) **碱催化下的卤代** 反应速率比较快，很难控制在一元或二元卤代阶段。具有 $CH_3-\overset{\overset{O}{\|}}{C}-$ 结构的醛或酮（乙醛或甲基酮）在碱性溶液中进行卤代反应时，甲基上的三个 α-H 都被卤原子取代，生成 α-三卤代物。例如：

$$CH_3\overset{\overset{O}{\|}}{C}CH_3 + 3X_2 + 3NaOH \longrightarrow CH_3\overset{\overset{O}{\|}}{C}CX_3 + 3NaX + 3H_2O$$

由于受到三个卤原子极强的吸电子诱导效应影响，三卤代物羰基碳原子的正电性增强，在碱性溶液中极易受 OH^- 进攻，使碳-碳键断裂，生成三卤甲烷（卤仿）和羧酸盐。

$$CH_3\overset{\overset{O}{\|}}{C}CX_3 + NaOH \longrightarrow CH_3COONa + \underset{\text{卤仿}}{CHX_3}$$

因乙醛或甲基酮这类具有三个 α-H 的化合物可与卤素的碱性溶液或次卤素钠反应生成卤仿，因此常把这类反应称为卤仿反应。由于乙醛或甲基酮与 I_2 的 NaOH 溶液反应会生成黄色的晶体碘仿，因此该反应也称碘仿反应，常用来鉴别乙醛、甲基酮类化合物及具有 $CH_3-\overset{\overset{OH}{|}}{CH}-$ 结构的醇（包括乙醇）。卤素的碱溶液（次卤酸盐溶液）能将具有 $CH_3-\overset{\overset{OH}{|}}{CH}-$ 结构的醇氧化成乙醛或甲基酮，因此这种结构的醇也能发生卤仿反应。例如：

$$CH_3-\overset{\overset{OH}{|}}{CH}-CH_2CH_3 \xrightarrow{NaOH/I_2} CH_3-\overset{\overset{O}{\|}}{C}-CH_2CH_3 \xrightarrow{NaOH/I_2} CH_3CH_2COONa + CHI_3$$

反应应用

> 碘仿反应可用于鉴别乙醛、甲基酮和具有 $CH_3-\overset{\overset{OH}{|}}{CH}-$ 结构的醇。

课内练习

> 下列哪些化合物能发生碘仿反应？
> (1) $CH_3-\overset{\overset{OH}{|}}{CH}-CH_3$ (2) CH_3CH_2OH (3) $CH_3-\overset{\overset{O}{\|}}{C}-CH_2CH_3$
> (4) CH_3CH_2CHO (5) CH_3CHO (6) $CH_3CH_2-\overset{\overset{O}{\|}}{C}-CH_3$

2. 羟醛缩合反应

在稀碱作用下，含有 α-H 的醛可发生羟醛缩合反应，生成 β-羟基醛，即一分子醛的 α-H 加到另一分子醛的羰基氧原子上，其余部分加到羰基碳原子上。例如：

$$CH_3-\overset{O}{\underset{}{C}}-H + CH_2CHO \xrightarrow{\text{稀碱}} CH_3-\overset{OH}{\underset{}{CH}}-CH_2CHO$$

3-羟基丁醛

β-羟基醛受热容易脱水生成 α,β-不饱和醛，进一步催化加氢则可得到饱和醇。例如：

$$CH_3-\overset{OH}{\underset{}{CH}}-CHCHO \xrightarrow[\Delta]{-H_2O} CH_3CH=CHCHO \xrightarrow[\Delta]{H_2, Ni} CH_3CH_2CH_2CH_2OH$$

2-丁烯醛

✱ 反应应用

> 2-丁烯醛俗称巴豆醛，微溶于水，是具有刺激性臭味的无色或淡黄色液体。长期接触可引起慢性鼻炎和神经系统功能障碍，其主要用于制取正丁醇、正丁醛等。

含有 α-H 的两种醛之间发生羟醛缩合反应，生成四种 β-羟基醛的混合物，由于分离困难，实用意义不大。无 α-H 的醛（如甲醛、苯甲醛）自身不发生羟醛缩合反应，但在稀碱性条件下，可与其他含有 α-H 的醛发生反应，称为交叉羟醛缩合反应。例如：

$$C_6H_5-\overset{O}{\underset{}{C}}-H + CH_2CHO \xrightarrow{\text{稀碱}} C_6H_5-\overset{OH}{\underset{}{CH}}-CH_2CHO \xrightarrow{-H_2O} C_6H_5-CH=CHCHO$$

3-苯基丙烯醛（肉桂醛）

✱ 反应应用

> 肉桂醛常用于外用药和合成药中，具有促进血液循环、分解脂肪、解热等作用。其也常用于皂用香精，用于调制栀子、铃兰和玫瑰等香精。肉桂醛用于口香糖，对口腔起到杀菌和除臭作用。

三、氧化和还原反应

1. 氧化反应

醛、酮都能被强氧化剂（$KMnO_4$、$K_2Cr_2O_7$、HNO_3 等）氧化，这是醛、酮的共同点，但醛、酮的氧化反应又有差别。醛基上连有氢，对氧化剂比较敏感，极易被氧化，甚至空气中的氧气也能氧化醛，因此在空气中放置较长时间的醛中常含有少量的羧酸。弱氧化剂可氧化醛，但不能氧化酮，常用于鉴别、区分醛和酮，最常用的弱氧化剂是托伦试剂和斐林试剂。

（1）托伦试剂　硝酸银的氨溶液，起氧化剂作用的是其中的 Ag（NH$_3$）$_2^+$。托伦试剂和醛作用，把醛氧化成羧酸，而 Ag（NH$_3$）$_2^+$ 被还原成单质银附着在管壁上形成光亮的银镜，故此反应又称银镜反应（若管壁不够干净，则会形成黑色沉淀）。反应如下：

$$RCHO + 2Ag(NH_3)_2^+ + 2OH^- \xrightarrow{\triangle} RCOONH_4 + 2Ag\downarrow + 3NH_3\uparrow + H_2O$$

脂肪醛和芳香醛都能和托伦试剂反应生成银镜，而酮不能，因此可用托伦试剂鉴别醛和酮。

（2）斐林试剂　由硫酸铜溶液和酒石酸钾钠的碱溶液等量混合而成。加入酒石酸钾钠是为了和 Cu^{2+} 形成配离子，避免形成氢氧化铜沉淀。Cu^{2+} 作为弱氧化剂，可把脂肪醛氧化成羧酸，而 Cu^{2+} 被还原成砖红色的氧化亚铜沉淀。芳香醛和酮不能与斐林试剂发生反应，因此斐林试剂既可以鉴别脂肪醛和芳香醛，又可以区分脂肪醛和酮。

$$RCHO + 2Cu^{2+} + H_2O + NaOH \xrightarrow{\triangle} RCOONa + Cu_2O\downarrow + 4H^+$$

托伦试剂和斐林试剂都是弱氧化剂，都不能和分子中的双键或三键反应，是很好的选择性氧化剂。

反应应用

> 可选用托伦试剂鉴别醛和酮；选用斐林试剂鉴别脂肪醛和芳香醛，脂肪醛和酮。

课内练习

> 用化学方法鉴别下列物质。
> （1）苯甲醛　丙酮　乙醛　　（2）2-戊酮　丙醛　3-戊酮
> （3）丙醛　苯甲醛　苯乙酮　　（4）2-丙醇　3-戊酮　丙醛

2. 还原反应

醛、酮分子中的羰基都可被还原，所用还原剂不同，还原产物也不同。

（1）催化加氢　在铂、钯和镍催化下，醛、酮与氢气发生反应，分子中的羰基被还原成醇羟基。醛和氢加成生成伯醇，酮和氢加成生成仲醇。例如：

$$CH_3CHO \xrightarrow[\triangle]{H_2/Pt} CH_3CH_2OH$$

$$CH_3\overset{O}{\underset{\|}{C}}CH_3 \xrightarrow[\triangle]{H_2/Pt} CH_3\underset{OH}{\underset{|}{C}H}CH_3$$

催化加氢时，若分子中含有碳-碳双键或碳-碳三键，则羰基、不饱和键同时和氢加成。

例如：

$$CH_3CH=CHCHO \xrightarrow{H_2/Ni} CH_3CH_2CH_2CH_2OH$$

(2) 金属氢化物还原　醛、酮也可被金属氢化物还原，常用的金属氢化物有氢化铝锂（$LiAlH_4$）、硼氢化钠（$NaBH_4$）等。硼氢化钠是一种中等强度的还原剂，只能还原羰基，不能还原其他基团；氢化铝锂属于强还原剂，不仅能还原羰基，而且能还原羧酸、酯和酰胺等。

氢化铝锂和硼氢化钠是一类具有选择性的还原剂，只能将羰基还原成羟基，不能还原碳-碳双键和碳-碳三键。例如：

$$\text{Ph}-CH=CHCHO \xrightarrow{LiAlH_4} \text{Ph}-CH=CHCH_2OH$$
肉桂醇

反应应用

> 肉桂醇，白色晶体，有类似风信子与膏香香气，有甜味，用于配制杏、桃、树莓、李等香型香精，有温和、持久而舒适的香气，也可用作定香剂。其常与苯乙醛共用，是调制洋水仙香精、玫瑰香精等不可或缺的香料。肉桂醇也是制备香料桂酸桂酯的原料。

(3) 克莱门森还原　醛、酮与锌汞齐和浓盐酸一起回流，醛、酮中的羰基被还原成亚甲基的反应。例如：

$$\text{Ph}-CO-CH_2CH_3 \xrightarrow[\triangle]{Zn-Hg, 浓\ HCl} \text{Ph}-CH_2CH_2CH_3$$

反应应用

> 克莱门森还原反应在有机合成中常用于将羰基还原成亚甲基。

四、康尼查罗反应

含 α-H 的醛之间可发生羟醛缩合反应，两个都不含 α-H 的醛则不能发生羟醛缩合反应，但能发生歧化反应，又叫做康尼查罗反应。即在浓碱作用下，两分子不含 α-H 的醛发生反应时，一分子醛被氧化成羧酸盐，另一分子醛被还原成醇。例如：

$$2HCHO \xrightarrow[\triangle]{浓\ NaOH} HCOONa + CH_3OH$$

$$2\ \text{Ph}-CHO \xrightarrow[\triangle]{浓\ NaOH} \text{Ph}-COONa + \text{Ph}-CH_2OH$$

甲醛的还原性比较强，因此甲醛和其他不含 α-H 的醛作用时，甲醛总是被氧化成甲酸盐，而另一种无 α-H 的醛则被还原成醇。例如：

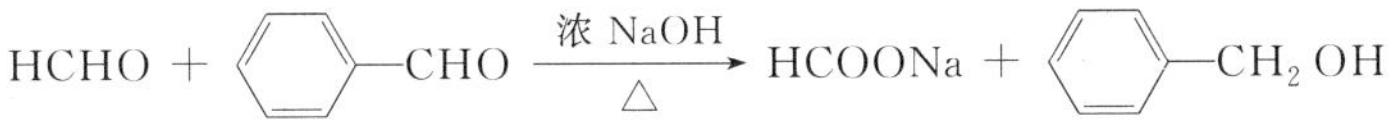

$$HCHO + \underset{}{C_6H_5}-CHO \xrightarrow[\triangle]{浓\ NaOH} HCOONa + \underset{}{C_6H_5}-CH_2OH$$

课内练习

完成下列反应式。

(1) 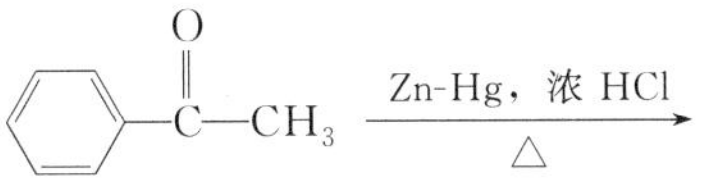 $C_6H_5\underset{\underset{O}{\|}}{C}-CH_3 \xrightarrow[\triangle]{Zn-Hg,\ 浓\ HCl}$

(2) $CH_3CH=CHCHO \xrightarrow{NaBH_4}$

(3) $2HCHO \xrightarrow[\triangle]{浓碱}$

(4) $CH_3\underset{\underset{O}{\|}}{C}CH_2CH_3 \xrightarrow[\triangle]{H_2,\ Pt}$

第四节　重要的醛和酮

一、甲醛

甲醛是无色、有刺激性的气体，又称蚁醛，对人的眼睛、鼻子等有刺激作用。甲醛易溶于水和乙醇，在医药上广泛用作消毒剂和防腐剂的福尔马林，就是甲醛的水溶液。甲醛是一种重要的化工原料，主要用于制造酚醛树脂、脲醛树脂、聚甲醛和三聚氰胺等树脂胶黏剂。工业上主要采用甲醇氧化法生产甲醛，如下：

$$2CH_3OH + O_2 \xrightarrow[\triangle]{Ag} 2HCHO + 2H_2O$$

甲醛具有较强的还原性，容易被氧化成甲酸，并进一步被氧化成二氧化碳和水，在碱性溶液中，还原能力更强。甲醛极易聚合，常温下，甲醛气体能自动聚合成三聚甲醛，三聚甲醛为白色晶体。

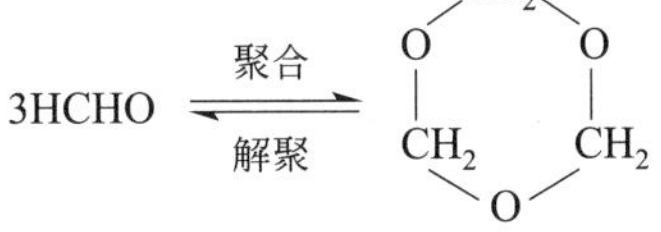

$$3HCHO \xrightleftharpoons[解聚]{聚合} \text{(三聚甲醛环状结构)}$$

甲醛蒸气可与空气形成爆炸性混合物，遇明火、高热能引起燃烧、爆炸。甲醛对人体也有一定的危害，有关资料表明：室内空气污染已成为多种疾病的诱因，而甲醛则是造成室内空气污染的一个主要方面。甲醛对健康的主要危害是：皮肤直接接触甲醛可引起过敏性皮炎、色斑、坏死；高浓度吸入时会出现呼吸道严重的刺激和水肿、眼刺激、头痛，甚至诱发支气管哮喘。

二、乙醛

乙醛，又名醋醛，无色液体，有刺激性气味，可与水及乙醇等一些有机物互溶。易燃、易挥发，其蒸气与空气能形成爆炸性混合物。乙醛天然存在于圆柚、梨子、苹果、覆盆子、草莓、菠萝、干酪、咖啡、橙汁、朗姆酒中，具有辛辣、醚样气味，稀释后具有果香、咖啡香、酒香、青香，可用于调配橘子、橙子、苹果、杏子、草莓等水果香精，也可用于葡萄酒、朗姆酒、威士忌等酒用香精。

室温时，在硫酸存在下乙醛可聚合成无色液体三聚乙醛，三聚乙醛具有醚和缩醛的性质，比较稳定，不易被氧化。市场上出售的大都是40％乙醛水溶液，要想得到纯度高的乙醛，可往三聚乙醛中加入1％～5％的98％浓硫酸，蒸馏制得。冷凝水要用冰水，接收瓶放在冰水中，得到的乙醛密封放到冰箱中。

乙醛可以用来制造乙酸、乙醇、乙酸乙酯。乙醛经氯化得三氯乙醛，三氯乙醛的水合物是一种安眠药。

三、苯甲醛

苯甲醛是最简单的，同时也是工业上最常使用的芳香醛。室温下，苯甲醛为无色液体，具有特殊的杏仁气味，俗称苦杏仁油，天然存在于苦杏仁油、广藿香油、风信子油等中。

苯甲醛的化学性质与脂肪醛类似，但也有不同，苯甲醛不能还原斐林试剂。在强碱性条件下，苯甲醛自身会发生氧化还原反应而歧化，生成苯甲酸和苯甲醇。苯甲醛在空气中极易被氧化，生成白色苯甲酸。苯甲醛还可与酰胺类物质反应，生产医药中间体。

苯甲醛是重要的化工原料，也是医药、染料、香料的中间体，可用于制取月桂醛、月桂酸、苯乙醛和苯甲酸苄酯等，也可用于香料中，可作为特殊的头香香料，微量用于花香配方，香皂中亦可用之，还可作为食用香料用于杏仁、浆果、椰子、杏子、桃子、大胡桃等香精中。

四、丙酮

丙酮，又名二甲酮，为最简单的饱和酮。丙酮是一种无色、透明液体，有特殊的辛辣气味，易溶于水和甲醇、乙醇、乙醚、氯仿、吡啶等有机溶剂。丙酮易燃、易挥发，化学性质较活泼。

丙酮是重要的有机合成原料，可用于生产环氧树脂、聚碳酸酯、有机玻璃、医药和农药等。丙酮能与水、乙醇、多元醇、酯、醚、酮、烃、卤代烃等极性和非极性溶剂相混溶，是一种典型的溶剂，能溶解多种树脂、油脂、涂料、炸药、化学纤维等，也可用作稀释剂、清洗剂、萃取剂，也常被不法分子用来制作毒品的原料溴代苯丙酮。

丙酮极度易燃，具有刺激性。急性中毒主要表现为对中枢神经系统的麻醉作用，乏力、恶心、头痛、头晕、易激动。长期接触该品会出现眩晕、灼烧感、咽炎、支气管炎、乏力等。皮肤长期反复接触可导致皮炎。

拓展窗

黄鸣龙——有机化学史上唯一用中国人名字命名反应的科学家

黄鸣龙，有机化学家。1898年7月3日生于江苏省扬州市，1924年获德国柏林大学博士学位，1955年被选聘为中国科学院学部委员（院士），1979年7月1日逝世。他毕生致力于有机化学的研究，特别是甾体化合物的合成研究，为我国有机化学的发展和甾体药物工业的建立以及科技人才的培养做出了突出贡献。

黄鸣龙具有严格的科学态度和严谨的治学精神，他通过一系列实验，完成了对羰基还原为亚甲基方法的改进，此方法简称为Wolff-Kishner-黄鸣龙还原法，被写入各国有机化学教科书中。黄鸣龙的另一大贡献是对山道年和四个变质山道年相对构型的推断。他在山道年及其一类物的立体化学研究中，发现变质山道年的四个立体异构体可在酸、碱作用下成圈地转变，由此推断出了山道年和四个变质山道年的相对构型。这个推断具有重大意义，为后面科学家解决山道年及其一类物的绝对构型和全合成问题提供了理论依据。

黄鸣龙

本章小结

一、醛、酮的命名

（1）选主链　选择含有羰基的最长碳链作为主链，称为某醛、某酮。

（2）编号　从醛基或靠近酮（羰）基的一端开始编号，醛基位次可省略，而酮（羰）基的位次必须标明。

（3）芳香族醛、酮的命名　把芳基作为取代基。

（4）不饱和醛、酮的命名　需标明不饱和键的位置。

二、醛、酮的化学性质

1. 羰基的加成

$$\overset{\delta^+}{\underset{}{C}}{=}\overset{\delta^-}{O}$$

试剂	产物	说明
HCN	$-\overset{|}{\underset{CN}{C}}-OH \xrightarrow{H_3O^+} -\overset{|}{\underset{OH}{C}}-COOH$	只有醛、脂肪族甲基酮和8个碳原子以下的环酮才可以反应，产物在酸性条件下水解为α-羟基酸
NaHSO$_3$	$-\overset{|}{\underset{SO_3Na}{C}}-OH \xrightleftharpoons[OH^-]{H^+} \overset{}{\underset{}{C}}{=}O$	醛、脂肪族甲基酮和8个碳以下的环酮可反应，产物可被酸、碱分解为原来的醛、酮，用于鉴别、分离和提纯醛和酮
ROH / HCl(气)	$-\overset{|}{\underset{OR}{C}}-OH \xrightarrow[HCl(气)]{ROH} -\overset{|}{\underset{OR}{C}}-OR$	用于保护羰基
RMgX	$-\overset{|}{\underset{R}{C}}-OMgX \xrightarrow{H_3O^+} -\overset{|}{\underset{R}{C}}-OH$	用于制备伯、仲、叔醇
H$_2$N—Y	$-\overset{|}{\underset{OH}{C}}-NH-Y \xrightarrow{-H_2O} -\overset{}{\underset{}{C}}{=}N-Y$ （Y=—OH、—NHC$_6$H$_5$）	用于鉴别醛、酮

2. α-H 的反应

(1) 碘仿反应　具有 $CH_3-\overset{O}{\underset{\|}{C}}-$ 结构的醛或酮（乙醛或甲基酮）或具有 $CH_3-\overset{OH}{\underset{|}{CH}}-$ 结构的醇（包括乙醇）可与 I_2 的 NaOH 溶液或 NaOI 溶液反应生成黄色晶体碘仿。此反应可用于鉴别具有上述两种结构的物质。

$$CH_3CH(R)H \atop |\ OH \xrightarrow[\text{或 NaOI}]{I_2+NaOH} CH_3-\overset{O}{\underset{\|}{C}}-H(R) \xrightarrow[\text{或 NaOI}]{I_2+NaOH} CHI_3 + (R)HCOONa$$

乙醇或甲基醇　　　　　　乙醛或甲基酮

(2) 羟醛缩合反应

① 自身羟醛缩合

$$CH_3\overset{O^{\delta-}}{\underset{\delta+}{C}}-H + H-\overset{\alpha}{CH_2}CHO \xrightarrow{OH^-} CH_3\overset{OH}{\underset{|}{CH}}CH_2CHO \xrightarrow[\triangle]{-H_2O} CH_3CH=CHCHO$$

含 α-H　　　　含 α-H

② 交叉羟醛缩合

$$C_6H_5\overset{O^{\delta-}}{\underset{\delta+}{C}}-H + H-\overset{\alpha}{CH_2}CHO \xrightarrow[-H_2O]{OH^-} C_6H_5CH=CHCHO$$

不含 α-H　　　含 α-H

3. 氧化反应

$$RCHO \xrightarrow[K_2Cr_2O_7/H^+]{KMnO_4/H^+} RCOOH$$

RCHO 脂肪醛 — 托伦试剂 → Ag↓（银镜）
　　　　　　 — 斐林试剂 → Cu_2O↓（砖红色）（甲醛生成铜镜）

ArCHO 芳香醛 — 托伦试剂 → Ag↓（银镜）
　　　　　　 — 斐林试剂 → 不反应

酮既不与托伦试剂反应，也不能与斐林试剂反应。

4. 还原反应

① 羰基还原成醇羟基

$$CH_3CH=CHCHO \begin{cases} \xrightarrow{H_2/Ni} CH_3CH_2CH_2CH_2OH & \text{（催化还原）} \\ \xrightarrow{LiAlH_4\text{ 或 }NaBH_4} CH_3CH=CHCH_2OH & \text{（选择性还原）} \end{cases}$$

② 羰基还原成亚甲基——克莱门森还原

$$\text{环己酮} \xrightarrow[\triangle]{\text{Zn-Hg, 浓 HCl}} \text{环己烷}$$

5. 康尼查罗反应

$$2\ C_6H_5\text{CHO} \xrightarrow[\triangle]{\text{浓 NaOH}} C_6H_5\text{CH}_2\text{OH} + C_6H_5\text{COONa}$$

$$C_6H_5\text{CHO} + \text{HCHO} \xrightarrow[\triangle]{\text{浓 NaOH}} C_6H_5\text{CH}_2\text{OH} + \text{HCOONa}$$

习题

一、单选题

（1）下列化合物中不与饱和亚硫酸氢钠反应生成白色结晶的是（　　）。
A. 环己酮　　　　B. 苯甲醛　　　　C. 2-戊酮　　　　D. 3-戊酮

（2）下列化合物中不发生碘仿反应的是（　　）。
A. CH_3CH_2CHO　　B. CH_3CH_2OH　　C. $CH_3COCH_2CH_3$　　D. CH_3CHO

（3）下列化合物中能与托伦试剂发生反应的是（　　）。
A. 苯甲醛　　　　B. $CH_3CH_2CH_2OH$　　C. $CH_3COCH_2CH_3$　　D. 丙酮

（4）下列化合物中能与斐林试剂反应析出砖红色沉淀的是（　　）。
A. CH_3COCH_3　　B. C_6H_5CHO　　C. CH_3CHO　　D. CH_3CH_2OH

（5）下列化合物中不能发生银镜反应的是（　　）。
A. 福尔马林　　　　B. 丙酮　　　　C. 苯甲醛　　　　D. 乙醛

（6）下列用于区分脂肪醛和芳香醛的试剂是（　　）。
A. 席夫试剂　　　　B. 斐林试剂　　　　C. 托伦试剂　　　　D. 次碘酸钠

（7）下列化合物中能发生碘仿反应的是（　　）。
A. $(CH_3)_2CHCHO$　　B. CH_3CH_2OH　　C. C_6H_5CHO　　D. $CH_3CH_2COCH_2CH_3$

（8）下列化合物中能发生歧化反应的是（　　）。
A. CH_3CH_2CHO　　B. HCHO　　C. CH_3CHO　　D. 丙酮

二、命名下列化合物

(1) $CH_3CH_2CH_2-\underset{\underset{\displaystyle O}{\|}}{C}-CH_3$　　(2) $CH_3CH_2-\underset{\underset{\displaystyle O}{\|}}{C}-\underset{\underset{\displaystyle CH_3}{|}}{C}HCH_3$

(3) $C_6H_5-\underset{\underset{\displaystyle O}{\|}}{C}-CH_3$　　(4) $CH_3CH=CHCHO$

(5) $C_6H_5CH_2\underset{\underset{\displaystyle CH_3}{|}}{C}HCHO$　　(6) $C_6H_5CH=CHCHO$

三、写出下列物质的构造式

(1) 蚁醛　　(2) 苯甲醛　　(3) 肉桂醛　　(4) 苯乙酮
(5) 丙酮　　(6) 2-甲基-3-戊酮　　(7) 间羟基苯乙醛　　(8) 丙烯醛

四、鉴别下列各组化合物

(1) 乙醛　　丁醛　　2-丁酮

(2) 2-丙醇　　3-戊酮　　苯甲醛
(3) 苯甲醛　　苯乙醇　　苯乙酮

五、分离下列各组化合物

(1) 丙酮与 2-丙醇　　　(2) 2-戊酮与 3-戊酮

六、由指定原料合成下列化合物

(1) 以丙烯为原料制备丙酮
(2) 以乙醛为原料合成 2-羟基丙酸

七、写出下列反应的主要产物

(1) $CH_3COCH_3 \xrightarrow[\text{(2) } H_3O^+]{\text{(1) } CH_3CH_2MgX}$

(2) $HCOH +$ C$_6$H$_5$CHO $\xrightarrow[\triangle]{\text{浓 NaOH}}$

(3) $CH_3CH=CHCHO \xrightarrow{NaBH_4}$

(4) $CH_3CHO \xrightarrow{\text{稀 NaOH}}$

(5) $CH_3COCH_3 \xrightarrow{I_2 + NaOH}$

(6) C$_6$H$_5$COCH$_3$ $\xrightarrow{NaBH_4}$

(7) $CH_3CH=CHCHO \xrightarrow{\text{托伦试剂}}$

(8) $CH_3CHCH_2CH_3 \xrightarrow{I_2 + NaOH}$
　　　$|$
　　　OH

八、下列哪些化合物能与饱和 NaHSO$_3$ 作用生成白色结晶？哪些能发生碘仿反应？

(1) CH_3CHO　　　　(2) CH_3COCH_3　　　　(3) CH_3CH_2OH

(4) 　　(5) $CH_3CH_2COCH_2CH_3$　　(6) $CH_3COCH_2CH_3$

九、下列哪些化合物可在稀碱性条件下发生羟醛缩合反应？哪些能在浓碱性条件下发生康尼查罗反应？

(1) CH_3CHO　　　　(2) CH_3COCH_3　　　　(3) 苯甲醛

(4) C$_6$H$_5$CH$_2$CHO　　(5) $CH_3CH_2COCH_2CH_3$　　(6) $CH_3COCH_2CH_3$

十、化合物 A 和 B 的分子式均为 C_3H_6O，A 和 B 都能与饱和 NaHSO$_3$ 作用生成白色结晶。A 能发生银镜反应，B 则不能；B 能发生碘仿反应，A 则不能。试推测 A、B 的构造式。

第十一章 羧酸及其衍生物

学习目标

1. 掌握羧酸及其衍生物的分类、命名；
2. 理解羧酸及其衍生物的结构和其化学性质的关系；
3. 掌握羧酸及其衍生物重要的化学性质；
4. 掌握乙酰乙酸乙酯的互变异构和其特有的化学性质。

案例导入

草酸，即乙二酸，是最简单的有机二元酸之一。草酸主要以草酸盐的形式存在于植物细胞膜中，几乎所有的植物中都含有草酸盐。日常饮食中的各种蔬菜、水果，是人们摄入草酸最多的渠道。

草酸可与钙离子形成草酸钙导致肾结石。据临床统计，肾结石中 75% 左右是草酸钙沉淀。判断蔬菜中草酸含量高低的一个简单方法就是将其放嘴里嚼一下，若涩味很浓，则表示草酸含量比较高；若涩味比较淡，则说明草酸含量较低。大家都有一个常识，就是菠菜和豆腐不能一起吃，理由是菠菜中含有大量的草酸，而豆腐中含有钙，两者可结合成草酸钙，长期积累可形成结石。若菠菜不经处理就和豆腐一起食用确实会出现这种情况，为避免这种情况，可先将菠菜在加入食盐的沸水中焯一会，以降低草酸的含量。

第一节 羧酸

羧酸分子内都含有羧基（—COOH），—COOH 是羧酸的官能团。羧酸可看作烃分子中的氢原子被羧基（—COOH）取代而形成的化合物。羧酸通式为 RCOOH 和 ArCOOH。

一、羧酸的结构、分类和命名

（一）羧酸的结构

羧酸形式上是由一个羰基和一个羟基连接而成，实际上并非两者的简单结

羧酸的结构

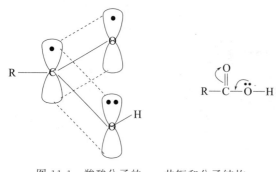

图 11-1 羧酸分子的 p-π 共轭和分子结构

合。羧酸分子中羧基的碳原子发生了 sp^2 杂化，三个 sp^2 杂化轨道分别与羰基的氧原子、羟基的氧原子和一个碳原子或甲酸氢原子的原子轨道形成三个 σ 键。羰基碳原子没有参与杂化的一个 p 轨道与羰基氧原子的 p 轨道"肩并肩"重叠形成一个 π 键。羟基氧原子上未共用电子对所在的 p 轨道与羰基上的 π 键形成 p-π 共轭，如图 11-1 所示。由于共轭作用，羧基不是羰基和羟基的简单加合，因此羧基中既不存在典型的羰基，也不存在典型的羟基，而是两者互相影响的统一体。p-π 共轭使羟基氧原子上的电子云密度有所降低，使羰基碳原子上的电子云密度有所升高。

（二）羧酸的分类

① 根据羧基所连烃基的不同，将羧酸分为脂肪酸、脂环酸和芳香酸。

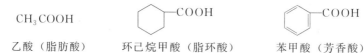

乙酸（脂肪酸）　　环己烷甲酸（脂环酸）　　苯甲酸（芳香酸）

② 根据烃基是否饱和，将羧酸分为饱和羧酸和不饱和羧酸。

CH_3CH_2COOH　　　　$CH_2=CHCOOH$
丙酸（饱和酸）　　　　丙烯酸（不饱和酸）

③ 根据羧酸分子中所含羧基的数目，将羧酸分为一元羧酸、二元羧酸和多元羧酸。

乙酸（一元酸）　　　乙二酸（二元酸）

（三）羧酸的命名

1. 俗名

根据有机物的来源命名。例如，甲酸最初是由蚂蚁蒸馏得到的，称为蚁酸，乙酸最初从食用的醋中得到，称为醋酸，其他还有草酸、琥珀酸、苹果酸、柠檬酸、乳酸和肉桂酸等。常见一元羧酸与二元羧酸的名称如表 11-1 所示。

表 11-1 常见一元羧酸与二元羧酸的名称

羧酸	系统命名	俗名
HCOOH	甲酸	蚁酸
CH_3COOH	乙酸	醋酸
$CH_3(CH_2)_{10}COOH$	十二酸	月桂酸
$CH_3(CH_2)_{16}COOH$	十八酸	硬脂酸
HOOCCOOH	乙二酸	草酸
$HOOC(CH_2)_2COOH$	丁二酸	琥珀酸
C_6H_5COOH	苯甲酸	安息香酸
$C_6H_5CH=CHCOOH$	3-苯基丙烯酸	肉桂酸

其他常见酸的俗名还有：

$$HOOCCHCH_2COOH$$
　　　　$|$
　　　　OH
苹果酸

水杨酸（邻羟基苯甲酸结构）

2. 羧酸的系统命名

① **脂肪酸的系统命名**　与醛相似。选择含有羧基的最长碳链作为主链，从羧基碳原子开始编号，用阿拉伯数字或希腊字母标明取代基的位次，将取代基的位次、数目和名称写在母体酸名称之前。例如：

$$CH_3-CH-CH_2-COOH \qquad CH_3-CH-CH-COOH$$
$$\qquad |\qquad\qquad\qquad\qquad\qquad |\quad |$$
$$\qquad CH_3\qquad\qquad\qquad\qquad\qquad CH_3\ CH_3$$

3-甲基丁酸　　　　　　　　　　2,3-二甲基丁酸

② **不饱和酸的系统命名**　选择含羧基和不饱和键在内的最长碳链作为主链，从羧基碳原子开始编号，并标明不饱和键的位置，称为某烯酸或某炔酸。例如：

$$\overset{5}{C}H_3-\overset{4}{C}H=\overset{3}{C}H-\overset{2}{C}H-\overset{1}{C}OOH$$
$$\qquad\qquad\qquad\quad |$$
$$\qquad\qquad\qquad\ CH_3$$

2-甲基-3-戊烯酸

③ **二元羧酸的系统命名**　选择含两个羧基在内的最长碳链作为主链，称为某二酸。例如：

$$HOOC-CH-CH_2-COOH$$
$$\qquad\quad |$$
$$\qquad\ CH_3$$

2-甲基丁二酸

④ **芳香酸的系统命名**　若羧基连在芳环上，则以芳甲酸为母体，环上其他基团为取代基；若羧基连在侧链上，则以脂肪酸为母体，芳基为取代基。例如：

邻甲基苯甲酸　　　　　　　　　3-苯基丙酸

课内练习

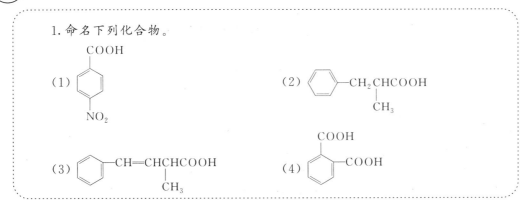

1. 命名下列化合物。

(1) 对硝基苯甲酸结构（苯环连COOH和NO₂）

(2) $C_6H_5-CH_2-CH-COOH$，侧链带CH_3

(3) $C_6H_5-CH=CH-CH-COOH$，带CH_3

(4) 邻苯二甲酸结构（苯环连两个COOH）

> 2. 写出下列化合物的结构式。
> （1）水杨酸　　　　（2）醋酸　　　　　　（3）草酸
> （4）邻苯二甲酸　　（5）2,2-二甲基丙二酸　（6）苹果酸

二、羧酸的物理性质

1. 状态

常温时，$C_1 \sim C_3$ 羧酸是具有强烈酸味和刺激性的水状液体，$C_4 \sim C_9$ 羧酸是具有腐臭酸味的油状液体。C_{10} 及以上的直链一元酸是无臭、无味的蜡状固体。脂肪二元羧酸和芳香酸为结晶状固体。

2. 溶解性

羧酸分子可与水形成氢键，所以低级脂肪酸易溶于水，但随着碳原子数的增加，水溶性逐渐降低。甲酸、乙酸、丙酸、丁酸与水互溶。高级一元酸不溶于水，但能溶于乙醇、乙醚、氯仿等有机溶剂。多元酸的水溶性大于相同碳数的一元酸。芳酸的水溶性极微。

甲酸～丁酸与水互溶的原因为羧酸能与水形成氢键。

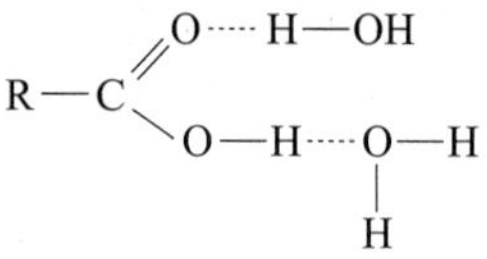

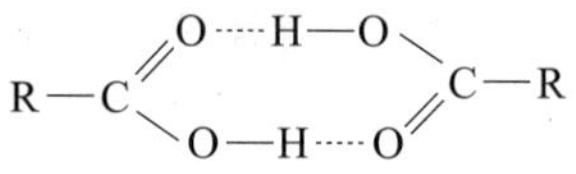

3. 沸点

一元羧酸的沸点随分子量的增加而升高。羧酸的沸点比分子量相近的醇的沸点高，因为羧酸分子间可形成两个氢键，缔合成稳定的二聚体。

三、羧酸的化学性质

羧酸的化学性质从结构上预测，有以下几类。

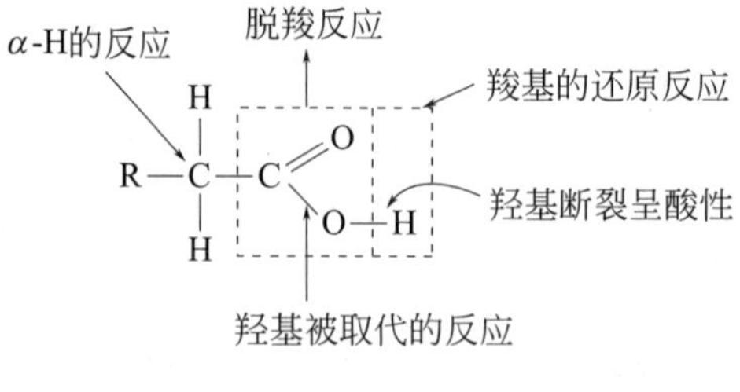

（一）酸性

1. 羧酸的酸性

羧酸具有弱酸性，在水溶液中存在如下平衡：

$$RCOOH + H_2O \longrightarrow RCOO^- + H_3O^+$$

离解的氢离子与水结合成水合氢离子，因此羧酸能与氢氧化钠反应生成羧酸盐和水。

羧酸的酸性比苯酚和碳酸的酸性强，因此羧酸能与碳酸钠和碳酸氢钠反应生成羧酸盐，并放出二氧化碳。

$$2RCOOH + Na_2CO_3 \longrightarrow 2RCOONa + H_2O + CO_2\uparrow$$

$$RCOOH + NaHCO_3 \longrightarrow RCOONa + H_2O + CO_2\uparrow$$

羧酸的酸性比强的无机酸弱，因此若在上面生成的羧酸盐中加入强的无机酸，则又生成羧酸。

$$RCOONa + HCl \longrightarrow RCOOH + NaCl$$

2. 影响羧酸酸性的因素

① 连吸电子基使酸性增强，例如：

$$ClCH_2COOH > CH_3COOH$$

② 连供电子基使酸性减弱，例如：

$$CH_3COOH > HCOOH$$

③ 吸电子基越多，酸性越强，例如：

$$Cl_3CCOOH > Cl_2CHCOOH > ClCH_2COOH$$

④ 吸电子基距离羧基越远，酸性越弱。例如：

$$CH_3CH_2\underset{\underset{Cl}{|}}{C}HCOOH > CH_3\underset{\underset{Cl}{|}}{C}HCH_2COOH > \underset{\underset{Cl}{|}}{C}H_2CH_2CH_2COOH$$

✱ 反应应用

a. 可用于醇、酚、酸的鉴别和分离：不溶于水的羧酸既能溶于 $NaOH$ 也能溶于 $NaHCO_3$；不溶于水的酚能溶于 $NaOH$ 而不溶于 $NaHCO_3$；不溶于水的醇既不溶于 $NaOH$ 也不溶于 $NaHCO_3$。b. 高级脂肪酸的钠盐、钾盐是肥皂的主要成分；高级脂肪酸的铵盐是雪花膏的主要成分；镁盐可用于医药工业；钙盐用于油墨工业。

课内练习

1. 比较酸性强弱。

(1) HCOOH　　　苯酚　　　CH_3COOH

(2) CH_3COOH　　$(CH_3)_2CHCOOH$　　$(CH_3)_3CCOOH$

(3) $ClCH_2COOH$　　$Cl_2CHCOOH$　　Cl_3CCOOH

2. 请采用化学方法分离苯甲醇、苯酚和苯甲酸。

（二）羧酸羟基的取代反应——羧酸衍生物的生成

羧酸分子中的羟基可被一系列原子或基团取代生成羧酸衍生物：

$$\underset{\text{酰卤}}{R-\overset{\overset{O}{\|}}{C}-X} \quad \underset{\text{酸酐}}{R-\overset{\overset{O}{\|}}{C}-O-\overset{\overset{O}{\|}}{C}-R'} \quad \underset{\text{酯}}{R-\overset{\overset{O}{\|}}{C}-OR'} \quad \underset{\text{酰胺}}{R-\overset{\overset{O}{\|}}{C}-NH_2}$$

羧酸分子消去羟基（—OH）后的剩余部分 $R-\overset{\overset{O}{\|}}{C}-$，称为酰基。

1. 酰卤的生成

羧酸与三氯化磷、五氯化磷、亚硫酰氯（二氯亚砜）等作用时，羧酸分子中的羟基被氯原子取代生成酰氯。例如：

$$3R-\overset{\overset{O}{\|}}{C}-OH + PCl_3 \longrightarrow 3R-\overset{\overset{O}{\|}}{C}-Cl + \underset{\text{亚磷酸}}{H_3PO_3}$$

$$R-\overset{\overset{O}{\|}}{C}-OH + PCl_5 \longrightarrow R-\overset{\overset{O}{\|}}{C}-Cl + \underset{\text{三氯氧磷}}{POCl_3} + HCl$$

$$R-\overset{\overset{O}{\|}}{C}-OH + SOCl_2 \longrightarrow R-\overset{\overset{O}{\|}}{C}-Cl + SO_2 + HCl$$

生成的酰氯非常活泼，极易水解，因此反应中不能有水，而且只能用蒸馏法分离。选择卤化剂时应注意产物与副产物的沸点之差，差距越大则越容易分离。通常用 PCl_3 制备沸点低的酰氯，而用 PCl_5 制备沸点高的酰氯。

✱ 反应应用

> 酰氯是一种重要的羧酸衍生物，在有机合成、药物合成等方面都有着重要作用，主要可发生水解、醇解、氨（胺）解等取代反应，与有机金属试剂的反应，还原反应和 α-H 卤代等多种反应。在一些羧酸不能进行或进行缓慢的反应中，将羧酸制成酰氯可使反应活性和产率大大提高。

2. 酸酐的生成

在脱水剂作用下，羧酸分子间失去一分子水生成酸酐，常用脱水剂有五氧化二磷、乙酸酐等。例如：

$$R-\overset{\overset{O}{\|}}{C}-OH + H-O-\overset{\overset{O}{\|}}{C}-R \xrightarrow[\triangle]{P_2O_5} R-\overset{\overset{O}{\|}}{C}-O-\overset{\overset{O}{\|}}{C}-R + H_2O$$

$$Ph-\overset{\overset{O}{\|}}{C}-OH + H-O-\overset{\overset{O}{\|}}{C}-Ph \xrightarrow[\triangle]{\text{乙酸酐}} \underset{\text{苯甲酸酐}}{Ph-\overset{\overset{O}{\|}}{C}-O-\overset{\overset{O}{\|}}{C}-Ph} + H_2O$$

某些二元酸，如丁二酸、戊二酸和邻苯二甲酸，不需要脱水剂，加热即可发生分子内脱水生成酸酐，如：

$$\begin{matrix}CH_2-C\overset{O}{\underset{}{}}\!-\!OH\\CH_2-C\underset{O}{\underset{}{}}\!-\!OH\end{matrix} \xrightarrow{300℃} \begin{matrix}CH_2-C\overset{O}{\underset{}{}}\\CH_2-C\underset{O}{\underset{}{}}\end{matrix}\!\!>\!\!O + H_2O$$

丁二酸　　　　　　　　丁二酸酐

邻苯二甲酸 $\xrightarrow{196\sim199℃}$ 邻苯二甲酸酐 + H_2O

✦ 反应应用

邻苯二甲酸酐与多元醇（如甘油、季戊四醇）缩聚生成聚芳酯树脂，用于油漆工业；若与乙二醇和不饱和酸缩聚，则生成不饱和聚酯树脂，可制造绝缘漆和玻璃纤维增强塑料。邻苯二甲酸酐也是合成苯甲酸和对苯二甲酸的原料。

3. 酯的生成

羧酸与醇在酸催化下酸脱羟基醇脱氢生成酯的反应，称为酯化反应。常用浓硫酸作催化剂。酯化反应是可逆反应，可增加某反应物的浓度或及时蒸出某一种产物使反应向右进行，以达到提高反应产率的目的。

$$R-\overset{O}{\underset{}{C}}-OH + H-O-R' \underset{\triangle}{\overset{H^+}{\rightleftharpoons}} R-\overset{O}{\underset{}{C}}-OR' + H_2O$$

例如：

$$CH_3-\overset{O}{\underset{}{C}}-OH + H-O-CH_2CH_3 \underset{\triangle}{\overset{H^+}{\rightleftharpoons}} CH_3-\overset{O}{\underset{}{C}}-OCH_2CH_3 + H_2O$$

✦ 反应应用

乙酸乙酯存在于酒、食醋和某些水果中；乙酸异戊酯存在于香蕉、梨等水果中；苯甲酸甲酯存在于丁香油中；水杨酸甲酯存在于冬青植物中。高级和中级脂肪酸的甘油酯是动植物油脂的主要成分，高级脂肪酸和高级醇形成的酯是蜡的主要成分。

4. 酰胺的生成

羧酸与氨或胺反应，先生成羧酸的铵盐，铵盐受热或在脱水剂作用下加热时，分子内脱去一分子水生成酰胺。

$$R-\overset{O}{\underset{}{C}}-OH + NH_3 \longrightarrow R-\overset{O}{\underset{}{C}}-ONH_4 \xrightarrow[-H_2O]{P_2O_5, \triangle} R-\overset{O}{\underset{}{C}}-NH_2 + H_2O$$

$$C_6H_5-\overset{O}{\underset{}{C}}-OH + NH_3 \xrightarrow[-H_2O]{\triangle} C_6H_5-\overset{O}{\underset{}{C}}-NH_2 + H_2O$$

生成的酰胺若继续加热,则可进一步失水生成腈,腈水解又得到羧酸,为可逆反应。

$$R-\overset{O}{\underset{}{C}}-NH_2 \xrightarrow[-H_2O]{\triangle} R-C\equiv N + H_2O$$

(三) α-H 的卤代反应

羧酸 α-C 上的氢称为 α-H,比较活泼,在少量红磷或卤化磷存在下可与卤素反应,生成 α-卤代酸。例如:

$$CH_3COOH \xrightarrow[P]{Cl_2} ClCH_2COOH \xrightarrow[P]{Cl_2} Cl_2CHCOOH \xrightarrow[P]{Cl_2} Cl_3CCOOH$$
一氯乙酸　　　　二氯乙酸　　　　三氯乙酸

 反应应用

> 卤代酸是合成各种农药和药物的重要原料,卤代酸中的 α,α-二氯丙酸或 α,α-二氯丁酸均是有效的除草剂。

(四) 羧基的还原反应

羧酸比较难还原,不能被多数还原剂还原,但能被强还原剂氢化铝锂还原为伯醇。氢化铝锂作为还原剂具有选择性,只还原羧基不还原双键或三键,例如:

$$RCOOH \xrightarrow{LiAlH_4} RCH_2OH$$

$$CH_3-CH=CH-COOH \xrightarrow{LiAlH_4} CH_3-CH=CH-CH_2OH$$

(五) 脱羧反应

羧酸脱去羧基同时放出二氧化碳的反应称为脱羧反应。一般脂肪酸难以脱羧,但当 α-C 上连有卤素、硝基和酰基时容易脱羧,例如:

$$Cl_3CCOOH \xrightarrow{\triangle} CHCl_3 + CO_2\uparrow$$

一元羧酸的钠盐与强碱共热,生成少一个碳原子的烃,例如:

$$CH_3COONa \xrightarrow{\triangle, NaOH} CH_4 + Na_2CO_3$$

有些低级二元酸,如乙二酸和丙二酸,由于羧基是吸电子基,受热也容易发生脱羧反应,例如:

$$HOOC-COOH \xrightarrow{\triangle} HCOOH + CO_2\uparrow$$

丁二酸和戊二酸加热时不脱羧,而是分子内脱水生成酸酐;己二酸和庚二酸在氢氧化钡存在下加热时,既脱羧又失水,生成环酮。

课内练习

请写出下列反应的主要产物。

(1) $CH_3CH_2COOH \xrightarrow{PCl_5}$

(2) $CH_3-CH=CH-COOH \xrightarrow{LiAlH_4}$

(3) <化学结构：邻苯二甲酸> $\xrightarrow{196～199℃}$

(4) $CH_3COOH + CH_3CH_2OH \underset{}{\overset{H^+}{\rightleftharpoons}}$

(5) $CH_3-CH_2-COOH \xrightarrow{LiAlH_4}$

(6) <化学结构：苯甲酸>$-COOH + CH_3CH_2OH \underset{}{\overset{H^+}{\rightleftharpoons}}$

(7) $CH_3COOH + NaHCO_3 \longrightarrow$

(8) $CH_3COOH + SOCl_2 \longrightarrow$

四、重要的羧酸

1. 甲酸

甲酸，俗名蚁酸，是最简单的羧酸。无水甲酸为无色而有刺激性气味的液体，熔点为 8.6℃，沸点为 100.8℃，与水和大多数极性有机溶剂混溶。甲酸酸性很强，有腐蚀性，能刺激皮肤起泡。甲酸主要存在于蜂类、某些蚁类和毛虫的分泌物中。

$$\boxed{H-\overset{\overset{O}{\|}}{C}-OH}$$

由甲酸的化学结构式可知，其既含有羧基又含有醛基。因此甲酸除了具有酸的性质外，还具有醛的某些特性，如能和托伦试剂发生银镜反应；能与斐林试剂生成砖红色沉淀，也能被高锰酸钾氧化。

$$HCOOH + 2[Ag(NH_3)_2]^+ + 2OH^- \longrightarrow 2NH_4^+ + CO_3^{2-} + 2Ag\downarrow + H_2O + 2NH_3\uparrow$$

甲酸是有机化工原料，用途广泛，广泛用于农药、皮革、纺织、医药、橡胶工业等，也可用作消毒剂和防腐剂。

2. 乙酸

乙酸，俗名醋酸，沸点为 117.9℃，熔点为 16.6℃，为无色、有刺激性气味的液体。纯乙酸在 16℃ 以下能结成冰，又称为冰醋酸。乙酸在生活中很常见，是食醋的主要成分，被公认为食醋内酸味及刺激性气味的来源，一般食醋中含 6%～8% 的乙酸。乙酸能与水以任何比例混溶，也可溶于乙醇、乙醚等有机溶剂。乙酸有一定的杀菌能力。

3. 乙二酸

乙二酸，俗名草酸，为无色结晶，含两分子结晶水，易溶于水。草酸酸性较甲酸及其他二元酸的酸性强，有还原性，可定量还原高锰酸钾，因此可用草酸来标定高锰酸钾溶液。草酸钙不溶于水，可用草酸测定钙的浓度。草酸具有还原性，可用作漂白剂和除锈剂。

$$5(COOH)_2 + 2KMnO_4 + 3H_2SO_4 \longrightarrow K_2SO_4 + 2MnSO_4 + 10CO_2\uparrow + 8H_2O$$

第二节　羧酸衍生物

羧酸衍生物一般指羧基中的羟基被其他原子或基团取代后所生成的化合物。羧酸分子中羟基（—OH）被卤原子取代生成酰卤，被酰氧基取代生成酸酐，被烷氧基取代生成酯，被氨基取代生成酰胺。酰卤、酸酐、酯和酰胺四种羧酸衍生物的共同特点是都含有酰基。

$$\underset{\text{酰卤}}{R-\overset{\overset{O}{\|}}{C}-X} \quad \underset{\text{酸酐}}{R-\overset{\overset{O}{\|}}{C}-O-\overset{\overset{O}{\|}}{C}-R'} \quad \underset{\text{酯}}{R-\overset{\overset{O}{\|}}{C}-OR'} \quad \underset{\text{酰胺}}{R-\overset{\overset{O}{\|}}{C}-NH_2}$$

一、羧酸衍生物的分类和命名

1. 酰卤

酰卤由酰基和卤原子组成，通式为：$R-\overset{\overset{O}{\|}}{C}-X$（X＝F、Cl、Br、I）。酰卤命名为"某酰卤"，即酰基的名称加上卤素的名称。例如：

$$\underset{\text{乙酰氯}}{CH_3-\overset{\overset{O}{\|}}{C}-Cl} \qquad \underset{\text{丙烯酰溴}}{CH_2=CH-\overset{\overset{O}{\|}}{C}-Br} \qquad \underset{\text{苯甲酰氯}}{C_6H_5-\overset{\overset{O}{\|}}{C}-Cl}$$

2. 酸酐

酸酐由酰基和酰氧基组成，通式为：$R-\overset{\overset{O}{\|}}{C}-O-\overset{\overset{O}{\|}}{C}-R'$。酸酐命名为"某酸酐"，即由羧酸的名称加"酐"组成。酸酐分为单酐和混酐：若 R 和 R′ 相同，则为单酐；若 R 和 R′ 不同，则为混酐。混酐命名时，将简单的羧酸写在前面，复杂的写在后面。例如：

$$\underset{\text{乙酸酐}}{CH_3-\overset{\overset{O}{\|}}{C}-O-\overset{\overset{O}{\|}}{C}-CH_3} \qquad \underset{\text{甲乙酐}}{H-\overset{\overset{O}{\|}}{C}-O-\overset{\overset{O}{\|}}{C}-CH_3} \qquad \underset{\text{邻苯二甲酸酐}}{}$$

3. 酯

酯由酰基和烷氧基组成，通式为：$R-\overset{\overset{O}{\|}}{C}-OR'$。酯命名为"某酸某酯"，例如：

$$\underset{\text{甲酸乙酯}}{H\overset{\overset{O}{\|}}{C}-OCH_2CH_3} \qquad \underset{\text{乙酸乙酯}}{CH_3-\overset{\overset{O}{\|}}{C}-OCH_2CH_3} \qquad \underset{\text{苯甲酸乙酯}}{C_6H_5-\overset{\overset{O}{\|}}{C}-OCH_2CH_3}$$

4. 酰胺

酰胺由酰基和氨基组成，通式为：R—C(=O)—NH₂，命名为"某酰胺"，即酰基的名称加上"胺"字。例如：

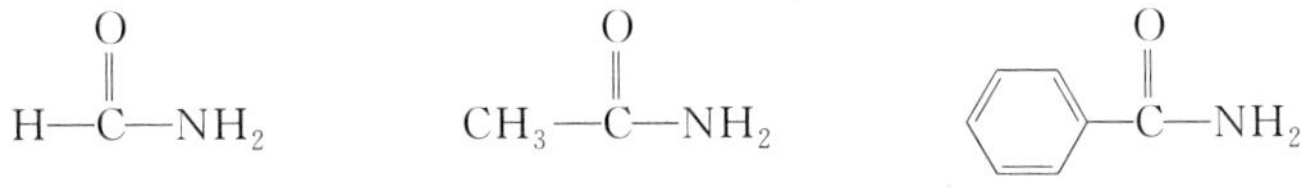

甲酰胺　　　　乙酰胺　　　　苯甲酰胺

若酰胺氮原子上连有取代基，则命名时先把氮原子上连有的取代基表示出来，再命名母体，即：N-取代基某酰胺。当氮原子上连有多个取代基时，先命名简单的，再命名复杂的。例如：

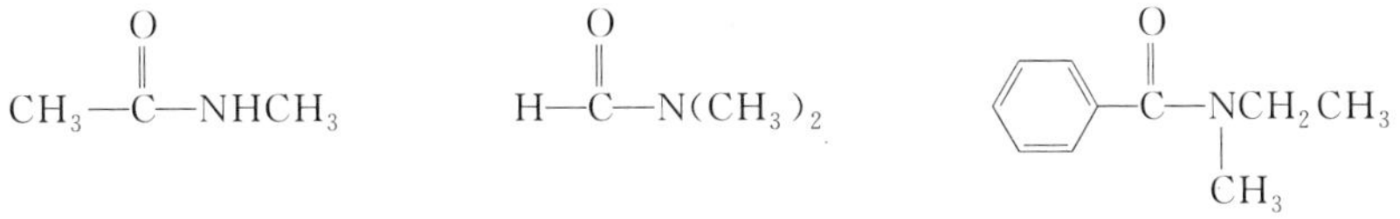

N-甲基乙酰胺　　　　N,N-二甲基甲酰胺　　　　N-甲基-N-乙基苯甲酰胺

课内练习

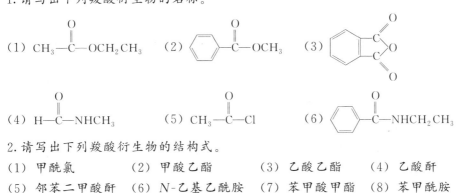

1. 请写出下列羧酸衍生物的名称。

(1) CH₃—C(=O)—OCH₂CH₃　(2) Ph—C(=O)—OCH₃　(3) 邻苯二甲酸酐结构

(4) H—C(=O)—NHCH₃　(5) CH₃—C(=O)—Cl　(6) Ph—C(=O)—NHCH₂CH₃

2. 请写出下列羧酸衍生物的结构式。
(1) 甲酰氯　　(2) 甲酸乙酯　　(3) 乙酸乙酯　　(4) 乙酸酐
(5) 邻苯二甲酸酐　(6) N-乙基乙酰胺　(7) 苯甲酸甲酯　(8) 苯甲酰胺

二、羧酸衍生物的物理性质

低级酰卤和酸酐均是具有刺激性气味的无色液体，高级的则是固体，酰卤和酸酐都对黏膜有刺激性。低级酯是无色、具有芳香气味且易挥发的液体，广泛存在于花和果实中。低级和中级饱和一元羧酸酯是香精油的成分，可用作香料，如乙酸异戊酯具有香蕉香味，戊酸异戊酯则有苹果香味。除了甲酰胺是液体外，其余酰胺均为固体，且没有气味。

酰卤、酸酐和酯分子中没有羟基，不能形成氢键，因此酰卤和酯的沸点比相应羧酸低，酸酐沸点比相当分子量的羧酸低，但比相应的羧酸高。酰胺分子间可形成强的氢键，因此其熔、沸点比相应羧酸高，一般为固体。

$$R-\underset{H}{\underset{|}{N}}-H\cdots O=\underset{\underset{H}{\underset{|}{N}}-H\cdots}{C}-R$$

所有羧酸衍生物都能溶于乙醚、氯仿、丙酮和苯等有机溶剂。酰卤和酸酐遇水分解；酯难溶于水，低级的酰胺可与水混溶。

三、羧酸衍生物的化学性质

1. 取代反应

四种羧酸衍生物发生取代反应时的活性顺序为：酰卤＞酸酐＞酯＞酰胺。

（1）水解反应　酰卤、酸酐、酯和酰胺四种羧酸衍生物均可发生水解反应生成对应的羧酸。酯和酰胺在碱性条件下水解生成的羧酸可继续和碱反应生成羧酸盐。

$$\begin{array}{l} R-\overset{O}{\overset{\|}{C}}-Cl \\ R-\overset{O}{\overset{\|}{C}}-O-\overset{O}{\overset{\|}{C}}-R' \\ R-\overset{O}{\overset{\|}{C}}-OR' \\ R-\overset{O}{\overset{\|}{C}}-NH_2 \end{array} + H-OH \longrightarrow \begin{array}{l} \xrightarrow{室温} R-\overset{O}{\overset{\|}{C}}-OH + HCl \\ \xrightarrow{\Delta} R-\overset{O}{\overset{\|}{C}}-OH + R'COOH \\ \xrightarrow[\Delta]{H^+/OH^-} R-\overset{O}{\overset{\|}{C}}-OH + R'OH \\ \xrightarrow[回流]{H^+/OH^-} R-\overset{O}{\overset{\|}{C}}-OH + NH_3 \end{array}$$

四种羧酸衍生物发生水解反应的活性顺序为：酰卤＞酸酐＞酯＞酰胺。低级酰卤遇水立即发生反应，如乙酰氯可和空气中的水蒸气发生水解反应，并产生大量白色烟雾（水解生成的 HCl）。酸酐加热后才会和水迅速反应。酯的水解只有在酸或碱催化下才能进行，酸催化下酯的水解是酯化反应的逆反应，水解不能进行完全；而碱催化下酯水解生成的羧酸与碱生成盐后可从平衡中除去，因此碱性条件下的水解反应可进行到底。酯碱性条件下的水解在生产上具有重要意义，可用于制造肥皂，因此酯的碱性水解又称皂化反应。例如，高级脂肪酸的甘油酯在碱性条件下水解得到高级脂肪酸的钠盐，即肥皂的主要成分。

$$\begin{array}{l} CH_2-O-\overset{O}{\overset{\|}{C}}-R_1 \\ CH-O-\overset{O}{\overset{\|}{C}}-R_2 \\ CH_2-O-\overset{O}{\overset{\|}{C}}-R_3 \end{array} \xrightarrow{NaOH/H_2O} \begin{array}{l} CH_2OH \quad R_1COONa \\ CHOH \quad + \quad R_2COONa \\ CH_2OH \quad R_3COONa \end{array}$$

反应应用

> 酯的碱性水解又称皂化反应，可用于制造肥皂和其他洗涤剂。钠皂为硬皂，钾皂为软皂。

(2) 醇解反应　酰卤、酸酐、酯和酰胺四种羧酸衍生物均可发生醇解反应生成酯，醇解反应活性顺序和水解反应的活性顺序相同。

$$\begin{array}{c}
R-\overset{O}{\underset{\|}{C}}-Cl \\
R-\overset{O}{\underset{\|}{C}}-O-\overset{O}{\underset{\|}{C}}-R' \\
R-\overset{O}{\underset{\|}{C}}-OR' \\
R-\overset{O}{\underset{\|}{C}}-NH_2
\end{array} + H-OR'' \longrightarrow \begin{array}{l}
\xrightarrow{} R-\overset{O}{\underset{\|}{C}}-OR'' + HCl \\
\xrightarrow{H^+/OH^-}{\triangle} R-\overset{O}{\underset{\|}{C}}-OR'' + R'COOH \\
\xrightleftharpoons{H^+/OH^-} R-\overset{O}{\underset{\|}{C}}-OR'' + R'OH \\
\xrightarrow{H^+/OH^-} R-\overset{O}{\underset{\|}{C}}-OR'' + NH_3
\end{array}$$

酰氯与醇反应速率比较快，是合成酯的常用方法，可合成难以通过酸的酯化合成的酯，例如酚酯。酸酐和醇的反应比酰卤温和，可用酸或碱催化，也是合成酯的常用方法，用碱催化时，生成的羧酸和碱反应以羧酸盐的形式存在。酯的醇解反应又称酯交换反应，即醇分子中的烷氧基取代酯中的烷氧基，该反应是可逆的，需要酸、碱催化，常用于合成高级醇的酯，因高级醇难以直接和羧酸酯化生成酯。

反应应用

> 羧酸衍生物的醇解反应可合成一些难以通过酸和醇的酯化合成的酯，例如高级醇的酯，可先合成低级醇的酯，再利用酯交换反应得到高级醇的酯。

(3) 氨解反应　酰氯、酸酐、酯和酰胺均可与氨或胺发生氨解反应生成酰胺。

$$\begin{array}{c}
R-\overset{O}{\underset{\|}{C}}-Cl \\
R-\overset{O}{\underset{\|}{C}}-O-\overset{O}{\underset{\|}{C}}-R' \\
R-\overset{O}{\underset{\|}{C}}-OR'
\end{array} + NH_3 \begin{array}{l}
\xrightarrow{} R-\overset{O}{\underset{\|}{C}}-NH_2 + NH_4Cl \\
\xrightarrow{H^+/OH^-} R-\overset{O}{\underset{\|}{C}}-NH_2 + R'COONH_4 \\
\xrightarrow{H^+/OH^-} R-\overset{O}{\underset{\|}{C}}-NH_2 + R'OH
\end{array}$$

酰氯与氨或胺的反应速率比较快，生成胺和HCl，生成的HCl与氨或胺结合成盐。酸酐也容易和氨或胺反应生成酰胺和羧酸，生成的羧酸也与氨或胺结合成盐。酯和酰胺也可发生氨解，但酰胺的氨解是可逆反应。

2. 还原反应

羧酸衍生物容易被还原，酰氯、酸酐和酯可被氢化铝锂还原成相应的伯醇，而酰胺则被还原成胺。氢化铝锂具有选择性，能把酯还原成醇而不影响分子中的 C=C，因此该反应常用于有机合成中。例如：

$$CH_3CH=CHCOOCH_2CH_3 \xrightarrow[H_2O, H^+]{LiAlH_4} CH_3CH=CHCH_2OH + CH_3CH_2OH$$

$$CH_3(CH_2)_{10}COOCH_3 \xrightarrow[H_2O, H^+]{LiAlH_4} CH_3(CH_2)_{10}CH_2OH + CH_3OH$$

　　　月桂酸甲酯　　　　　　　　　月桂醇（十二醇）

反应应用

> 月桂酸甲酯的还原产物月桂醇是合成洗涤剂和增塑剂的原料。

3. 酰胺的特性

酰胺除具有羧酸衍生物的一般通性外，还具有一些特殊性质。

（1）酸碱性　酰胺分子中氮原子上的孤对电子与羰基形成 p-π 共轭，电子云向羰基方向移动，使得氮原子上的电子云密度降低，与质子的结合能力降低，因此碱性减弱，酰胺呈现近中性，只有在强酸作用下才显示为弱碱性。例如：

$$CH_3-\overset{O}{\underset{\|}{C}}-NH_2 + HCl \xrightarrow{乙醚} CH_3-\overset{O}{\underset{\|}{C}}-NH_2 \cdot HCl$$

生成的盐不稳定，遇水即可分解成乙酰胺。

（2）脱水反应　在强脱水剂作用下，酰胺可发生分子内脱水生成腈，常用的脱水剂有：P_2O_5、PCl_5、$SOCl_2$ 等。例如：

$$CH_3CH_2-\overset{O}{\underset{\|}{C}}-NH_2 \xrightarrow[\triangle]{P_2O_5} CH_3CH_2-C\equiv N + H_2O$$

（3）霍夫曼降解　酰胺与卤素的氢氧化钠溶液或次卤酸钠作用，失去羰基，生成比原来少一个碳原子的伯胺，这个反应称为霍夫曼降解反应。例如：

$$R-\overset{O}{\underset{\|}{C}}-NH_2 \xrightarrow{Br_2, NaOH} RNH_2$$

反应应用

> 霍夫曼降解反应用来制备少一个碳原子的伯胺。

四、重要的羧酸衍生物

1. 乙酰氯

乙酰氯为无色、有刺激性气味的液体，沸点为 51℃，在空气中可"发烟"，能与乙醚、

氯仿、乙酸、苯和汽油混溶。乙酰氯的主要用途是作为乙酰化试剂和化学试剂。

2. 乙酸酐

乙酸酐，又名醋酸酐，为无色并具有极强醋酸气味的液体，沸点为139.5℃。乙酸酐溶于乙醚、苯和氯仿，是一种优良的溶剂，也是重要的乙酰化试剂，工业上主要用于制作醋酯纤维，合成染料、医药、香料和油漆等。

3. 顺丁烯二酸酐

顺丁烯二酸酐又名马来酸酐和失水苹果酸酐，俗称顺酐。顺酐为无色结晶性粉末，有强烈的刺激性气味，易升华，溶于乙醇、乙醚和丙酮，难溶于石油醚和四氯化碳，主要用于制药、农药、染料中间体及聚酯树脂等行业，也用作防腐剂。

4. 乙酸乙酯

乙酸乙酯为无色的可燃性液体，有水果香味，微溶于水，溶于乙醇、乙醚和氯仿等有机溶剂。工业上主要用于制取染料、药物和香料等。

5. 二羰基化合物——乙酰乙酸乙酯

乙酰乙酸乙酯的性质

分子中含有两个羰基的化合物统称为二羰基化合物。分子中含有两个羰基，两个羰基之间夹有一个亚甲基的化合物称为β-二羰基化合物，常见的是乙酰乙酸乙酯。乙酰乙酸乙酯是无色、有水果香味的液体，微溶于水，易溶于乙醇和乙醚等有机溶剂。

受两个羰基吸电子作用的影响，两个羰基之间的亚甲基上的氢原子很活泼，存在酮式-烯醇式互变的动态平衡体系，即乙酰乙酸乙酯由酮式和烯醇式两种结构组成，并且能相互转变。通常，室温下，液态乙酰乙酸乙酯是由92.5%的酮式异构体和约7.5%的烯醇式异构体组成的混合物。

$$CH_3-\overset{O}{\underset{\|}{C}}-CH_2-\overset{O}{\underset{\|}{C}}-OCH_2CH_3 \rightleftharpoons CH_3-\overset{OH}{\underset{|}{C}}=CH-\overset{O}{\underset{\|}{C}}-OCH_2CH_3$$

乙酰乙酸乙酯（酮式结构）   乙酰乙酸乙酯（烯醇式结构）

大量实验表明，乙酰乙酸乙酯能使溴水褪色，并能使$FeCl_3$显色。这都说明乙酰乙酸乙酯同时具有烯醇式和酮式两种结构。

拓展窗

油 脂

油脂是维持人类生命的基本物质，普遍存在于动物脂肪组织和植物种子中。其中，在常温下呈固态或半固态的称为脂肪，如猪油、牛油和羊油等；常温下呈液态的称为油，如豆油、菜油和花生油等。一般脂分子中的脂肪酸多为长链饱和的，多来自动物；油分子中的脂肪酸多为不饱和的，多来自植物。

油脂不论来自动植物，也不论是液态或固态，水解产物均是高级脂肪酸和甘油。因此，油脂是由高级脂肪酸和甘油所形成的酯类化合物。1854年法国化学家贝特罗贝塞罗利用甘油和高级脂肪酸一起加热制备了油脂，这进一步证实了油脂的结构：

$$\begin{array}{l} CH_2-O-\overset{\displaystyle O}{\underset{\displaystyle \|}{C}}-R_1 \\ CH-O-\overset{\displaystyle O}{\underset{\displaystyle \|}{C}}-R_2 \\ CH_2-O-\overset{\displaystyle O}{\underset{\displaystyle \|}{C}}-R_3 \end{array}$$

若 R_1、R_2、R_3 相同，则高级脂肪酸形成的甘油酯称为单纯甘油酯；若 R_1、R_2、R_3 不同，则称为混合甘油酯。天然油脂大多为混合甘油酯。组成油脂的饱和脂肪酸中最普遍的是软脂酸（十六碳酸）和硬脂酸（十八碳酸），其次是月桂酸（十二碳酸）。而组成油脂的不饱和脂肪酸中最普遍的是油酸，其次是亚油酸和亚麻酸。动物脂肪中含有较多的高级饱和脂肪酸甘油酯，因此动物脂肪在常温下为固态；植物油中不饱和脂肪酸甘油酯的含量较多，因此植物油在常温下为液态。

油脂在酸、碱催化下均可发生水解反应，产物是甘油和高级脂肪酸。酸催化下，反应是可逆的；在碱 NaOH 催化下水解，生成的高级脂肪酸和碱生成脂肪酸盐，可完全水解，而此高级脂肪酸的钠盐称为肥皂，也把油脂在碱性条件下的水解反应称为皂化反应。

本章小结

一、羧酸的命名

羧基（—COOH）位于羧酸分子链的末端，因此脂肪羧酸命名时是选择含有羧基的最长碳链为主链，然后从羧基开始编号。芳香羧酸命名时则按照取代芳香烃的命名方法。

二、羧酸的化学性质

1.酸性

(1) 酸性强弱　无机酸＞RCOOH＞H_2CO_3＞苯酚＞H_2O＞ROH。

(2) 酸性强弱规律如下：

① 连吸电子基时，酸性增强；连供电子基时，酸性减弱。

② 吸电子基越多，酸性越强。

③ 吸电子基距羧基越远，酸性越弱。

2.羧基上羟基的取代反应

羧酸分子中的羟基可被卤原子（—X）、酰氧基（—OCOR）、烷氧基（—OR′）、氨基（—NH_2）等取代，分别生成酰卤、酸酐、酯和酰胺等羧酸衍生物。

$$R-\overset{O}{\underset{\|}{C}}-OH \xrightarrow{PX_3} R-\overset{O}{\underset{\|}{C}}-X \quad (X=Cl、Br、I)$$

$$2CH_3COOH \xrightarrow[\triangle]{P_2O_5} \begin{array}{c} CH_3-\overset{O}{\underset{\|}{C}} \\ CH_3-\underset{\|}{\overset{}{C}} \\ O \end{array} \!\!\!\! O \;+\; H_2O$$

$$R-\underset{\substack{\|\\O}}{C}-[OH + H]O-R' \underset{\triangle}{\overset{\text{浓}H_2SO_4}{\rightleftharpoons}} R-\underset{\substack{\|\\O}}{C}-O-R' + H_2O$$

$$R-\underset{\substack{\|\\O}}{C}-OH \xrightarrow{NH_3} R-\underset{\substack{\|\\O}}{C}-ONH_4 \xrightarrow[\triangle]{-H_2O} R-\underset{\substack{\|\\O}}{C}-NH_2$$

3. α-H 的卤代反应

羧酸分子中的 α-H 在少量红磷或卤化磷存在下可与卤素反应，生成 α-卤代酸。

$$CH_3COOH \xrightarrow[P]{Cl_2} ClCH_2COOH \xrightarrow[P]{Cl_2} Cl_2CHCOOH \xrightarrow[P]{Cl_2} Cl_3CCOOH$$
一氯乙酸　　二氯乙酸　　三氯乙酸

4. 羧基的还原反应

羧酸能被强还原剂氢化铝锂还原为伯醇，只还原羧基不还原双键或三键。

$$CH_3-CH=CH-COOH \xrightarrow{LiAlH_4} CH_3-CH=CH-CH_2OH$$

5. 脱羧反应

当 α-C 上连有卤素、硝基和酰基时，羧酸较容易脱去羧基放出二氧化碳。

$$Cl_3CCOOH \xrightarrow{\triangle} CHCl_3 + CO_2\uparrow$$

三、羧酸衍生物的命名

$$\boxed{R-\underset{\substack{\|\\O}}{C}-X} \quad \boxed{R-\underset{\substack{\|\\O}}{C}-O-\underset{\substack{\|\\O}}{C}-R'} \quad \boxed{R-\underset{\substack{\|\\O}}{C}-OR'} \quad \boxed{R-\underset{\substack{\|\\O}}{C}-NH_2}$$
酰卤　　　　　　酸酐　　　　　　　酯　　　　　酰胺

1. 酰卤的命名

酰卤的通式为：$R-\underset{\substack{\|\\O}}{C}-X$（X=F、Cl、Br、I），命名为"某酰卤"，即酰基的名称加上卤素的名称。

2. 酸酐的命名

酸酐的通式为：$R-\underset{\substack{\|\\O}}{C}-O-\underset{\substack{\|\\O}}{C}-R'$，命名为"某酸酐"，即由羧酸的名称加"酐"组成。混酐命名时将简单的羧酸写在前面，复杂的写在后面。

3. 酯的命名

酯的通式为：$R-\underset{\substack{\|\\O}}{C}-OR'$，命名为"某酸某酯"。

4. 酰胺的命名

酰胺的通式为：$R-\underset{\substack{\|\\O}}{C}-NH_2$，命名为"某酰胺"，即酰基的名称加上"胺"字。若酰胺氮原子上连有取代基，则命名为：N-取代基某酰胺。当氮原子上连有多个取代基时，先命名简单的取代基，再命名复杂的。

常见羧酸衍生物的命名如下：

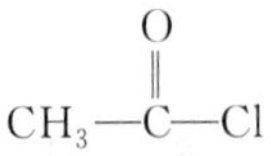

乙酰氯 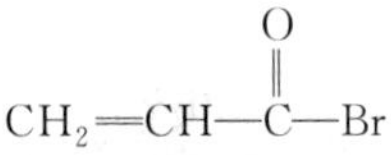　　丙烯酰溴 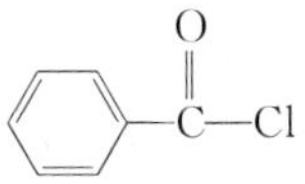　　苯甲酰氯

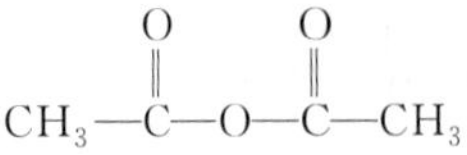

乙酸酐 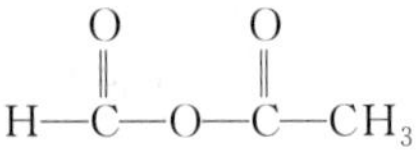　　甲乙酐 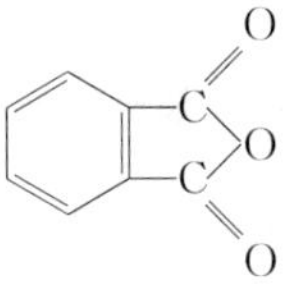　　邻苯二甲酸酐

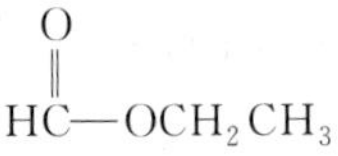

甲酸乙酯 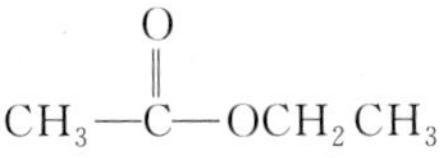　　乙酸乙酯 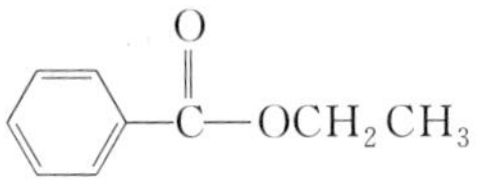　　苯甲酸乙酯

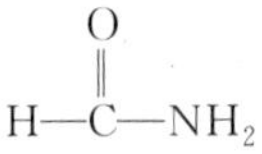

甲酰胺 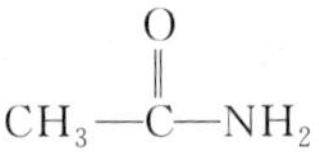　　乙酰胺 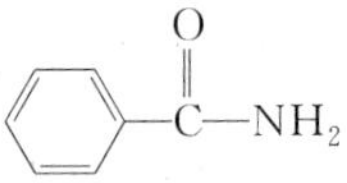　　苯甲酰胺

四、羧酸衍生物的化学性质

1. 取代反应

(1) 水解反应　酰卤、酸酐、酯和酰胺四种羧酸衍生物均可发生水解反应，生成对应的羧酸。

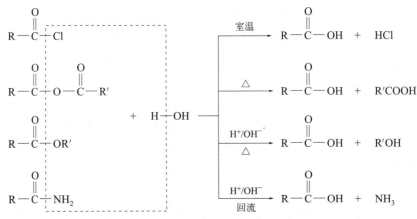

四种羧酸衍生物发生水解反应的活性顺序为：酰卤＞酸酐＞酯＞酰胺。

(2) 醇解反应　酰卤、酸酐、酯和酰胺四种羧酸衍生物均可发生醇解反应生成酯，醇解反应活性顺序和水解反应的活性顺序相同。

(3) 氨解反应　酰卤、酸酐、酯和酰胺均可与氨或胺发生氨解反应生成酰胺。

2. 还原反应

酰卤、酸酐和酯可被氢化铝锂还原成相应的伯醇，而酰胺则被还原成胺。

$$CH_3CH=CHCOOCH_2CH_3 \xrightarrow[H_2O, H^+]{LiAlH_4} CH_3CH=CHCH_2OH + CH_3CH_2OH$$

3. 酰胺的特性

(1) 酸碱性　酰胺呈现近中性，只有在强酸作用下才显示为弱碱性。

(2) 脱水反应　在强脱水剂作用下，酰胺可发生分子内脱水生成腈，常用的脱水剂有：

P_2O_5、PCl_5、$SOCl_2$ 等。

$$CH_3CH_2-\overset{O}{\underset{\|}{C}}-NH_2 \xrightarrow[\triangle]{P_2O_5} CH_3CH_2-C\equiv N + H_2O$$

（3）霍夫曼降解　酰胺与卤素的氢氧化钠溶液或次卤酸钠作用，失去羰基，生成比原来少一个碳原子的伯胺，这个反应称为霍夫曼降解反应。

$$R-\overset{O}{\underset{\|}{C}}-NH_2 \xrightarrow{Br_2, NaOH} RNH_2$$

4. 乙酰乙酸乙酯

乙酰乙酸乙酯能使溴水褪色，并能使 $FeCl_3$ 显色，其同时具有烯醇式和酮式两种结构。

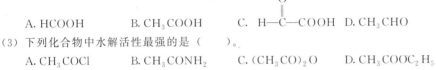

乙酰乙酸乙酯（酮式结构）　　　　　　乙酰乙酸乙酯（烯醇式结构）

习题

一、单选题

(1) 下列化合物中酸性最强的是（　　）。
　　A. $CH_2BrCOOH$　　B. $CH_2ClCOOH$　　C. CCl_3COOH　　D. $CHCl_2COOH$

(2) 不能发生银镜反应的化合物是（　　）。
　　A. HCOOH　　B. CH_3COOH　　C. $H-\overset{O}{\underset{\|}{C}}-COOH$　　D. CH_3CHO

(3) 下列化合物中水解活性最强的是（　　）。
　　A. CH_3COCl　　B. CH_3CONH_2　　C. $(CH_3CO)_2O$　　D. $CH_3COOC_2H_5$

(4) 不溶于水的化合物是（　　）。
　　A. 乙醇　　B. 乙酸乙酯　　C. 乙酸　　D. 乙酰胺

(5) 乙酰氯的乙醇解产物是（　　）。
　　A. 乙酸酐　　B. 乙酸乙酯　　C. 乙酰胺　　D. 乙酸

(6) 下列化合物中不能发生银镜反应的是（　　）。
　　A. 甲酸酯　　B. 甲酰胺　　C. 甲酸　　D. 甲基酮

(7) 下列化合物中酸性最强的是（　　）。
　　A. 苯酚　　B. 乙酸　　C. 甲酸　　D. 乙二酸

(8) 可用于分离苯甲酸和苯酚的试剂（　　）。
　　A. $NaHCO_3$　　B. NaOH　　C. HCl　　D. NaCl

(9) 下列化合物中不能使溴水褪色的是（　　）。
　　A. 苯乙烯　　B. 苯乙炔　　C. 乙酰乙酸乙酯　　D. 苯乙酸

(10) 下列物质中酸性最强的是（　　）。
　　A. HCl　　B. 苯酚　　C. H_2CO_3　　D. H_2O

二、命名下列化合物

(1) $CH_3CH_2CH_2-\overset{O}{\underset{\|}{C}}-Cl$　　　　(2) $CH_3CH_2\overset{O}{\underset{\|}{C}}-O-\overset{O}{\underset{\|}{C}}-CH_3$

(3) 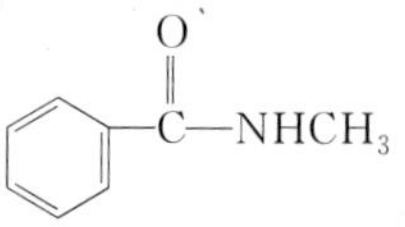 C₆H₅—C(=O)—NHCH₃

(4) CH₃CH₂CH₂OCOCH₃

(5) 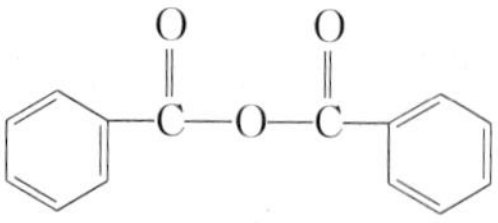 C₆H₅—C(=O)—O—C(=O)—C₆H₅

(6) CH₃C(=O)NH₂

(7) 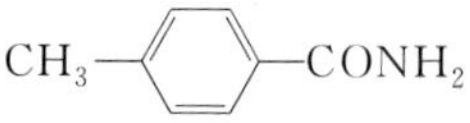 CH₃—C₆H₄—CONH₂

(8) 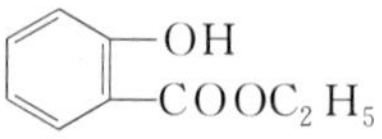 2-HO-C₆H₄-COOC₂H₅

(9) 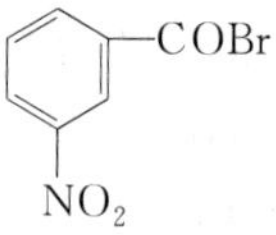 3-NO₂-C₆H₄-COBr

(10) H—C(=O)—N(CH₃)₂

三、写出下列化合物的构造式

(1) 水杨酸　　　　　(2) N-甲基苯甲酰胺　　　(3) 对甲基苯甲酰氯
(4) 三乙酸甘油酯　　(5) 乙酰胺　　　　　　　(6) 甲酰氯
(7) 乙酸酐　　　　　(8) 乙酸乙酯　　　　　　(9) 甲酸苯甲酯
(10) 乙酰乙酸乙酯　　(11) 邻苯二甲酸酐　　　　(12) 2,2-二甲基戊酸
(13) 邻羟基苯甲酸苄酯 (14) 草酸　　　　　　　(15) 乙酰苯胺

四、完成下列反应式（写出主要产物）

(1) $CH_3COOH + CH_3CH_2OH \xrightarrow{H_2SO_4, \triangle}$

(2) $H_2C(COOH)_2 \xrightarrow{\triangle}$

(3) 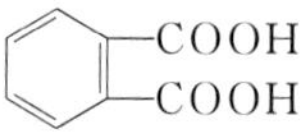 邻-C₆H₄(COOH)₂ $\xrightarrow{P_2O_5, \triangle}$

(4) $CH_3COOH \xrightarrow{PCl_5}$

(5) 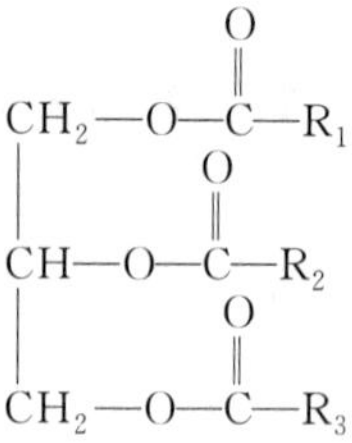
$$\begin{array}{l} CH_2-O-C(=O)-R_1 \\ CH-O-C(=O)-R_2 \\ CH_2-O-C(=O)-R_3 \end{array} \xrightarrow{NaOH/H_2O}$$

(6) $CH_3-CH=CH-COOH \xrightarrow{LiAlH_4}$

(7) 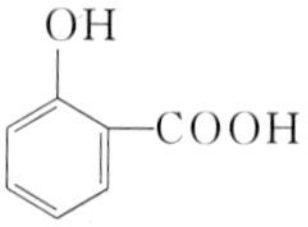 2-HO-C₆H₄-COOH + NaHCO₃ ⟶

(8) 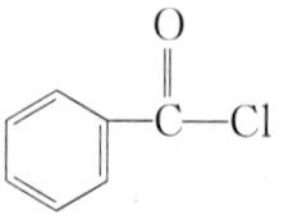 C₆H₅-C(=O)-Cl + NH₃ ⟶

(9) 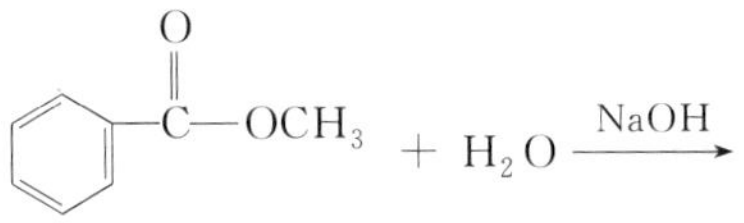 C₆H₅−C(=O)−OCH₃ + H₂O $\xrightarrow{\text{NaOH}}$

(10) 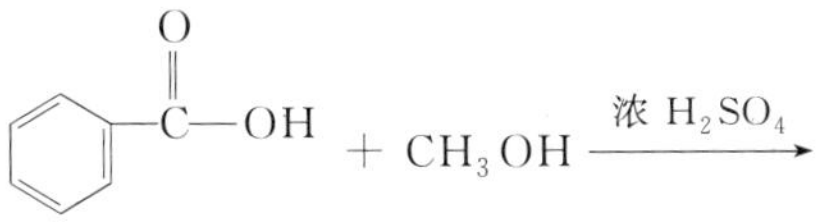 C₆H₅−C(=O)−OH + CH₃OH $\xrightarrow{\text{浓 H}_2\text{SO}_4}$

五、鉴别下列各组化合物

(1) 甲酸　乙酸　丙酮

(2) 苄醇　苯甲酸　对甲基苯酚

六、试用化学方法将苯甲酸、苯甲醇和对甲基苯酚的混合物分离。

七、推导结构

① 化合物 A、B、C 的分子式都是 $C_3H_6O_2$。A 与 $NaHCO_3$ 溶液作用放出 CO_2，B 和 C 则不反应，但 B 和 C 在 NaOH 溶液中加热后，均可发生水解，从 B 水解液中蒸馏出的液体能发生碘仿反应，试推测 A、B、C 的构造式。

② 某芳香烃 A 的分子式为 C_9H_{12}，经高锰酸钾氧化后生成化合物 B（$C_8H_6O_4$）。B 与 Br_2/Fe 作用，只得到一种产物 C($C_8H_5BrO_4$)。试写出 A、B、C 的构造式。

③ 化合物 A 的分子式为 $C_4H_6O_4$，加热后得到化合物 B($C_4H_4O_3$)，将 A 与过量甲醇及少量硫酸一起加热得化合物 C($C_6H_{10}O_4$)。B 与过量甲醇作用也得到 C。A 与 $LiAlH_4$ 作用后得化合物 D($C_4H_{10}O_2$)。写出 A、B、C、D 的构造式以及它们之间相互转化的反应式。

第十二章
有机含氮化合物

学习目标

1. 掌握硝基化合物、胺类化合物的命名；
2. 掌握芳香族硝基化合物的化学性质；
3. 掌握胺类化合物重要的化学性质；
4. 理解偶氮化合物的性质。

案例导入

苯扎溴铵（新洁尔灭）属于季铵盐类低效消毒剂，是一种阳离子表面活性剂，有较强的杀菌和去垢能力，毒性低，医药上常用其 $1g \cdot L^{-1}$ 的溶液进行皮肤消毒，其结构简式为：

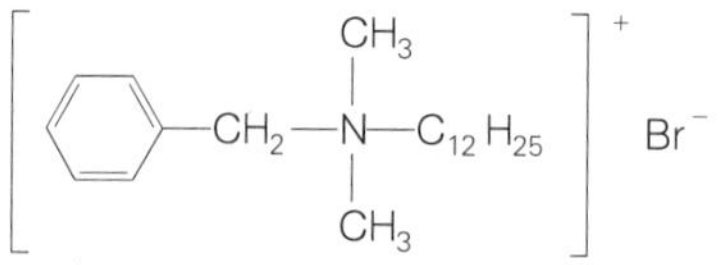

$$\left[C_6H_5-CH_2-\overset{\overset{\displaystyle CH_3}{|}}{\underset{\underset{\displaystyle CH_3}{|}}{N}}-C_{12}H_{25} \right]^+ Br^-$$

因苯扎溴铵属抑菌剂，对肝炎病毒、结核杆菌及细菌芽孢无杀灭作用，并且遇硬水、肥皂及蛋白质会降低或失去作用，因此，使用时一般只用作部分皮肤、黏膜消毒和外伤、灼伤创面的冲洗，不宜用作手术器械的消毒和特殊感染的处理消毒，并在使用时忌与碱性液体混用。

含氮化合物是一类氮和碳直接相连的化合物，简单地讲，就是分子中含有氮元素的化合物。有机含氮化合物不仅在工业、农业和日常生活中具有重要应用，许多临床药物也常是含氮的有机化合物。本章重点学习芳香族硝基化合物、胺、重氮化合物、偶氮化合物、腈等含氮化合物。

第一节 硝基化合物

硝基化合物是指分子中含有硝基（—NO_2）的化合物，也可看作烃分子中氢原子被硝基取代后的产物，一般用 RNO_2 或 $ArNO_2$ 表示。本节主要学习芳香族硝基化合物。

一、芳香族硝基化合物的分类和命名

根据与硝基相连碳原子种类的不同,芳香族硝基化合物分为伯、仲、叔硝基化合物;根据硝基数目的不同,分为一元硝基化合物和多元硝基化合物。

芳香族硝基化合物命名时,一般以芳香烃基为母体,硝基作为取代基。例如:

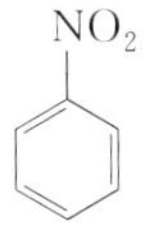

硝基苯 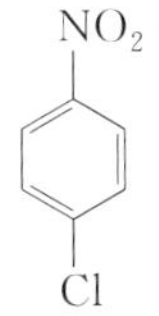　　　对硝基氯苯 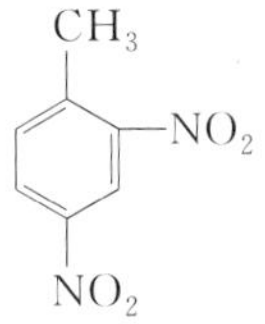　　　2,4-二硝基甲苯

二、芳香族硝基化合物的性质

1. 芳香族硝基化合物的物理性质

大部分芳香族硝基化合物为淡黄色固体,大多有苦杏仁味,有的具有强烈的香味,如叔丁基苯的某些多元硝基化合物有类似天然麝香的气味,可作为化妆品定香剂。芳香族硝基化合物一般都有毒性,吸入或皮肤接触都能导致中毒,使用时需做好防护。硝基化合物的相对密度都大于1,不溶于水,而溶于有机溶剂。随着分子中硝基数目的增加,多元硝基化合物熔、沸点和密度增大,苦味也随之增加,而热稳定性降低,受热时易分解、易爆炸,可作为炸药,如 2,4,6-三硝基甲苯(TNT)是强烈的炸药。

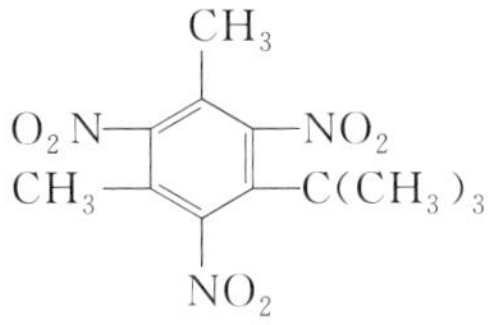

二甲苯麝香 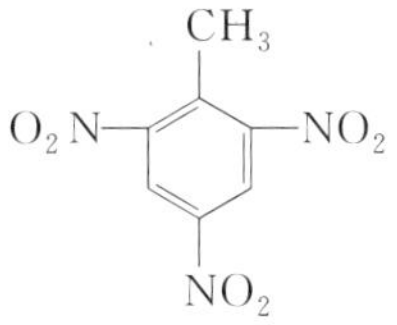　　　2,4,6-三硝基甲苯(TNT)

2. 芳香族硝基化合物的化学性质

(1) 还原反应　芳香族硝基化合物容易被还原,且在不同还原条件下得到不同的还原产物。

① 催化氢化　芳香族硝基苯催化加氢生成芳香胺,例如:

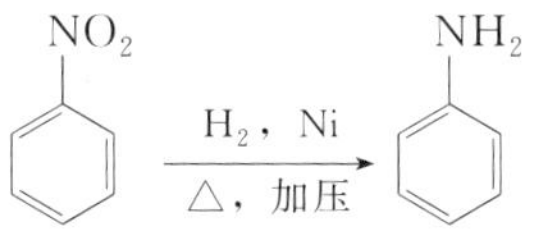

② 还原剂的还原　芳香族硝基苯在酸性条件下以 Fe 或 Zn 为还原剂,其最终产物是伯胺。例如:

 反应应用

芳香族硝基化合物的还原有很大的工业价值,工业上,苯胺就是由硝基苯的还原得到的。苯胺具有臭味,有毒,微溶于水,易溶于有机溶剂。

(2) 苯环上的亲电取代反应 硝基是间位定位基,可使苯环钝化,因此硝基存在时,芳香族硝基化合物会比苯更难发生亲电取代反应。常见的亲电取代反应如下:

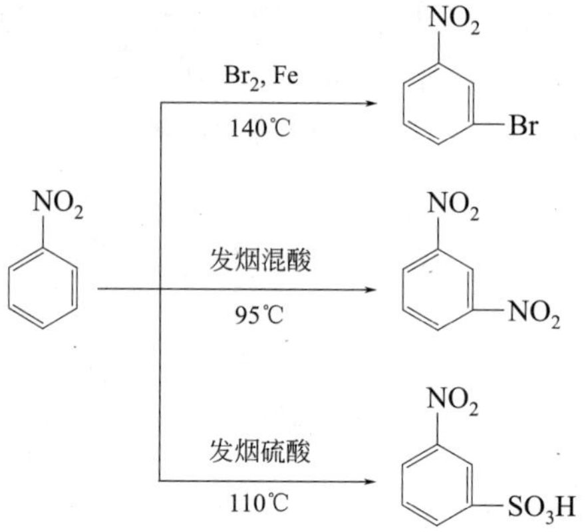

硝基苯 $\xrightarrow{Br_2, Fe, 140℃}$ 间溴硝基苯

硝基苯 $\xrightarrow{发烟混酸, 95℃}$ 间二硝基苯

硝基苯 $\xrightarrow{发烟硫酸, 110℃}$ 间硝基苯磺酸

3. 硝基对苯环上其他基团的影响

(1) 使苯环上的卤原子活化 氯苯很稳定,一般条件下氯苯很难与氢氧化钠作用生成酚,如氯苯与 NaOH 在 220℃下共热也不能水解生成苯酚。若在氯原子的邻、对位引入硝基,硝基强的吸电子作用会使苯环上的电子云密度降低,且邻、对位降低得更多,利于亲核试剂的进攻,使得卤原子的活性增强,很容易被羟基取代;硝基越多,卤原子的活性越强。例如:

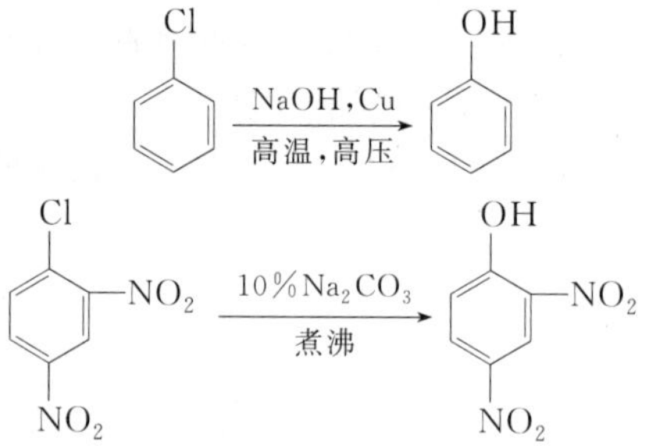

氯苯 $\xrightarrow{NaOH, Cu, 高温,高压}$ 苯酚

2,4-二硝基氯苯 $\xrightarrow{10\% Na_2CO_3, 煮沸}$ 2,4-二硝基苯酚

(2) 使酚或芳香酸的酸性增强 当酚羟基的邻、对位上有硝基时,硝基的吸电子作用,使羟基氢原子质子化的倾向增强,即酸性增强。由于邻、对位电子云密度降低程度较大,因此邻硝基苯酚和对硝基苯酚的酸性比间硝基苯酚的酸性强,且硝基数目越多,酚的酸性越强。例如:

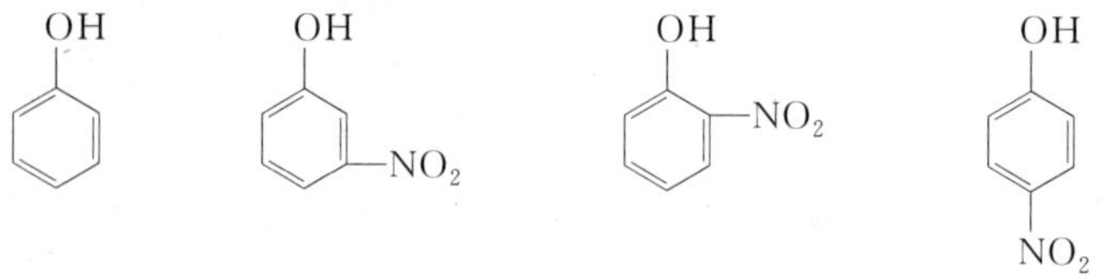

	苯酚	间硝基苯酚	邻硝基苯酚	对硝基苯酚
pKa	10.00	8.30	7.21	7.16

硝基对芳香羧酸的酸性影响同酚,例如:

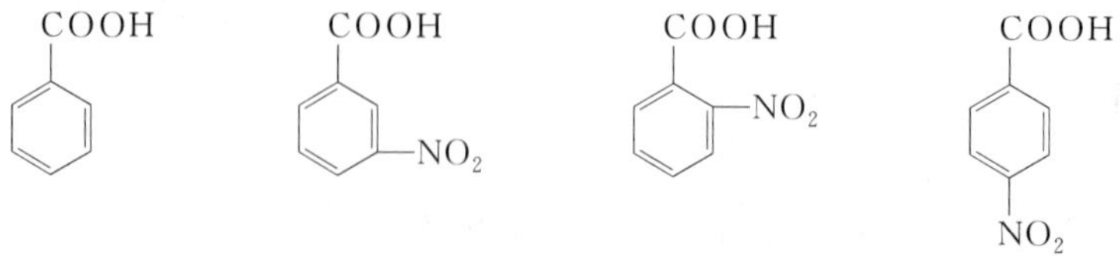

	苯甲酸	间硝基苯甲酸	邻硝基苯甲酸	对硝基苯甲酸
pKa	4.17	3.49	2.21	3.40

> **课内练习**
>
> 按酸性从强到弱的顺序排列下列化合物。
>
> (1) 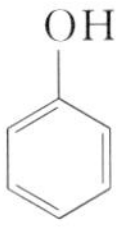 苯酚 (2) 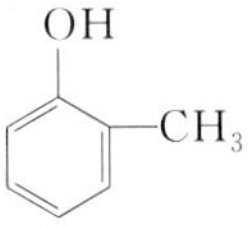 邻甲基苯酚 (3) 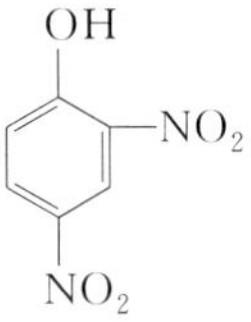 2,4-二硝基苯酚 (4) 对硝基苯酚

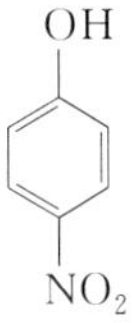

第二节 胺

一、胺的分类和命名

1. 胺的分类

胺可看作氨分子（NH_3）中的氢原子被烃基取代后的产物。根据氨分子氢原子被烃基取代的个数将胺分为伯胺、仲胺和叔胺；氨中一个氢原子被烃基取代的称为伯胺；两个氢原子被烃基取代的称为仲胺；三个氢原子被烃基取代的称为叔胺。

应注意，伯胺、仲胺、叔胺与伯、仲、叔醇意义不同，例如：

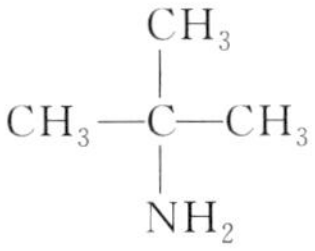

$(CH_3)_3C-NH_2$　　$(CH_3)_3C-OH$
叔丁胺　　　　　叔丁醇
（伯胺）　　　　（叔醇）

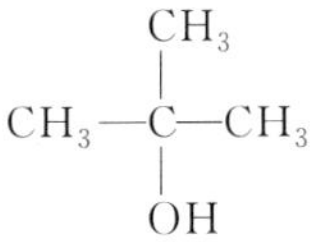

根据胺分子中氮原子所连烃基的种类不同，可分为脂肪胺和芳香胺两类。氮原子直接与脂肪烃基相连的化合物，称为脂肪胺，氮原子直接与芳香烃基相连的化合称，称为芳香胺。例如：

$CH_3CH_2NH_2$　　　　$C_6H_5-NH_2$
乙胺　　　　　　　苯胺
（脂肪胺）　　　　（芳香胺）

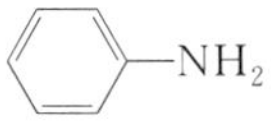

根据胺分子中氨基数目的不同，可分为一元胺、二元胺和多元胺。例如：

CH_3NH_2　　$H_2NCH_2CH_2NH_2$　　$H_2NCH_2CH(NH_2)CH_2NH_2$
一元胺　　　　二元胺　　　　　　　多元胺

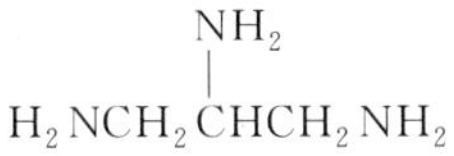

2. 胺的命名

（1）简单胺的命名　以胺为母体，烃基作为取代基，命名为"某胺"。例如：

$CH_3CH_2CH_2NH_2$　　　　$C_6H_5-CH_2NH_2$
丙胺　　　　　　　苯甲胺（苄胺）

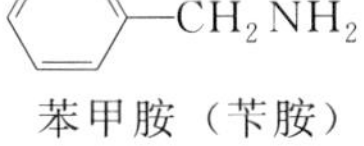

当氮原子上同时连有脂肪烃基和芳香烃基时，则以芳香胺为母体。为表示脂肪烃基是连在氮原子上的，命名时可在脂肪烃基前加字母"N"。例如：

C_6H_5-NHCH$_2$CH$_3$ C_6H_5-N(CH$_3$)CH$_2$CH$_3$

N-乙基苯胺　　　　　　　N-甲基-N-乙基苯胺

当氮原子上连有两个或三个相同取代基时，要合并取代基。例如：

C_6H_5-N(CH$_3$)$_2$　　　　　$(CH_3)_3N$

N,N-二甲基苯胺　　　　三甲胺

(2) 复杂胺的命名　采用系统命名法，把氨基看作取代基，烃作为母体来命名。例如：

$$CH_3CHCH_2CHCH_2CH_3$$
$$\quad|\qquad\quad|$$
$$CH_3\quad\ NH_2$$

2-甲基-4-氨基己烷

(3) 铵盐和季铵化合物的命名　与无机盐类似，在"铵"字前加上烃基名称即可。例如：

$(CH_3)_2NH_2^+Cl^-$　　　　$[(CH_3)_4N]^+OH^-$　　　　$[(CH_3)_3NCH_2CH_3]^+Cl^-$

氯化二甲铵　　　　氢氧化四甲铵　　　　氯化三甲乙铵

注意：表示基团时用"氨"；表示 NH_3 的衍生物时用"胺"；表示铵盐或季铵化合物时用"铵"。

二、胺的物理性质

低级脂肪胺，如甲胺、二甲胺、三甲胺和乙胺，常温下均为气体，而其他六个碳原子以下的低级胺为液体，高级胺为无臭固体。低级胺的气味和氨相似，有的胺（如三甲胺）有鱼腥味，有的胺有特殊气味，如1,5-戊二胺有恶臭的气味，被称为尸胺。

芳香胺为高沸点的无色液体或低熔点的固体，有特殊臭味，毒性大，吸入或皮肤接触都会中毒，一些胺及其衍生物甚至有致癌作用。

胺都是极性物质，除叔胺外，伯胺和仲胺都可形成分子间氢键，故伯胺和仲胺的沸点比相近分子量的烷烃高，但比醇和羧酸低。伯胺、仲胺和叔胺也能与水分子形成氢键，因此低级胺易溶于水，如甲胺、二甲胺、乙胺、二乙胺等可与水以任意比例混溶。随着分子量的增大，胺的溶解度降低。常见胺的物理常数如表12-1所示。

表12-1　常见胺的物理常数

名称	熔点/℃	沸点/℃	相对密度(d_4^{20})
甲胺	-92	-7.5	0.6628
二甲胺	-96	7.5	—
三甲胺	-117	3	0.6356
乙胺	-80	17	0.6829
二乙胺	-39	55	0.7056
乙二胺	8	117	0.899
苯胺	-6	194	1.022
二苯胺	53	302	1.159
N-甲基苯胺	-57	196.3	0.989
N,N-二甲基苯胺	2.5	194	0.956

三、胺的化学性质

1. 胺的碱性和成盐反应

（1）**碱性强弱** 在胺和氨分子中，氮原子上都含有未成对电子，因此化学性质相似，都能接受质子形成铵离子，故胺呈碱性。

胺碱性的强弱与氮原子上所连基团的结构和数目有关。脂肪胺中，因氮原子连的烃基是供电子基，使氮原子上电子云密度升高，接受质子的能力增强，因此碱性比氨强。仲胺氮原子上连两个烃基，因此碱性比伯胺强；而叔胺由于空间位阻效应，碱性反而减弱。它们的碱性强弱顺序如下：

$$二甲胺 > 甲胺 > 三甲胺 > 氨$$
$$(CH_3)_2NH > CH_3NH_2 > (CH_3)_3N > NH_3$$

芳香胺的碱性比氨弱。因为与芳环相连的氮原子上的未共用电子对能与芳环的 π 电子云形成 p-π 共轭体系，使氮原子上的电子云密度降低，接受质子的能力减弱，因此芳香胺的碱性小于氨。即：

$$脂肪胺 > 氨 > 芳香胺$$

当芳环上连有供电子基时，可使碱性增强；连有吸电子基时，则使碱性减弱。一些常见芳香胺的碱性强弱顺序如下：

$$氨 > N,N\text{-二甲基苯胺} > N\text{-甲基苯胺} > 苯胺 > 二苯胺 > 三苯胺(近中性)$$

（2）**铵盐的生成** 胺属于弱碱，能和强酸形成铵盐，铵盐的水溶液呈酸性，遇到强碱又能游离出胺来。例如：

$$CH_3-NH_2 + HCl \longrightarrow CH_3NH_3^+Cl^- \quad (CH_3NH_2 \cdot HCl)$$
$$氯化甲铵（甲胺盐酸盐）$$

$$CH_3NH_3^+Cl^- + NaOH \longrightarrow CH_3-NH_2 + NaCl + H_2O$$

反应应用

> 生成铵盐的反应可用于胺的鉴别、分离和提纯。制药过程中，人们常将难溶于水的含有氨基、亚氨基或叔氮原子的药物变成盐，使之能溶于水，以供药用。

2. 胺的烷基化反应

胺官能团氨基上的氢原子被烷基取代的反应称为烷基化反应。常用的烷基化试剂是卤代烃和醇等。例如：

$$RNH_2 \xrightarrow{CH_3X} RNHCH_3 \xrightarrow{CH_3X} RN(CH_3)_2 \xrightarrow{CH_3X} [RN(CH_3)_3]^+X^-$$

高温、高压下，过量的甲醇和苯胺作用可生成 N,N-二甲基苯胺。

$$\underset{}{\bigcirc}-NH_2 + 2CH_3OH \xrightarrow[2.5\sim 3MPa]{H_2SO_4, 230\sim235℃} \underset{}{\bigcirc}-N(CH_3)_2 + 2H_2O$$

反应应用

> N,N-二甲基苯胺是合成香兰素的基础物质之一，香兰素是一种重要的香料，广泛用于日用香精，也是饮料和食品的重要增香剂。

3. 胺的酰基化反应

伯胺、仲胺可与酰卤、酸酐等酰基化试剂反应，反应时，氨基上的氢原子被酰基（RCO—）取代，生成 N-取代酰胺和 N,N-二取代酰胺，这种在产物中引入酰基的反应称为酰基化反应。叔胺的氮原子上没有氢原子，因此不能发生酰基化反应。例如：

$$C_6H_5NH_2 + (CH_3CO)_2O \longrightarrow C_6H_5NHCOCH_3 + CH_3COOH$$

$$C_6H_5NHCH_3 + (CH_3CO)_2O \longrightarrow C_6H_5N(CH_3)COCH_3 + CH_3COOH$$

生成的酰胺在酸或碱的作用下可水解生成原来的胺，利用这一点，在有机合成中常通过酰基化反应引入酰基保护芳环上活泼的氨基，使它在反应过程中免受破坏。例如：

$$\underset{NH_2}{\underset{|}{CH_3-C_6H_4}} \xrightarrow{(CH_3CO)_2O} \underset{NHCOCH_3}{\underset{|}{CH_3-C_6H_4}} \xrightarrow[H^+]{KMnO_4} \underset{NHCOCH_3}{\underset{|}{HOOC-C_6H_4}} \xrightarrow[H^+ 或 OH^-]{H_2O} \underset{NH_2}{\underset{|}{HOOC-C_6H_4}}$$

（碱性条件下，产物以羧酸盐形式存在）

✳ 反应应用

> 生成的酰胺均为固体，熔点很低且比较稳定，也容易水解生成原来的胺，可用于胺的分离、提纯和鉴别。

👥 课内练习

> 以苯胺为原料，其他试剂任选，合成对硝基苯胺。

4. 胺的磺酰化反应

与胺的酰基化反应类似，伯胺、仲胺与磺酰化试剂苯磺酰氯反应，氮原子上的氢可被磺酰基（R—SO$_2$—）取代，该反应称为磺酰化反应，又称为兴斯堡反应。例如：

$$\begin{array}{c} RNH_2 \\ R_2NH \\ R_3N \end{array} + C_6H_5-SO_2Cl \begin{array}{c} \longrightarrow C_6H_5-SO_2NHR \xrightarrow{NaOH} C_6H_5-SO_2N^-R\,Na^+（溶解）+ H_2O \\ \text{苯磺酰伯胺} \\ \longrightarrow C_6H_5-SO_2NR_2 \xrightarrow{NaOH} \text{不溶解} \\ \text{苯磺酰仲胺} \\ \longrightarrow \text{不反应} \end{array}$$

苯磺酰氯

伯胺与苯磺酰氯发生磺酰化反应，生成苯磺酰伯胺，此时氮原子上还有一个氢原子，受苯磺酰基吸电子诱导效应的影响，其呈现酸性，可与 NaOH 反应生成盐而溶解在反应体系中。仲胺也能发生磺酰化反应，生成的苯磺酰仲胺的氮原子上没有氢原子，因此不能溶于碱性 NaOH 溶液中，而以固体析出。叔胺因氮原子上没有氢原子，因此不与苯磺酰氯发生反应。

 反应应用

> 可用兴斯堡反应鉴别和分离伯胺、仲胺和叔胺。

5. 胺与亚硝酸的反应

亚硝酸是一种很不稳定的酸，实际使用的是亚硝酸钠和盐酸的混合物。胺都能与亚硝酸反应，不同胺的反应产物不同，这里只介绍伯胺与亚硝酸的反应。

（1）脂肪伯胺的反应　在强酸条件下，脂肪伯胺可与亚硝酸反应，并定量放出氮气，此反应常用于脂肪伯胺和其他有机物中氨基含量的测定。

$$R-NH_2 + HNO_2 \xrightarrow{强酸} R-OH + H_2O + N_2\uparrow$$

（2）芳香伯胺　常温下芳香伯胺与亚硝酸的反应与脂肪伯胺相似，生成酚并放出氮气。但在低温及强酸性条件下，芳香伯胺与亚硝酸反应生成重氮盐，该反应称为重氮化反应。例如：

$$\text{C}_6\text{H}_5-NH_2 \xrightarrow[0\sim 5℃]{NaNO_2/HCl} \text{C}_6\text{H}_5-N_2^+Cl^-$$
氯化重氮苯

低温下芳香重氮盐稳定，受热时生成苯酚，放出氮气。

6. 胺的氧化反应

室温下脂肪胺不易被氧化，芳香伯胺很容易被氧化。例如，放在空气中的苯胺，会由无色透明液体逐渐变成黄色然后变成红棕色，这是因为苯胺发生了氧化反应，生成了有颜色的苯醌、偶氮盐等产物。在酸性条件下，苯胺可被氧化成黄色晶体对苯醌，对苯醌可被还原成对苯二酚。

$$\text{苯胺} \xrightarrow[H_2SO_4]{MnO_2} \text{对苯醌} \xrightarrow{[H]} \text{对苯二酚}$$

因此，苯胺应放在棕色瓶中，并置于阴暗处保存。

7. 芳香胺苯环上的取代反应

（1）卤代　苯胺与溴水的反应非常灵敏，立刻生成三溴苯胺白色沉淀。

$$\text{苯胺} \xrightarrow{Br_2/H_2O} \text{2,4,6-三溴苯胺}\downarrow$$

反应应用

> 芳香胺苯环上的卤代反应非常灵敏,可用于苯胺的鉴定;此反应可定量完成,因而也可用于定量分析。

若想制备苯胺的一元卤代物,则应先使苯胺乙酰化,以降低氨基对苯环的活化作用,引入卤素后再水解去掉乙酰基。例如:

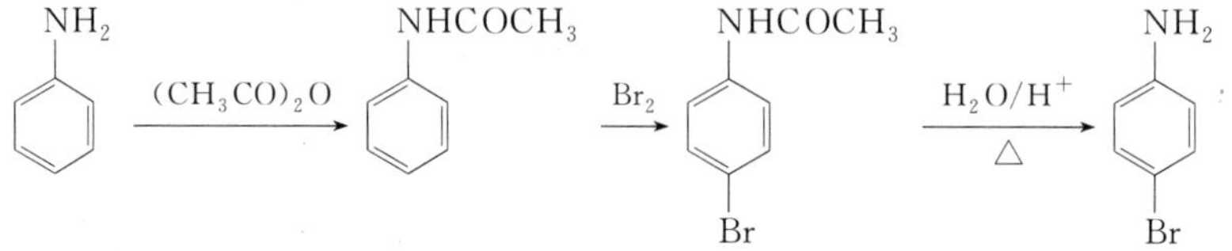

$$C_6H_5NH_2 \xrightarrow{(CH_3CO)_2O} C_6H_5NHCOCH_3 \xrightarrow{Br_2} p\text{-}BrC_6H_4NHCOCH_3 \xrightarrow[\Delta]{H_2O/H^+} p\text{-}BrC_6H_4NH_2$$

(2) 硝化　苯胺的官能团氨基很容易被氧化,不能直接用硝酸硝化,否则会同时发生氧化反应。因此应先利用胺的酰基化反应将氨基保护起来,然后再硝化、水解,即可得到对硝基苯胺。

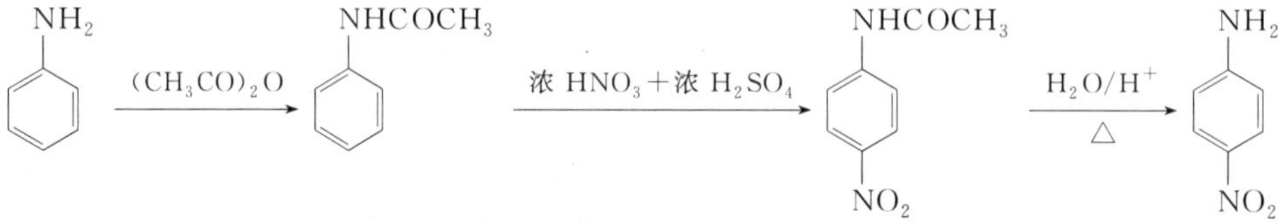

$$C_6H_5NH_2 \xrightarrow{(CH_3CO)_2O} C_6H_5NHCOCH_3 \xrightarrow{\text{浓}HNO_3+\text{浓}H_2SO_4} p\text{-}O_2NC_6H_4NHCOCH_3 \xrightarrow[\Delta]{H_2O/H^+} p\text{-}O_2NC_6H_4NH_2$$

(3) 磺化　在常温下,苯胺与浓硫酸反应,生成苯胺硫酸盐,将其加热到 180~190℃ 烘焙脱水,则重排得到对氨基苯磺酸。

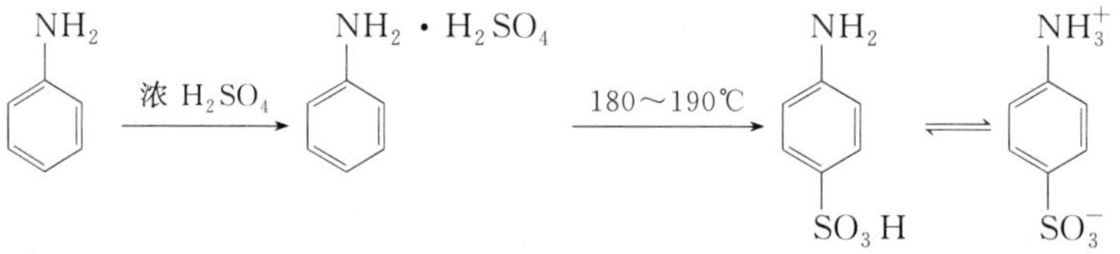

$$C_6H_5NH_2 \xrightarrow{\text{浓}H_2SO_4} C_6H_5NH_2 \cdot H_2SO_4 \xrightarrow{180\sim190℃} p\text{-}HO_3SC_6H_4NH_2 \rightleftharpoons p\text{-}{}^-O_3SC_6H_4NH_3^+$$

生成的对氨基苯磺酸分子内碱性的氨基和酸性的磺酸基之间可相互作用,中和成盐,称为内盐。

反应应用

> 对氨基苯磺酸俗称磺胺酸,是制备偶氮染料和磺胺药物的原料。

课内练习

> 1.将下列各组物质按照碱性强弱排序。
> (1) 氨　苯胺　甲胺　　(2) 苯胺　二苯胺　二甲胺
> 2.鉴别下列各组化合物。
> (1) 苯胺　甲胺　　(2) 甲胺　二甲胺　三甲胺

3. 由指定原料合成下列化合物。
(1) 以苯胺为原料合成对溴苯胺,其他试剂任选。
(2) 以苯胺为原料合成对硝基苯胺。

四、重要的胺

1. 甲胺、二甲胺和三甲胺

甲胺、二甲胺和三甲胺常温下均为无色气体,易溶于水,呈碱性,具有氨的气味。蛋白质腐败时可产生甲胺;鱼肉中含有三甲胺,三甲胺有鱼腥味,易溶于醇和醚。三者都是合成农药、药物和燃料的重要原料。

2. 乙二胺

乙二胺溶于水,微溶于醚,不溶于苯,是一种黏稠的液体,主要用作环氧树脂的固化剂。以乙二胺与氯乙酸为原料,可合成乙二胺四乙酸(EDTA)。

3. 苯胺

苯胺最初从煤焦油中得到,目前可用硝基苯还原制得,是重要的有机合成原料。纯净的苯胺为无色油状液体,放置在空气中会被氧化,逐渐变为黄、红、棕甚至黑色。苯胺微溶于水,易溶于乙醇和醚等有机溶剂。苯胺有毒,可通过吸入蒸气或透过皮肤引起中毒,中毒症状为头晕、皮肤苍白和四肢无力。

苯胺碱性比较弱,能与强酸生成盐,但不能与弱酸(如乙酸)生成盐。

第三节 重氮化合物和偶氮化合物

一、重氮化合物和偶氮化合物的结构

重氮化合物和偶氮化合物分子的官能团都是氮-氮重键($-N_2-$)。氮-氮重键($-N_2-$)一端与碳原子相连,另一端与非碳原子相连的化合物,称为重氮化合物。

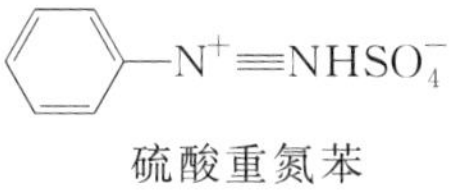

$$\text{C}_6\text{H}_5-\text{N}^+\equiv\text{NHSO}_4^- \qquad \text{C}_6\text{H}_5-\text{N}^+\equiv\text{NCl}^-$$

硫酸重氮苯 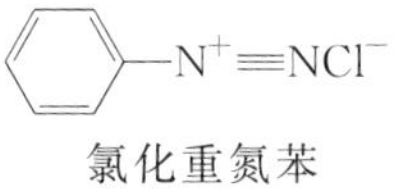   氯化重氮苯

氮-氮重键($-N_2-$)两端都和碳原子相连的化合物称为偶氮化合物。例如:

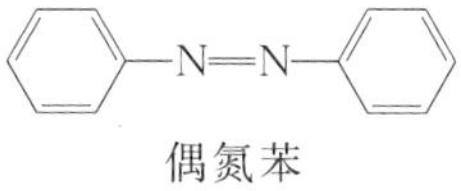

偶氮苯 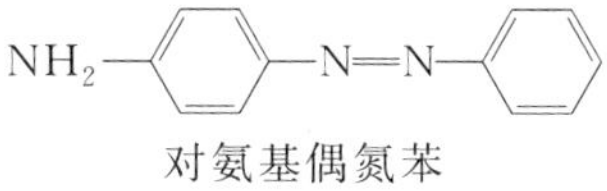   对氨基偶氮苯 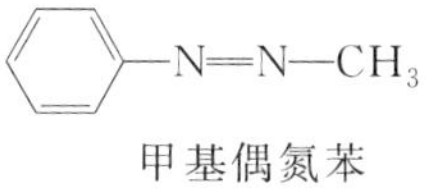   甲基偶氮苯

二、重氮化合物

1. 重氮化反应

在低温和强酸性条件下,芳香伯胺与亚硝酸反应生成重氮盐,该反应称为重氮化反应。例如:

$$\text{C}_6\text{H}_5\text{NH}_2 + \text{NaNO}_2 + 2\text{HCl} \xrightarrow{0\sim5℃} \text{C}_6\text{H}_5\text{N}_2^+\text{Cl}^- + \text{NaCl} + 2\text{H}_2\text{O}$$

进行重氮化反应时，一般先将芳香伯胺溶于强酸溶液中，并将溶液冷却至 0~5℃，然后慢慢加入冷的亚硝酸钠溶液。亚硝酸钠与酸作用生成亚硝酸，即可发生重氮化反应。重氮化反应，要求酸要稍微过量，以防止芳香伯胺与生成的重氮盐发生偶合反应。

2. 重氮盐的性质

纯净的重氮盐为白色固体，可溶于水，不溶于有机溶剂。因干燥的重氮盐不稳定，受热或震动会引起爆炸，因此建议制成的重氮盐在反应液中不用分离而尽快直接使用。重氮盐很活泼，反应分为两类：放氮反应和不放氮反应。

(1) 放氮反应　重氮盐中的重氮基可被—X、—OH、—CN、—H 等取代，生成多种芳香烃的衍生物，并放出氮气。因这类反应有氮气放出，因此称为放氮反应。例如：

$$C_6H_5N_2^+Cl^- \begin{cases} \xrightarrow[\triangle]{H_3PO_2} C_6H_6 + N_2\uparrow \\ \xrightarrow[\triangle]{H_2O, H^+} C_6H_5OH + N_2\uparrow \\ \xrightarrow[Cu_2X_2/\triangle]{HX} C_6H_5X \ (X: Cl, Br) + N_2\uparrow \\ \xrightarrow[\triangle]{KI} C_6H_5I + N_2\uparrow \\ \xrightarrow[\triangle]{Cu_2CN_2/KCN} C_6H_5CN + N_2\uparrow \end{cases}$$

(2) 不放氮反应　主要是偶合反应，反应不产生氮气。重氮盐和芳香胺或酚发生缩合反应生成有颜色的偶氮化合物，称为偶合反应。偶合反应主要发生在酚羟基或芳香胺氨基的对位，若对位被其他基团占据，则发生在邻位。例如：

$$C_6H_5N_2^+Cl^- + C_6H_5OH \xrightarrow[0℃]{NaOH} C_6H_5-N=N-C_6H_4-OH$$

$$C_6H_5N_2^+Cl^- + CH_3-C_6H_4-OH \xrightarrow[0℃]{NaOH} C_6H_5-N=N-C_6H_3(CH_3)(OH)$$

三、偶氮化合物

偶氮化合物是有色物质，一般不溶或难溶于水，而溶于有机溶剂。因偶氮化合物有颜色，而且能牢固地附着在纤维织品上，耐洗、耐晒、不易褪色，可作为染料，称为偶氮染料。有的物质也符合染料的特点，但会随着 pH 的变化改变颜色，这类物质只可作酸碱指示剂，如甲基橙、刚果红等。偶氮染料是印染工业最主要的品种，约占合成染料的一半以上。

第四节 腈

一、腈的命名

腈可看作氢氰酸分子中的氢原子被烃基取代而生成的化合物，通式为 RCN。根据分子中的碳原子数腈命名为"某腈"。例如：

$$CH_3CN \qquad CH_3CH_2CN \qquad CH_2=CHCN$$
乙腈　　　　　丙腈　　　　　丙烯腈

二、腈的物理性质

低级腈为无色液体，高级腈为固体。纯净的腈没有毒性，但一般腈中含有少量异腈，异腈是剧毒物质。腈的沸点比相近分子量的烃、醚、醛、酮和胺的沸点都要高，但比羧酸的沸点低，与醇的沸点相近。乙腈能与水混溶，随着分子量的增加，腈在水中的溶解度逐渐降低，四个碳以上的腈已经很难溶于水。

三、腈的化学性质

1. 水解

腈在酸催化下可发生水解反应，生成羧酸。例如：

$$CH_3CH_2CN \xrightarrow[\triangle]{H_2O/H^+} CH_3CH_2COOH$$

 反应应用

> 腈水解是生产羧酸的重要方法之一。

2. 还原

腈催化加氢或用氢化铝锂还原，生成对应碳原子数的伯胺。例如：

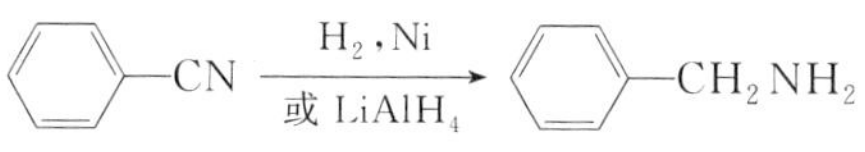

$$C_6H_5-CN \xrightarrow[\text{或 LiAlH}_4]{H_2,Ni} C_6H_5-CH_2NH_2$$

 拓展窗

红酒与生物胺

现在很多人都知道红酒对降低心血管病发病率有益，这是因为红酒是将红葡萄连皮带肉和葡萄籽搅成浆液，再经发酵而成的，而红葡萄的皮和籽中含有非常丰富的多酚类物质"白藜芦醇"。白藜芦醇是一种强的抗氧剂，它能摧毁人体内的自由基，从而防止自由基对血管和其他组织的伤害。此外，白藜芦醇还有出色的降血脂作用，因此可预防冠心病和中风等。

例如，法国人素有餐前喝一杯红酒的习惯，调查表明法国国民冠心病的发病率在欧美国家中最低。

红酒虽好，但也并非人人都适合，有的人喝红酒后会头痛。美国最新研究表明，喝红酒引起头痛的原因是红酒里含有一些特殊的"生物胺"类物质，包括酪胺和组胺等。这些生物胺均为红酒酿制过程中自然产生的物质，烧酒和啤酒则不含这类物质。这些生物胺除可引起头痛外，还可诱发高血压、心悸，并可促进肾上腺素分泌量的增加。

因此，红酒也并不是人们所说的"有百利而无一弊"，因此不能盲目地喝红酒补充白藜芦醇，为防止心血管疾病的发生，也可以吃花生补充白藜芦醇。

本章小结

一、芳香族硝基化合物

（一）命名
芳香族硝基化合物命名时常以芳香烃基为母体，硝基作为取代基。

（二）性质

1. 还原反应

（1）催化氢化　芳香族硝基苯催化加氢生成芳香胺，例如：

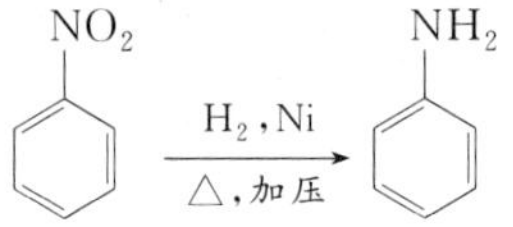

$$C_6H_5NO_2 \xrightarrow[\triangle, 加压]{H_2, Ni} C_6H_5NH_2$$

（2）还原剂的还原

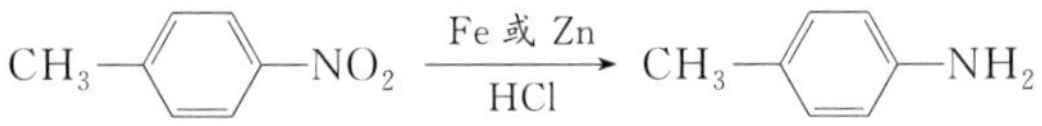

$$CH_3-C_6H_4-NO_2 \xrightarrow[HCl]{Fe 或 Zn} CH_3-C_6H_4-NH_2$$

2. 苯环上的亲电取代反应

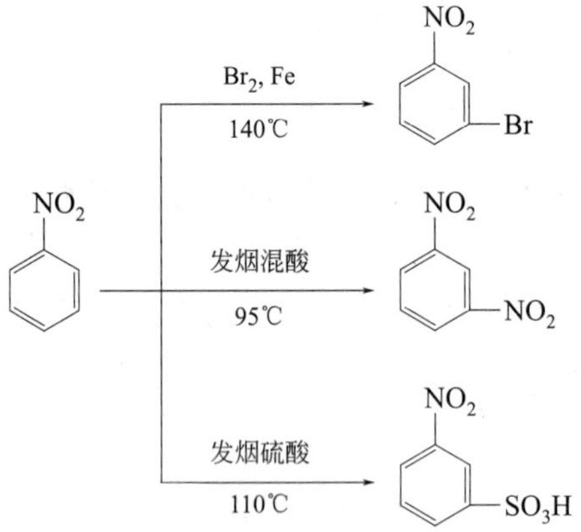

$$C_6H_5NO_2 \xrightarrow[140℃]{Br_2, Fe} \text{间-}BrC_6H_4NO_2$$

$$C_6H_5NO_2 \xrightarrow[95℃]{发烟混酸} \text{间-}O_2NC_6H_4NO_2$$

$$C_6H_5NO_2 \xrightarrow[110℃]{发烟硫酸} \text{间-}HO_3SC_6H_4NO_2$$

（三）硝基对苯环上其他基团的影响

1. 使苯环上的卤原子活化

当卤原子的邻、对位有硝基时，可使卤原子的活性增强，很容易被羟基取代；硝基越多，卤原子的活性越强。

2.使酚或芳香酸的酸性增强

酚或芳香羧酸的芳环（尤其邻、对位）上连有硝基时，硝基的吸电子作用，会使酸性增强。

二、胺

1.胺的分类和命名

（1）胺的分类　根据氮原子所连烃基的数目，分为伯胺、仲胺、叔胺和季铵。

（2）胺的命名原则　简单胺命名时以烃基为取代基，胺为母体，称为某胺。当氮原子上同时连有脂肪烃基和芳香烃基时，要在脂肪烃基前加"N"或"N,N"词头。

2.胺的化学性质

（1）胺的碱性　强弱顺序如下。

$$脂肪胺 > 氨 > 芳香胺$$

$$(CH_3)_2NH > CH_3NH_2 > (CH_3)_3N > NH_3 > PhNH_2 > Ph_2NH > Ph_3N$$

（2）胺的酰基化反应　芳香胺中，氨基很容易被氧化，在有机合成中常利用酰基化反应来保护芳环上的氨基。常用的酰基化试剂有乙酰氯、乙酐等。例如：

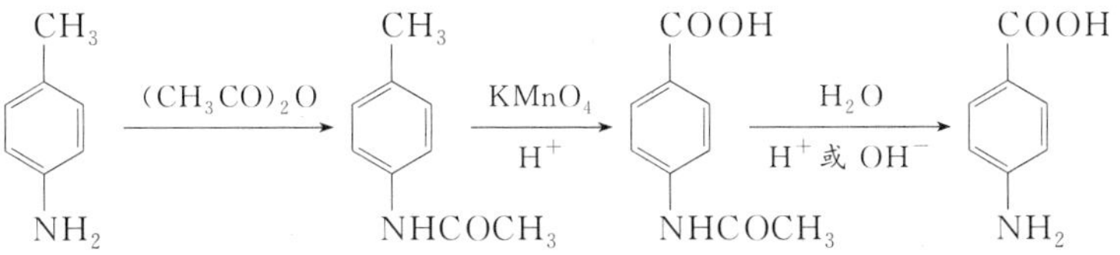

（3）胺的磺酰化反应　可用磺酰化反应（兴斯堡反应）鉴别、分离伯胺、仲胺和叔胺。

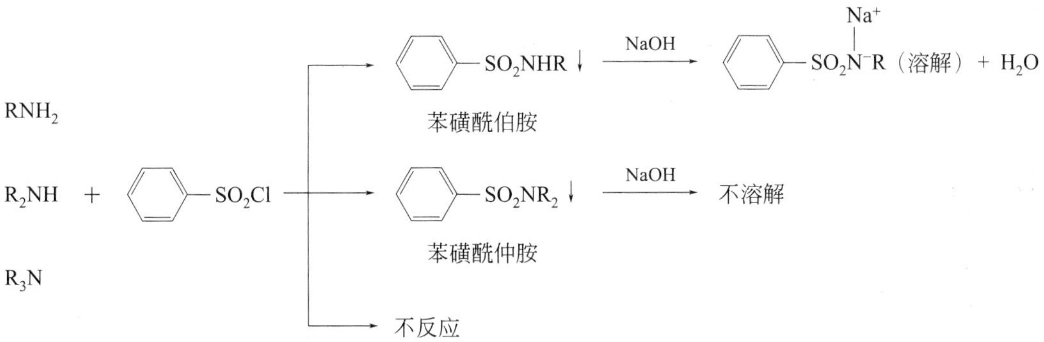

（4）重氮化反应　芳香伯胺在低温及强酸性条件下，与亚硝酸反应生成重氮盐的反应。

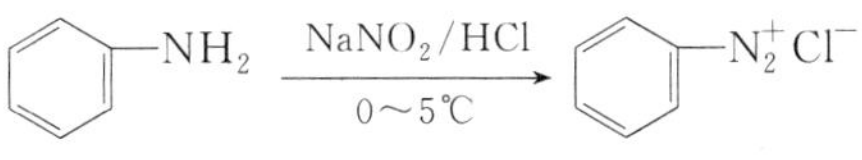

氯化重氮苯

（5）芳香胺苯环上的取代反应

① 卤代　苯胺与溴水的反应非常灵敏，立刻生成三溴苯胺白色沉淀，可用于鉴别苯胺。

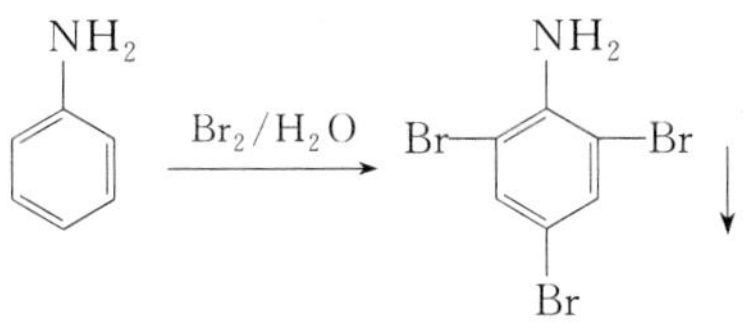

② 硝化　苯胺的官能团氨基很容易被氧化，不能直接用硝酸硝化，应先利用胺的酰基

化反应将氨基保护起来,然后再硝化、水解,即可得到对硝基苯胺。

③ 磺化　苯胺与浓硫酸在加热到180～190℃时烘焙脱水,重排得到对氨基苯磺酸。

三、重氮化合物

(1) 重氮化反应　芳香伯胺与亚硝酸在低温下反应生成重氮化合物。

(2) 重氮盐的放氮反应　重氮基可被—H、—OH、—X、—CN 等取代生成芳香烃、苯酚、卤代苯和腈等,同时放出氮气。

(3) 重氮盐的偶合反应　低温下重氮盐可与酚或芳胺发生偶合反应,主要发生在酚羟基或氨基的对位,如果对位被其他基团占据,偶合反应则发生在邻位。例如:

习题

一、单选题

(1) 化合物①氨②甲胺③苯胺④二苯胺,碱性由弱到强的排列顺序为(　　)。
　　A. ①＞②＞③＞④　　　　　　　　B. ④＞③＞②＞①
　　C. ④＞③＞①＞②　　　　　　　　D. ②＞①＞③＞④

(2) 化合物 $(CH_3)_3C—NH_2$ 属于(　　)。
　　A. 伯胺　　　　B. 仲胺　　　　C. 叔胺　　　　D. 季胺

(3) 下列化合物中,碱性最小的是(　　)。
　　A. 甲胺　　　　B. NH_3　　　　C. 苯胺　　　　D. 三甲胺

(4) 下列化合物中,能与亚硝酸反应生成重氮盐的是(　　)。
　　A. 二甲胺　　　B. 甲胺　　　　C. 苯胺　　　　D. 三甲胺

(5) 下列化合物中,属于仲胺的是(　　)。

C. $CH_3NHCH_2CH_3$ D. $CH_3-\underset{\underset{CH_3}{|}}{N}CH_2CH_3$

(6) 下列化合物中，碱性最强的是（   ）。
   A. 苯胺   B. 二苯胺   C. 2,4-二甲基苯胺   D. 对甲基苯胺

(7) 下列化合物中，不能和苯磺酰氯反应的是（   ）。
   A. 甲胺   B. 二甲胺   C. 三甲胺   D. 甲乙胺

(8) 下列化合物中，碱性最强的是（   ）。

A. 对硝基苯胺   B. 对甲基苯胺   C. 对氯苯胺   D. 苯胺

(9) 能与苯磺酰氯反应生成沉淀，再溶于过量 NaOH 溶液的化合物是（   ）。
   A. CH_3NH_2 B. $(CH_3)_2NH$ C. $(CH_3)_3N$ D. $CH_3NHC_2H_5$

(10) 重氮盐与酚类发生偶合反应时，优先发生反应的酚羟基的位置是（   ）。
   A. 邻位   B. 对位   C. 间位   D. 都一样

二、用系统命名法命名下列化合物

(1) O_2N—⟨ ⟩—CH_3 (2) CH_3—⟨ ⟩—NH_2 (3) $CH_3-NH-CH_2CH_3$

(4) CH_3CH_2CN (5) CH_3—⟨ ⟩—$N(CH_3)_2$ (6) $CH_2=CHCN$

(7)   (8)   (9) $CH_3-\underset{\underset{CH_3}{|}}{N}-CH_2CH_3$

三、写出下列化合物的构造式

(1) 邻甲基苄胺   (2) 三甲胺
(3) 氯化重氮苯   (4) 乙腈
(5) 2,4-二硝基苯胺   (6) N,N-二甲基苯胺
(7) 1,4-丁二胺   (8) 叔丁胺
(9) N-乙基苯胺   (10) 二苯胺

四、将下列各组化合物按碱性强弱顺序排列

(1) 苯胺 二苯胺 三苯胺 氨
(2) 甲胺 二甲胺 三甲胺 氨
(3) 苯胺 甲胺 氨 二甲胺

五、用化学方法鉴别下列各组化合物

(1) 甲胺 二甲胺 三甲胺
(2) 苯胺 苯酚 苯甲酸
(3) 苯胺 N-甲基苯胺 N,N-二甲基苯胺

六、完成下列反应式

(1) ⟨ ⟩—NO_2 $\xrightarrow{Fe+HCl}$

(2) ⟨ ⟩—NH_2 $\xrightarrow{Br_2}{H_2O}$

(3)  C₆H₅—NH₂ + (CH₃CO)₂O ⟶

(4) 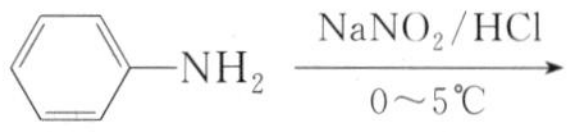 C₆H₅—NH₂ $\xrightarrow{\text{NaNO}_2/\text{HCl}}_{0\sim5℃}$

(5) C₆H₅—NH₂ + C₆H₅—SO₂Cl ⟶ $\xrightarrow{\text{NaOH}}$

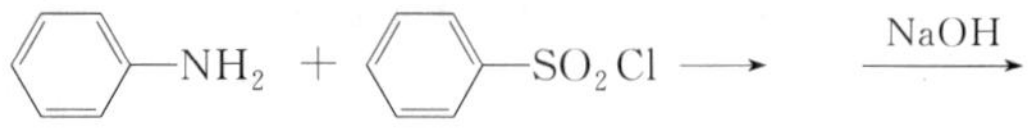

七、由指定原料合成下列化合物

(1) 由苯合成苯胺

(2) 由苯胺合成对硝基苯胺

(3) 以苯胺为原料合成对溴苯胺

(4) 以对甲基苯胺为原料，合成对氨基苯甲酸

八、 某化合物 A 的分子式为 C_6H_7N，低温下 A 与亚硝酸钠的盐酸溶液作用生成 B，B 的分子式为 $C_6H_5N_2Cl$。在碱性溶液中，化合物 B 与苯酚作用生成具有颜色的化合物 $C_{12}H_{10}ON_2$。试推测 A 的构造式，并写出各步反应式。

第十三章 杂环化合物

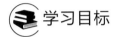

1. 掌握杂环化合物的分类、命名;
2. 理解五元杂环的结构和化学性质;
3. 掌握吡啶的结构和化学性质。

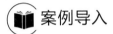

三鹿奶粉事件:2008 年中国奶制品污染事件是中国的一起食品安全事故,该事件引起各国的高度关注和人们对乳制品安全的担忧。事故起因是很多食用三鹿集团生产的奶粉的婴儿被发现患有肾结石,随后在其奶粉中发现了化工原料三聚氰胺。原国家质量监督检验检疫总局公布对国内乳制品厂家生产的婴幼儿奶粉的三聚氰胺检验报告后,事件迅速恶化,有 22 家婴幼儿奶粉生产企业的 69 批次产品检出了不同含量的三聚氰胺,而这 22 家企业中竟有部分属于"消费者放心"的知名品牌。该事件重创了中国制造商品信誉,多个国家禁止了中国乳制品的进口。

那么三聚氰胺是什么呢?商家为什么在奶粉中加入它呢?三聚氰胺,化学式为 $C_3H_6N_6$,俗称密胺、蛋白精。三聚氰胺是一种三嗪类含氮杂环有机化合物,可以提高蛋白质检测值,主要用作化工原料。长期摄入会导致人体泌尿系统膀胱、肾产生结石,并可诱发膀胱癌。因三聚氰胺对身体有害,不可用于食品加工或食品添加物中。

杂环化合物属于环状化合物,构成环的原子除碳原子外还含有其他非碳原子(杂原子)。常见的非碳原子有氧、氮和硫。例如:

呋喃　　　吡咯　　　吡啶　　　吲哚　　　喹啉

杂环化合物是一大类有机物,占已知有机物的三分之一。杂环化合物在自然界分布很广、功用很多。例如,中草药的有效成分生物碱大多是杂环化合物;动植物体内起重要生理作用的血红素和叶绿素、核酸的碱基都是含氮杂环；部分维生素、抗生素和一些植物色素、植物染料、合成染料中都含有杂环。

第一节　杂环化合物的分类和命名

一、杂环化合物的分类

杂环化合物按环的数目分为单杂环和稠杂环，单杂环又可分为五元杂环和六元杂环。按照杂环中含杂原子的数目又可分为含一个杂原子的杂环化合物和含两个或两个以上杂原子的杂环化合物。杂环化合物的分类和命名见表 13-1。

表 13-1　杂环化合物的分类和命名

分类		碳环母体	重要的杂环化合物
单杂环	五元杂环	 环戊二烯	 呋喃 　噻吩 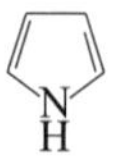　吡咯 　噻唑 　咪唑
	六元杂环	 苯	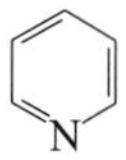 吡啶 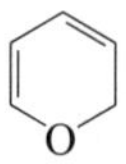　α-吡喃 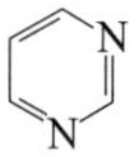　嘧啶
稠杂环		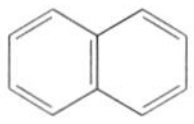 萘	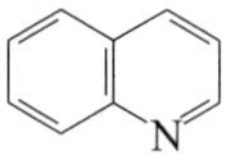 喹啉 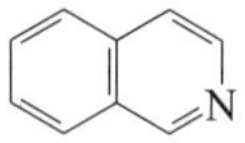　异喹啉
		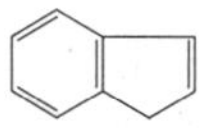 茚	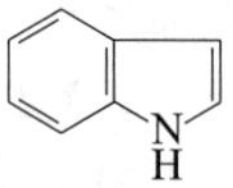 吲哚 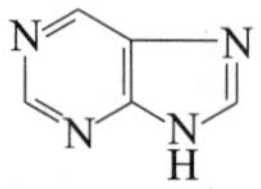　嘌呤
		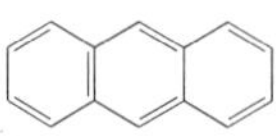 蒽	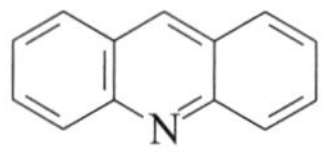 吖啶

二、杂环化合物的命名

1. 基本杂环的命名

杂环化合物的命名比较复杂，我国习惯采用"音译法"，即将英文名称译成同音汉字，加上"口"字旁表示杂环化合物。例如：

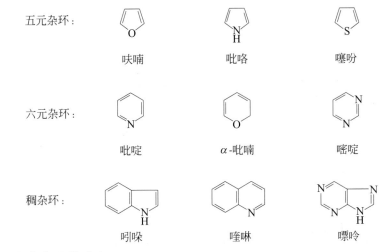

2. 取代杂环的命名

(1) 当杂环上连有—R、—X、—OH、—NH₂ 等取代基时，以杂环为母体。

① 当杂环上含有一个杂原子时，从杂原子开始用阿拉伯数字 1，2，3…编号，并使取代基的位次和最小。有时也用希腊字母 α，β，γ…从靠近杂原子的碳原子开始编号。

② 当杂环上有两个或两个以上相同杂原子时，则从连有氢的杂原子或连有取代基的杂原子开始编号，并使其他杂原子的位次和最小。

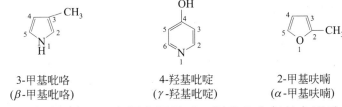

③ 当杂环上有两个或两个以上不同杂原子时，按 O、S、N 的次序编号，并使杂原子的位次和最小。

(2) 当杂环上连有—COOH、—CHO、—SO₃H、—CONH₂ 等时，以杂环为取代基。例如：

课内练习

命名下列化合物。

(1) Br—[furan]—CHO (2) [thiophene]—CH₃ (3) [pyridine]—COOH

(4) HO—[pyridine] (5) [pyrrole]—CH₃ (6) [indole]—CH₂COOH

第二节 五元杂环化合物

五元杂环化合物中有含一个杂原子的,如呋喃、吡咯和噻吩等;有含两个杂原子的,如咪唑、噻唑和吡唑等;也有含三个甚至四个杂原子的。本节重点讨论含一个杂原子的呋喃、吡咯、噻吩的结构和化学性质。

一、呋喃、吡咯和噻吩的结构

近代物理方法研究表明,五元杂环呋喃、吡咯、噻吩三种化合物都为平面结构。构成五元杂环的五个原子均以 sp^2 的方式进行杂化,相互之间以 sp^2 杂化轨道"头碰头"重叠形成 σ 键。每个碳原子均有一个未参与杂化的带一个电子的 p 轨道,杂原子 p 轨道上有一对未共用的 p 电子。这五个 p 轨道都垂直于环所在的平面,且侧面相互平行重叠形成一个六电子闭合的共轭体系(图 13-1)。形成的共轭体系类似于苯的共轭体系,因此五元杂环都具有芳香性。

五元杂环的结构

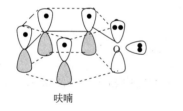
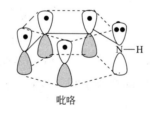
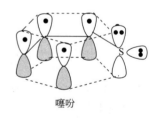

呋喃　　　　　　　吡咯　　　　　　　噻吩

图 13-1 呋喃、吡咯、噻吩的原子轨道

由于五元杂环都为五原子六电子的大 π 键体系,因此环上的电子云密度比苯高,五元杂环比苯活泼,比苯更容易发生亲电取代反应,而且五元杂环发生取代反应的位置一般为 α 位。

二、呋喃、吡咯和噻吩的性质

1. 物理性质

呋喃存在于煤焦油中,是无色、易挥发的液体,沸点为 31.36℃,难溶于水,易溶于有机溶剂。呋喃的蒸气能使被盐酸浸过的松木片呈绿色,该反应称为松木片反应,可用于鉴别呋喃。

吡咯存在于骨胶油中,为无色、油状液体,沸点为131℃,有微弱的类似苯胺的气味。吡咯难溶于水,易溶于醇或醚等有机溶剂,因在空气中被氧化而颜色逐渐变深。吡咯的蒸气或其醇溶液能使浸过盐酸的松木片呈红色,可用于鉴别吡咯。

噻吩为无色液体,存在于煤焦油的粗苯中,沸点为84℃,难溶于水,易溶于有机溶剂。噻吩在浓硫酸存在下与靛红一起加热显蓝色,反应非常灵敏,可用于检验噻吩。

2. 化学性质

(1) 亲电取代反应　呋喃、吡咯和噻吩环均为五原子六电子的大π键体系,环上的π电子云密度比苯高,因此比苯更容易发生亲电取代反应,其反应活性顺序如下:

$$\text{吡咯} > \text{呋喃} > \text{噻吩} > \text{苯}$$

杂原子的电负性比碳原子大,使得杂环中与杂原子相邻的α-C的电子云密度比较高,因此五元杂环的亲电取代反应主要发生在α位。

① 卤代反应　呋喃、吡咯和噻吩均可发生卤代反应,一般生成多卤代物,通过控制条件可主要生成一卤代物。

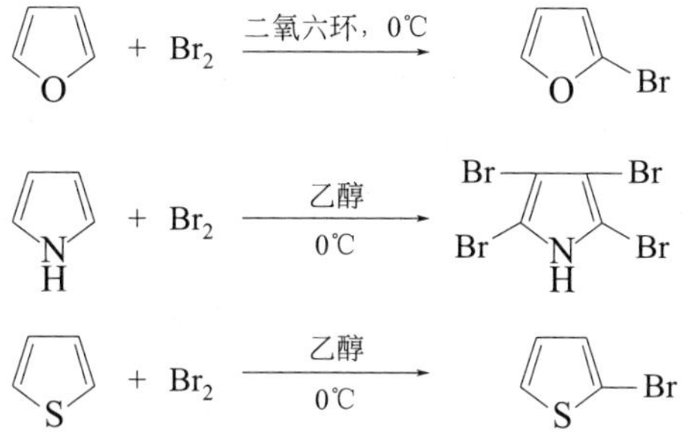

② 硝化反应　因呋喃、吡咯和噻吩在强酸条件下不稳定,因此不能用硝酸或混酸作硝化剂,而只能以比较温和的硝酸乙酰酯为硝化剂,并且反应需要在低温条件下进行。

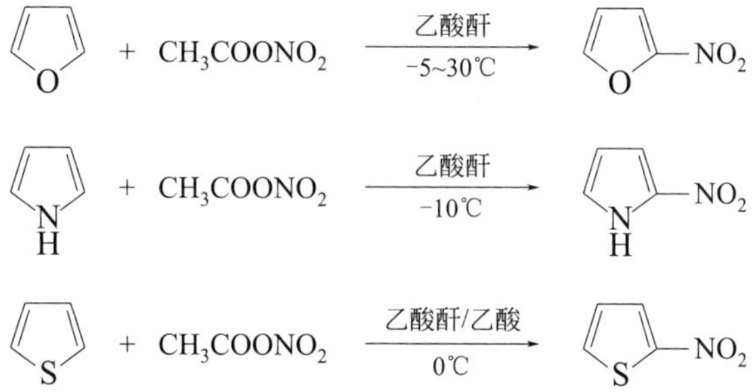

③ 磺化反应　呋喃和吡咯不能用浓硫酸直接磺化,否则会发生开环,可以吡啶与三氧化硫的加合物为磺化剂;噻吩对酸稳定,可直接用浓硫酸作磺化剂。

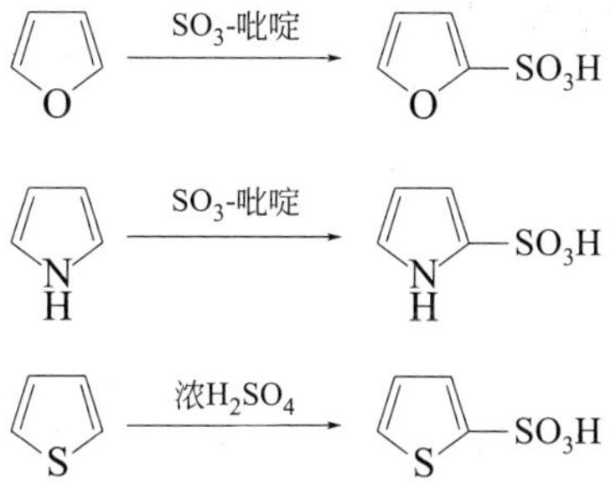

(2) 加成反应　呋喃、吡咯、噻吩均可催化加氢,得到饱和的杂环化合物。

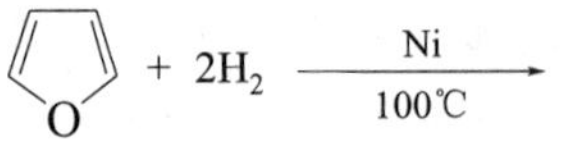

$$\text{furan} + 2H_2 \xrightarrow[100℃]{Ni} \text{四氢呋喃}$$

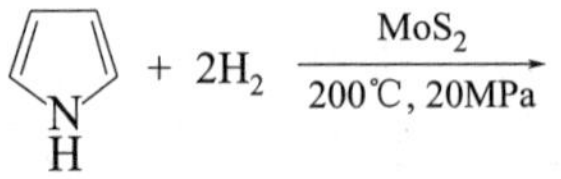

$$\text{pyrrole} + 2H_2 \xrightarrow[200℃, 20MPa]{MoS_2} \text{四氢吡咯}$$

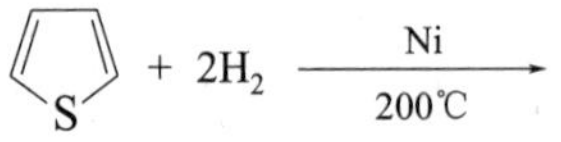

$$\text{thiophene} + 2H_2 \xrightarrow[200℃]{Ni} \text{四氢噻吩}$$

反应应用

四氢呋喃既可溶于水，又可溶于有机溶剂，是一种优良的溶剂，也是一种重要的有机合成原料，可用于合成己二酸和尼龙-66等产品。

（3）**吡咯的酸碱性** 与相应的仲胺相比，吡咯碱性较弱。一方面，由于吡咯分子氮原子上的未共用电子对参与了环的共轭，不易与 H^+ 结合；另一方面，吡咯环共轭使得氮原子上的电子云密度降低，N—H 极性增强，因此吡咯呈弱酸性。吡咯在无水条件下可与苛性钾共热生成盐：

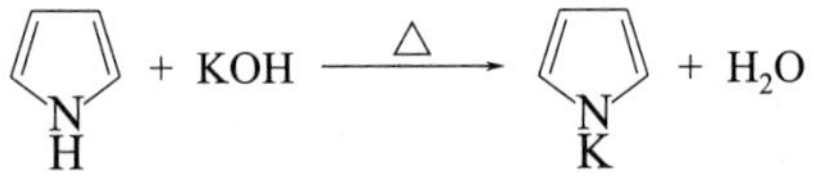

$$\text{pyrrole-NH} + KOH \xrightarrow{\triangle} \text{pyrrole-NK} + H_2O$$

课内练习

写出下列反应的主要产物。

(1) 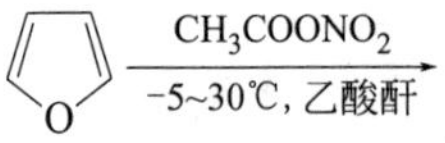 $\text{furan} \xrightarrow[-5\sim30℃, 乙酸酐]{CH_3COONO_2}$

(2) $\text{pyrrole} \xrightarrow{SO_3\text{-吡啶}}$

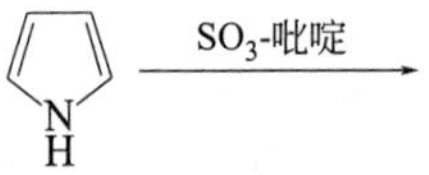

第三节　六元杂环化合物

六元杂环化合物中最重要的是含氮的六元杂环化合物，如吡啶、嘧啶等。本节重点讨论吡啶的结构和性质。

一、吡啶的结构

吡啶是最简单并最有代表性的六元杂环。吡啶环和苯环相似，区别在于苯环中的一个碳原子被氮原子代替。吡啶分子中的五个碳原子和一个氮原子均以

六元杂环吡啶
的结构

sp² 杂化轨道相互 "头碰头" 形成 σ 键，并结合成一个平面的六边形环状结构。每个原子上未参与杂化的各带有一个电子的 p 轨道垂直于环的平面，相互平行并侧面交叠形成六电子的共轭体系，因此吡啶也具有芳香性。

吡啶的芳香性与苯不同，氮原子的电负性比碳大，使得吡啶环上的电子云密度没有苯均匀，氮原子附近的电子云密度较高，而碳原子的电子云密度降低，α 位和 γ 位降低得更多，因此吡啶属于缺电子的共轭体系。故吡啶的亲电取代反应比苯困难，而且亲电取代反应主要发生在 β 位。

氮原子上的未共用电子对不参与环的共轭，而是占据另外一个 sp² 杂化轨道。吡啶的共轭体系如图 13-2 所示。

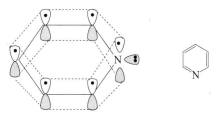

图 13-2　吡啶的共轭体系

二、吡啶的性质

1. 物理性质

吡啶主要存在于煤焦油和页岩油中，是无色并具有强烈臭味的液体，许多动植物中都含有吡啶环或氢化吡啶环。吡啶中的氮原子可与水分子形成氢键，因此能以任意比例溶于水，也能溶于乙醇、乙醚等有机溶剂，因此吡啶是具有广泛应用价值的溶剂。

2. 化学性质

（1）亲电取代反应　吡啶的亲电取代反应比苯困难，取代基主要进入 β 位。例如：

![吡啶的亲电取代反应：Cl₂/200℃ 生成 3-氯吡啶；浓HNO₃,浓H₂SO₄/300℃ 生成 3-硝基吡啶；发烟H₂SO₄/HgSO₄,220℃ 生成 3-吡啶磺酸]

（2）氧化还原反应　对于氧化还原反应，吡啶环比苯环还要稳定，不能被酸性高锰酸钾氧化，但当吡啶环带有侧链时，可发生侧链的氧化。例如：

![4-乙基吡啶经 KMnO₄, H₂SO₄, △ 氧化生成 4-吡啶甲酸]

与氧化反应相反，吡啶环比苯环更容易发生加氢还原反应，例如：

![吡啶经 H₂/Pd, 0.3MPa 还原生成哌啶]

哌啶

> 反应应用
>
> 吡啶为无色、有臭味的液体，易溶于水和乙醇，常用作溶剂和有机合成原料。

（3）吡啶的弱碱性　吡啶氮原子上的未共用电子对可接受质子而呈碱性。吡啶的碱性比氨和脂肪胺都弱，但与芳胺相比，吡啶碱性稍强些。吡啶可与酸生成盐，得到的吡啶盐再碱化可恢复成原来的吡啶。例如：

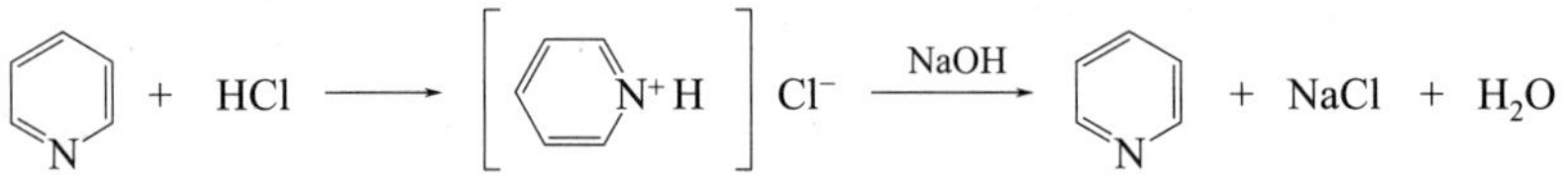

$$\text{C}_5\text{H}_5\text{N} + \text{HCl} \longrightarrow [\text{C}_5\text{H}_5\text{N}^+\text{H}]\text{Cl}^- \xrightarrow{\text{NaOH}} \text{C}_5\text{H}_5\text{N} + \text{NaCl} + \text{H}_2\text{O}$$

吡啶盐酸盐

> 反应应用
>
> 工业上用吡啶吸收反应生成的酸。

> 课内练习
>
> 写出下列反应的主要产物。
>
> （1）3-甲基吡啶 $\xrightarrow[\triangle]{\text{KMnO}_4, \text{H}_2\text{SO}_4}$
>
> （2）吡啶 $\xrightarrow[\triangle]{\text{浓HNO}_3, \text{浓H}_2\text{SO}_4}$

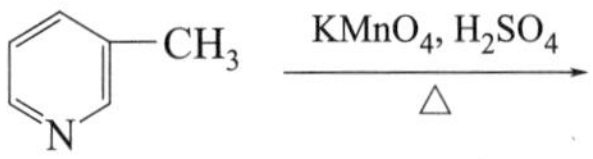

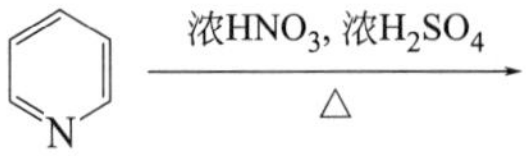

第四节　重要的杂环化合物及其衍生物

一、噻唑

噻唑是无色、有臭味的液体，易溶于水，呈弱碱性。噻唑通常比较稳定，不易发生取代反应，但在硫酸汞催化下，高温时可与发烟硫酸反应。

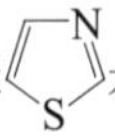

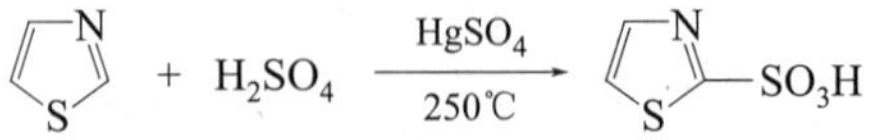

$$\text{噻唑} + \text{H}_2\text{SO}_4 \xrightarrow[250℃]{\text{HgSO}_4} \text{2-噻唑磺酸}(\text{SO}_3\text{H})$$

青霉素 G 和维生素 B_1 是噻唑最有价值的衍生物。青霉素是从青霉素菌培养液中提取出来的一类抗生素的总称，对大多因细菌感染引起的炎症有很好的疗效。天然青霉素有七种，以青霉素 G 的疗效最好。

二、糠醛

糠醛 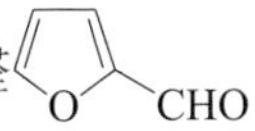 ，即 2-呋喃甲醛，是呋喃衍生物中最重要的一个。因其最初是由米糠、玉米芯等与稀盐酸或稀硫酸加热制得的，因此称为糠醛。纯糠醛为无色液体，有刺激性气味，熔点为 $-38.7℃$，相对密度为 1.160。

糠醛是优良的溶剂，可溶于水，也能与醇、醚等有机溶剂混溶。糠醛在醋酸作用下可与苯胺显红色，此现象可用于鉴别糠醛。糠醛的化学性质和苯甲醛的类似，也能发生氧化、还原、银镜等反应。

三、吲哚

吲哚是无色、片状晶体，熔点为 $52.5℃$，不溶于水而可溶于热水和有机溶剂。纯吲哚的稀溶液有很香的味道，可用于制造茉莉香精；不纯的吲哚有粪便的臭味，吲哚和 3-甲基吲哚（粪臭素）是粪便的臭气成分。

吲哚因分子中含有吡咯环，因此性质与吡咯相似，但碱性比吡咯弱。吲哚的取代反应主要发生在 3 位上。

吲哚的衍生物广泛存在于动植物中，如植物染料靛蓝、植物碱（如利血平）等中都含有吲哚环；人类必需氨基酸色氨酸和哺乳动物及人脑中思维活动的重要物质 5-羟色胺中也含有吲哚环。

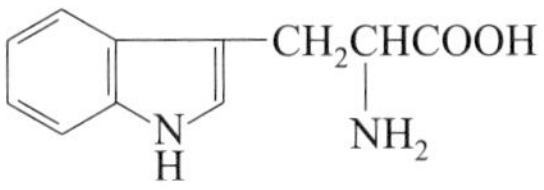

色氨酸 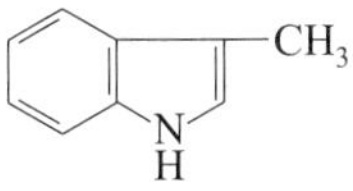　　　　　　　3-甲基吲哚（粪臭素）

四、喹啉和异喹啉

喹啉存在于煤焦油和骨胶油中，为无色、油状液体，沸点为 $238℃$，是由苯环和吡啶环稠合而成的杂环化合物。喹啉分子中增加了憎水的苯环，因此其在水中的溶解度比吡啶小很多，微溶于水，易溶于大多数有机溶剂，是一种高沸点的溶剂。

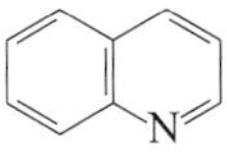

喹啉 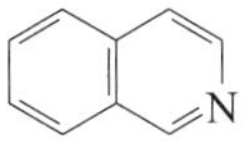　　　　　异喹啉

许多天然或合成药物都具有喹啉的环系结构，如奎宁和喜树碱等；而天然存在的一些生物碱，如吗啡碱和罂粟碱等，都含有异喹啉的结构。

 拓展窗

生物碱

生物碱是一类存在于生物体内，对人和动物有强烈生理作用的含氮碱性有机物。到目前为止，已分离出的生物碱有数千种，一般均具有生物活性，对人类有着非常重要的作用。大多数生物碱具有复杂的环状结构，且氮原子在环状结构内，也有少数生物碱例外。生物碱多数具有药用价值，我国是中草药丰富的大国，中草药的疗效大多由所含的生物碱提供。生物碱在植物中分布很广，例如，烟草中含有十几种生物碱，生物碱在植物体内常以有机酸盐（如草酸盐、柠檬酸盐等）的形式存在。生物碱在植物体中的含量一般比较低，但黄连中的黄连素则高达9%。生物碱大多是常用药物，是某些中草药的重要成分，如黄连中的小檗碱，具有治疗痢疾、抗菌消炎和清热去火的功效。

生物碱对人类有很多贡献，但也会使人中毒，应引起警惕。夏季是植物生物碱中毒的高峰期，如毒蘑菇中毒就属于植物生物碱中毒。那么如何避免中毒呢？若发现蔬菜、瓜果有苦味，尽量不要食用。一旦发现食物中毒，应立即停止食用可疑食物并立即救治患者。同时，注意保存患者的食品，以备调查确诊中毒原因。

本章小结

一、杂环化合物的命名

1. 基本杂环的命名

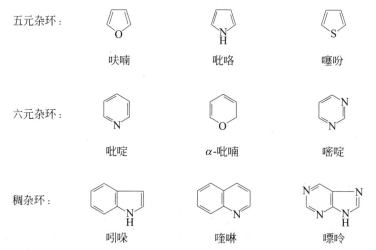

五元杂环： 呋喃　　吡咯　　噻吩

六元杂环： 吡啶　　α-吡喃　　嘧啶

稠杂环： 吲哚　　喹啉　　嘌呤

2. 取代杂环的命名

当杂环上连有—R、—X、—OH、—NH₂等取代基时，以杂环为母体。

① 当杂环上连有一个杂原子时，从杂原子开始用阿拉伯数字1，2，3…编号，并使取代基的位次和最小。

② 当杂环上有两个或两个以上相同杂原子时，则从连有氢的杂原子或连有取代基的杂原子开始编号，并使其他杂原子的位次和最小。

③ 当杂环上有两个或两个以上不同杂原子时，按O、S、N的次序编号，并使杂原子的位次和最小。

当杂环上连有—COOH、—CHO、—SO₃H、—CONH₂等时，以杂环为取代基。

二、五元杂环化合物的性质

（1）松木片反应　　呋喃蒸气能使被盐酸浸过的松木片呈绿色；吡咯蒸气能使被盐酸浸过的松木片呈红色。

（2）亲电取代反应　　五元杂环化合物比苯更容易发生亲电取代反应，取代在α位。

例如：

$$\text{呋喃} \xrightarrow[\text{二氧六环, 0℃}]{Br_2} \text{2-溴呋喃}$$

$$\text{呋喃} \xrightarrow[-5\sim30℃]{CH_3COONO_2, \text{乙酸酐}} \text{2-硝基呋喃}$$

$$\text{呋喃} \xrightarrow{SO_3\text{-吡啶}} \text{呋喃-2-磺酸}$$

（3）加成反应　呋喃、吡咯和噻吩都能发生催化加氢反应，生成对应的四氢化物。

三、吡啶的性质

1. 碱性

吡啶的碱性比氨和脂肪胺小，比苯胺大。吡啶可与无机酸反应生成盐，得到的吡啶盐再碱化可恢复成原来的吡啶。

2. 吡啶的亲电取代反应

$$\text{吡啶} \xrightarrow[200℃]{Cl_2} \text{3-氯吡啶}$$

$$\text{吡啶} \xrightarrow[300℃]{\text{浓}HNO_3, \text{浓}H_2SO_4} \text{3-硝基吡啶}$$

$$\text{吡啶} \xrightarrow[HgSO_4, 220℃]{\text{发烟}H_2SO_4} \text{吡啶-3-磺酸}$$

3. 吡啶的氧化还原反应

吡啶环比较稳定，不被氧化，但侧链可被氧化，侧链的氧化和苯的侧链氧化类似。

习题

一、单选题

（1）下列物质中碱性最强的是（　　）。

　　A. 苯胺　　　　B. 吡咯　　　　C. 吡啶　　　　D. 甲胺

（2）呋喃与硝酸乙酰酯发生硝化反应的主要产物是（　　）。

　　A. 2-硝基呋喃　B. 2-硝基吡咯　C. 3-硝基呋喃　D. 2-硝基噻吩

（3）化合物 发生卤代反应时，取代基进入的位置是（　　）。

　　A.（1）　　　　B.（2）　　　　C.（3）　　　　D. 无法确定

（4）下列化合物蒸气能使盐酸浸过的松木片呈绿色的是（　　）。

　　A. 呋喃　　　　B. 噻吩　　　　C. 吡咯　　　　D. 吡啶

（5）下列可用于鉴别吡啶和甲基吡啶的试剂是（　　）。

　　A. NaOH 溶液　　　　　　　　B. $KMnO_4$ 酸性溶液

　　C. $NaHCO_3$ 溶液　　　　　　　D. Na_2CO_3 溶液

(6) 吡咯磺化时所用的磺化剂是（   ）。
　　A. 发烟硫酸　　　　　　　　　B. 三氧化硫
　　C. 浓硫酸　　　　　　　　　　D. 吡啶和三氧化硫的加合物
(7) 苯胺、甲胺、吡咯、吡啶四种物质碱性由强到弱的顺序是（   ）。
　　A. 苯胺＞苯甲胺＞吡啶＞吡咯　　B. 吡咯＞吡啶＞苯甲胺＞苯胺
　　C. 甲胺＞吡啶＞苯胺＞吡咯　　　D. 苯甲胺＞苯胺＞吡啶＞吡咯
(8) 下列对吡咯的化学性质描述正确的是（   ）。
　　A. 吡咯比苯稳定　　　　　　　　B. 吡咯碱性较弱，遇强碱时表现出弱酸性
　　C. 吡咯具有碱性，其碱性比苯胺强　D. 吡咯具有芳香性，和苯一样稳定

二、命名下列化合物

(1) 2-甲基-5-溴呋喃 (2) 2-硝基噻吩 (3) 3-甲基吡啶 (4) 2-羟基-4-吡啶甲酸 (5) 2-溴-7-氮杂吲哚 (6) 5-硝基-2-吡咯甲酸（结构式见图）

三、写出下列化合物的构造式

(1) 2-甲基呋喃　　(2) 糠醛　　(3) 3-噻吩磺酸
(4) 3-溴噻吩　　(5) α-甲基吡啶　　(6) 3-甲基吲哚
(7) 5-甲基糠醛　　(8) 8-羟基喹啉　　(9) 2-吡咯磺酸

四、写出下列反应的主要产物

(1) 3-甲基吡啶 $\xrightarrow{KMnO_4, \triangle}$

(2) 呋喃 $\xrightarrow[\text{乙酸酐, }-5\sim30℃]{CH_3COONO_2}$

(3) 吡咯 $\xrightarrow{SO_3\text{-}吡啶}$

(4) 吡啶 $\xrightarrow[HgSO_4, 220℃]{\text{发烟}H_2SO_4}$

(5) 吲哚 $\xrightarrow{Br_2}$

五、用化学方法鉴别下列化合物

(1) 吡咯　呋喃　四氢吡咯　　(2) 苯甲醛　糠醛
(3) 吡咯　四氢吡咯　　(4) 苯酚　呋喃　苯

六、 某杂环化合物 A 的分子式为 $C_5H_4O_2$，经氧化后变成羧酸 B，B 的分子式为 $C_5H_4O_3$。羧酸 B 的钠盐与碱石灰一起加热生成 C(C_4H_4O)，并放出气体。B 能与 $NaHCO_3$ 反应，C 无酸性，C 遇到盐酸浸过的松木片显绿色。试推测 A、B 和 C 的结构。

第十四章
糖

学习目标

1. 掌握糖的定义、分类和命名；
2. 理解单糖的开链式结构和环状结构；
3. 掌握单糖的氧化反应、还原反应、成脎反应和成苷反应；
4. 掌握多糖的性质。

案例导入

糖类化合物是六大营养素之一，人体消耗的60%热能都是来自糖类。适当摄入糖类对人体是有益的，如运动时，摄入糖可很快地提供热能；摄入适当的糖也可稳定情绪，使人们工作时精力充沛。冰糖的主要作用是润肺止咳和养阴生津；而红糖则具有益气、补血化瘀的功效，同时具有散寒止痛的作用。

糖类虽好，物极必反，过量糖分的摄入，也会对人体造成负担，如容易诱发肥胖、龋齿、发育不良等。总之，糖的摄入应该适量，过量摄入的危害堪比毒品。调查发现，长期摄入高糖食物的人，其平均寿命比正常饮食的人缩短10多年。

糖类化合物是自然界中存在最为广泛的一类有机化合物，广泛存在于动物体和植物体中。如麦芽糖存在于发芽的小麦和谷粒中；蔗糖存在于甘蔗、甜菜、大多数蔬菜和水果中；乳糖存在于人和动物乳汁中；淀粉存在于玉米、小麦和水稻等的种子中，马铃薯和红薯等也含有大量淀粉。纤维素是植物细胞壁的主要成分。糖原存在于人和动物的肝脏和肌肉中。动植物细胞共有的糖有核糖、脱氧核糖和葡萄糖；动物细胞特有的糖是糖原和乳糖；植物细胞特有的糖是果糖、蔗糖、麦芽糖、淀粉和纤维素。

糖是生物体进行新陈代谢不可缺少的物质，如葡萄糖是主要的能源物质；纤维素、核糖和脱氧核糖是重要的结构物质；糖蛋白能与蛋白质等结合成复杂的化合物，参与细胞的识别、细胞间物质的运输和免疫功能的调节等生命活动。

第一节　糖的定义和分类

从化学结构看，糖类是多羟基醛或多羟基酮，或水解生成多羟基醛或多羟基酮的物质。糖类根据水解情况分为以下三类。

一、单糖

单糖是指不能水解成更小分子的糖，即最简单的糖，如葡萄糖和果糖等。

二、低聚糖

能够水解成 2~9 个单糖分子的糖称为低聚糖。其中，水解后生成两个单糖分子的糖又称双糖，是一类非常重要的低聚糖。重要的双糖有蔗糖、麦芽糖等。

三、多糖

水解后生成多个单糖分子（9 个以上）的糖称为多糖，如淀粉、纤维素等。

第二节　单糖

分子中含有醛基的糖称为醛糖，含有酮基的糖称为酮糖。自然界中存在的单糖主要是戊糖和己糖，其中戊糖是核糖，最重要的己糖是葡萄糖（己醛糖）和果糖（己酮糖），结构如下：

$$
\begin{array}{cc}
\text{CHO} & \text{CH}_2\text{OH} \\
\text{H—C—OH} & \text{C=O} \\
\text{HO—C—H} & \text{HO—C—H} \\
\text{H—C—OH} & \text{H—C—OH} \\
\text{H—C—OH} & \text{H—C—OH} \\
\text{CH}_2\text{OH} & \text{CH}_2\text{OH} \\
\text{葡萄糖} & \text{果糖} \\
\text{（己醛糖）} & \text{（己酮糖）}
\end{array}
$$

一、葡萄糖的结构

葡萄糖是己醛糖，为无色或白色结晶，分子式为 $C_6H_{12}O_6$，熔点是 146℃。葡萄糖主要存在于葡萄汁和其他果汁、蜂蜜中，是动物体进行新陈代谢不可缺少的营养剂。

葡萄糖的结构

1. 葡萄糖的开链式结构

葡萄糖是开链的五羟基己醛糖，其立体异构体总数为 2^4 个，天然葡萄糖是其中的一个异构体。书写单糖的开链式结构时，常采用费歇尔投影式，即将碳链竖立，羰基写在上端，从靠近羰基的一端开始编号。葡萄糖的费歇尔投影式如下（星号标注的为手性碳原子，葡萄糖有四个手性碳原子）：

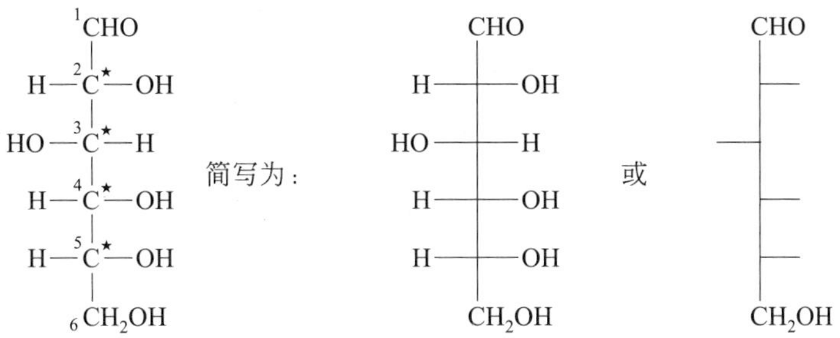

$$\begin{array}{c}{}^{1}\mathrm{CHO}\\ \mathrm{H}-{}^{2}\mathrm{C}^{\star}-\mathrm{OH}\\ \mathrm{HO}-{}^{3}\mathrm{C}^{\star}-\mathrm{H}\\ \mathrm{H}-{}^{4}\mathrm{C}^{\star}-\mathrm{OH}\\ \mathrm{H}-{}^{5}\mathrm{C}^{\star}-\mathrm{OH}\\ {}^{6}\mathrm{CH_{2}OH}\end{array}$$ 简写为: $$\begin{array}{c}\mathrm{CHO}\\ \mathrm{H}\!\!-\!\!|\!\!-\!\!\mathrm{OH}\\ \mathrm{HO}\!\!-\!\!|\!\!-\!\!\mathrm{H}\\ \mathrm{H}\!\!-\!\!|\!\!-\!\!\mathrm{OH}\\ \mathrm{H}\!\!-\!\!|\!\!-\!\!\mathrm{OH}\\ \mathrm{CH_{2}OH}\end{array}$$ 或 $$\begin{array}{c}\mathrm{CHO}\\ |\\ |\\ |\\ |\\ \mathrm{CH_{2}OH}\end{array}$$

糖类分子的构型通常采用 D/L 标记法表示。依据分子中离羰基最远的手性碳原子的构型判断,即与羰基相距最远的手性碳原子上的羟基在右边,则为 D-型;在左边,则为 L-型。上图葡萄糖中离羰基最远的手性碳是 5 号碳原子,其上的羟基在右边,因此为 D-葡萄糖。自然界存在的单糖几乎都属于 D-型。

2. 葡萄糖的环状结构

葡萄糖的开链式结构虽然能解释很多反应,如氧化、还原、成肟和成酯反应等,却不能解释某些性质。例如,葡萄糖含有醛基,却不能和亚硫酸氢钠发生加成反应;除此之外,有人做了一个实验,发现新配制的 α-型葡萄糖水溶液的比旋光度为 112°,放置后比旋光度逐渐下降并稳定在 52.5°;而新配制的 β-型葡萄糖水溶液的比旋光度为 +18.7°,放置后比旋光度逐渐上升,也达到并稳定在 52.5°不变。这种旋光度改变的现象称为变旋现象,显然葡萄糖的开链式结构无法解释此现象。

科学证明,结晶状态的单糖不是以开链式结构存在的,而是以环状结构存在的。D-葡萄糖分子中同时含有醛基和羟基,分子内发生加成反应时,一般由 C1 上的醛基和 C5 上的羟基反应生成稳定的六元环状的半缩醛结构。糖分子中新生成的半缩醛羟基又叫做苷羟基。因 C1 上的苷羟基和氢原子的空间排列不同,D-葡萄糖有 α-型和 β-型两种不同构型:苷羟基和 C5 上原羟基在同侧的为 α-型,在异侧的为 β-型。在水溶液中 α-型和 β-型都会产生少量的开链式 D-葡萄糖,而开链式葡萄糖转化为半缩醛结构时,不仅能生成 α-型葡萄糖,也能生成 β-型葡萄糖。经过一定时间,α-型、β-型和开链式葡萄糖三种异构体可达到互变平衡,此时 α-型约占 36%,β-型约占 64%,而开链式仅占约 0.005%。其互变过程如下:

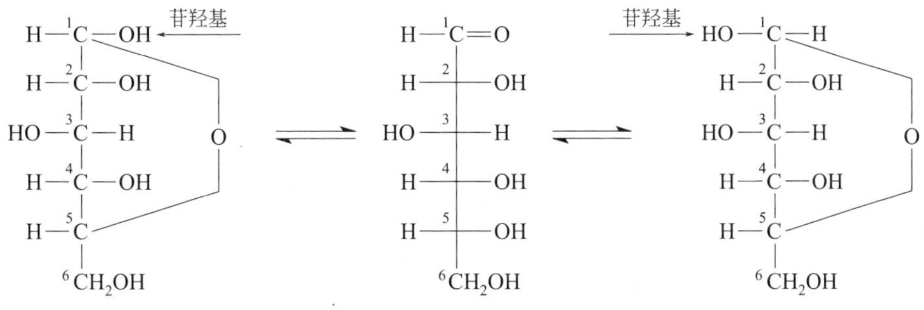

α-D-葡萄糖(约36%)   开链式D-葡萄糖(约0.005%)   β-D-葡萄糖(约64%)

由此可见,葡萄糖变旋光度是三种结构互变的结果。

为了更形象、真实地表示葡萄糖分子的空间排布,英国的哈沃斯(Haworth)提出将直立环状结构改写成平面环状结构,即将环上的成环原子写在一个平面上,而连接在各碳原子上的基团分别写在环的上方或下方,这种结构式称为哈沃斯式。按照哈沃斯式,葡萄糖分子中的 5 个碳原子和一个氧原子构成一个六边形平面,C1 写在右边,C2 和 C3 写在前面,C4 写在左边,

C5 和 O 写在后面，成环的碳原子可省略，但氧原子不能省略。然后，把直立环状结构中在左侧的氢原子和羟基（C5 上是羟甲基）写在环平面之上，把直立环状结构中在右侧的氢原子和羟基（C5 上是氢原子）写在环平面之下。注意，在哈沃斯式中，C1 上苷羟基在环平面下方的是 α-型，在环平面上方的是 β-型。D-葡萄糖的两种哈沃斯投影式如下：

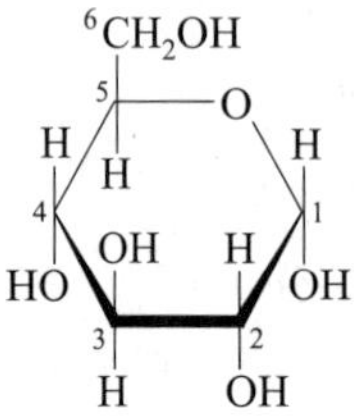

α-D-葡萄糖　　　　　　　　β-D-葡萄糖

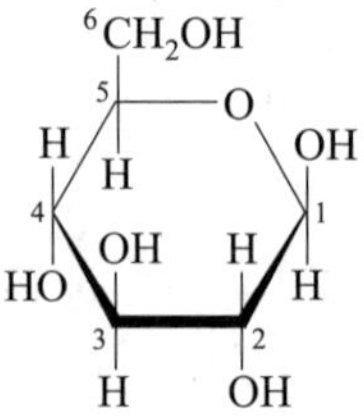

二、果糖的结构

果糖主要存在于水果、蜂蜜和许多植物的种子、球茎和叶子中，是白色晶体或结晶粉末。果糖属于己酮糖，分子式是 $C_6H_{12}O_6$，和葡萄糖相同，与葡萄糖互为同分异构体。果糖分子 C2 上是酮基，其余 5 个碳原子各连有一个羟基，其开链式结构如下：

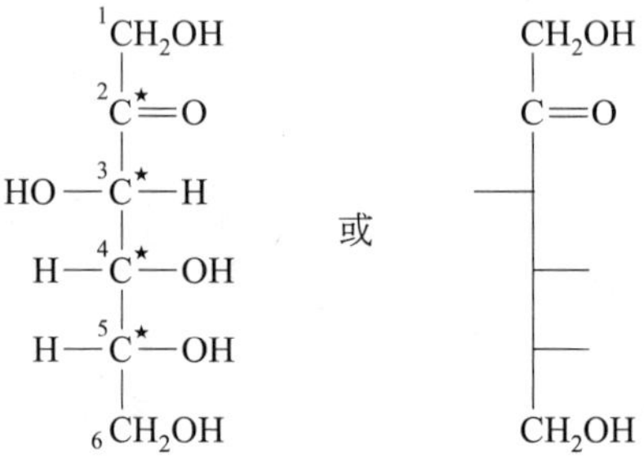

D-果糖

果糖有两种环状结构，在游离状态时主要以六元环的形式存在，由酮基和 C6 上的羟基结合而成，称为吡喃果糖；在结合状态时主要以五元环的形式存在，由酮基与 C5 上的羟基结合而成，称为呋喃果糖。D-吡喃果糖和 D-呋喃果糖的环状结构如下：

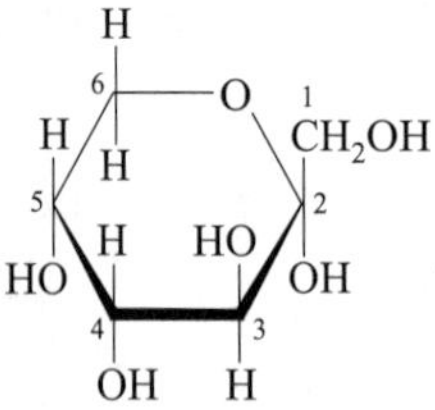

α-D-吡喃果糖　　　　　　　　β-D-吡喃果糖

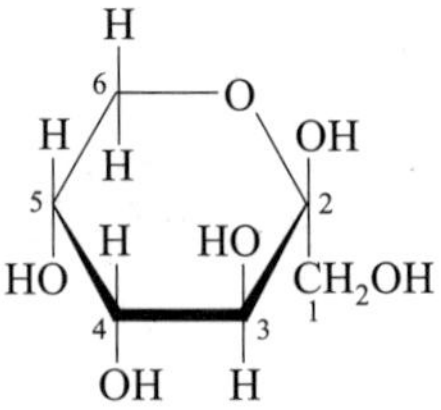

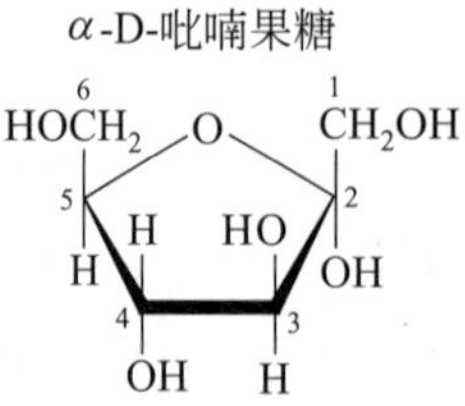

α-D-呋喃果糖　　　　　　　　β-D-呋喃果糖

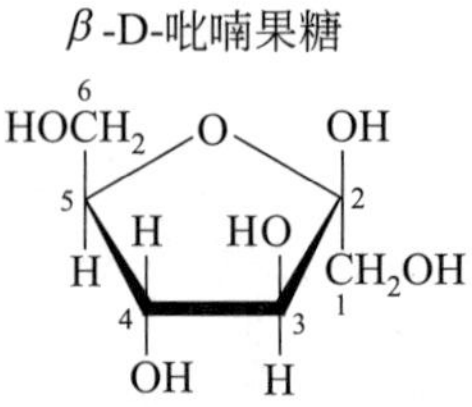

在水溶液中，果糖的开链式结构和环状结构处于动态平衡，因此也有变旋现象。

三、单糖的化学性质

1. 氧化反应

单糖都具有还原性，是还原性糖，可被多种氧化剂氧化。氧化剂不同，氧化产物也不同。

（1）被溴水氧化　溴水是一种酸性弱氧化剂，可将醛糖分子中的醛基氧化成羧基。在醛糖中加入溴水，稍加热，溴水的红棕色即可退去。但溴水不能氧化酮基，因此可通过在醛糖和酮糖中加入溴水鉴别醛糖和酮糖。

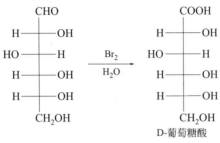

D-葡萄糖酸

★ 反应应用

> 用溴水鉴别醛糖和酮糖。

（2）被稀硝酸氧化　稀硝酸的氧化性比溴水强，可将醛糖中的醛基和 C6 上的羟甲基氧化成羧基，生成糖二酸。

$$\begin{array}{c} CHO \\ H-OH \\ HO-H \\ H-OH \\ H-OH \\ CH_2OH \end{array} \xrightarrow{HNO_3} \begin{array}{c} COOH \\ H-OH \\ HO-H \\ H-OH \\ H-OH \\ COOH \end{array}$$

D-葡萄糖二酸

（3）被托伦试剂和斐林试剂氧化　单糖分子结构的特征是含有苷羟基，容易被弱氧化剂托伦试剂、斐林试剂氧化。

$$\begin{array}{c} CHO \\ H-OH \\ HO-H \\ H-OH \\ H-OH \\ CH_2OH \end{array} + 2[Ag(NH_3)_2]^+ + 2OH^- \longrightarrow \begin{array}{c} COOH \\ H-OH \\ HO-H \\ H-OH \\ H-OH \\ CH_2OH \end{array} + 2Ag\downarrow + 4NH_3\uparrow + H_2O$$

$$\begin{array}{c} CHO \\ H-OH \\ HO-H \\ H-OH \\ H-OH \\ CH_2OH \end{array} + 2Cu^{2+} + 4OH^- \longrightarrow \begin{array}{c} COOH \\ H-OH \\ HO-H \\ H-OH \\ H-OH \\ CH_2OH \end{array} + Cu_2O\downarrow + 2H_2O$$

果糖也能被托伦试剂和斐林试剂氧化,原因是酮糖在碱性介质中可发生酮式-烯醇式互变异构而转化成葡萄糖。

> **课内练习**
>
> 用化学方法鉴别葡萄糖和果糖。

2. 还原反应

可采用催化加氢的方法或用化学还原剂（如 $NaBH_4$）将单糖还原成糖醇。例如：

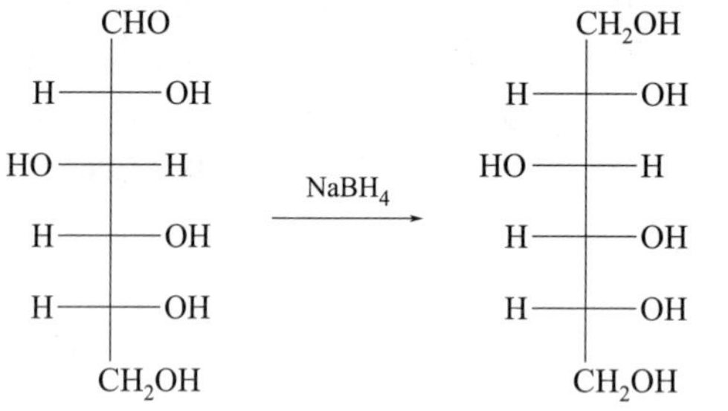

$$\begin{array}{c} CHO \\ H-OH \\ HO-H \\ H-OH \\ H-OH \\ CH_2OH \end{array} \xrightarrow{NaBH_4} \begin{array}{c} CH_2OH \\ H-OH \\ HO-H \\ H-OH \\ H-OH \\ CH_2OH \end{array}$$

葡萄糖　　　　　　　　葡萄糖醇

3. 成脎反应

单糖分子中的羰基与苯肼反应生成苯腙后,可继续和过量的苯肼反应生成糖脎。反应如下：

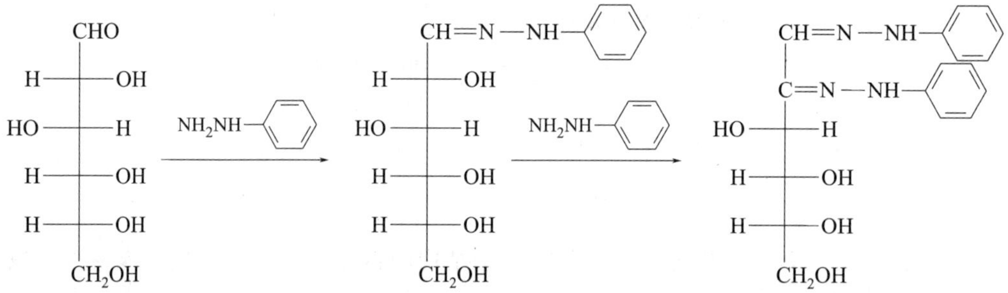

$$\text{D-葡萄糖} \xrightarrow{NH_2NH-C_6H_5} \text{D-葡萄糖苯腙} \xrightarrow{NH_2NH-C_6H_5} \text{D-葡萄糖脎}$$

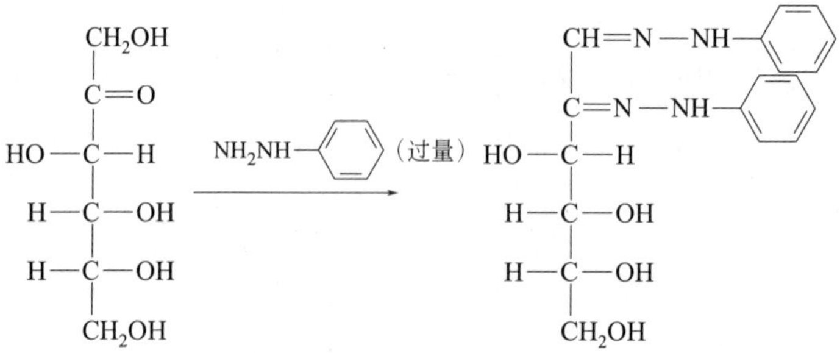

$$\text{D-果糖} \xrightarrow[\text{（过量）}]{NH_2NH-C_6H_5} \text{D-果糖脎}$$

糖脎是难溶于水的黄色晶体,在稀的糖溶液中加入过量苯肼,加热即有糖脎析出。不同糖脎的晶体形状和熔点不同,因此可用来鉴别各种糖。

4. 成苷反应

单糖的环状结构中含有苷羟基，苷羟基比较活泼，容易和醇或酚中的羟基脱水生成缩醛化合物（糖苷），该反应称为成苷反应。例如，α-D-葡萄糖在干燥氯化氢作用下，与甲醇缩合生成 α-D-葡萄糖甲苷。反应如下：

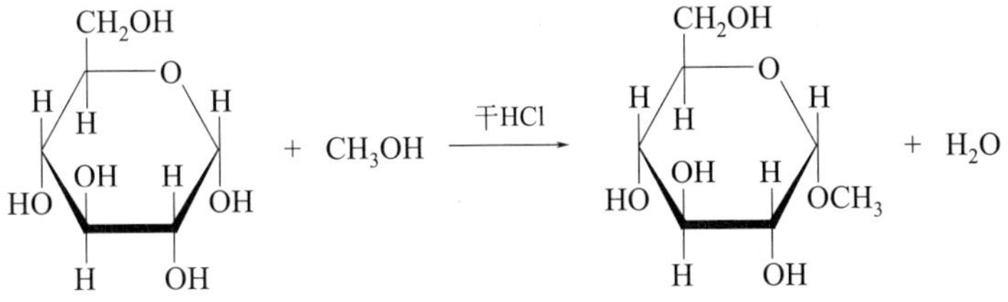

生成的糖苷失去了苷羟基，不能互变成开链式结构，因此糖苷无还原性和变旋现象，也不能生成糖脎。

5. 颜色反应

（1）莫立许反应　在糖的水溶液中加入 α-萘酚的乙醇溶液，然后沿着试管壁慢慢加入浓硫酸，不要振荡，则很快在浓硫酸与糖溶液的交界面出现紫色的环，该反应称为莫立许反应。

所有的糖（单糖、低聚糖和多糖）都能发生莫立许反应，而且反应非常灵敏。此反应可用于糖类物质的鉴定。

（2）塞利凡诺夫反应　塞利凡诺夫试剂是间苯二酚的浓盐酸溶液。在酮糖溶液中加入塞利凡诺夫试剂，加热，很快出现鲜红色，此反应称为塞利凡诺夫反应。而在同样条件下，醛糖缓慢出现淡红色，可利用反应时的不同现象鉴别醛糖和酮糖。

课内练习

写出葡萄糖与下列物质反应的主要产物。

（1）葡萄糖 $\xrightarrow{Br_2/H_2O}$

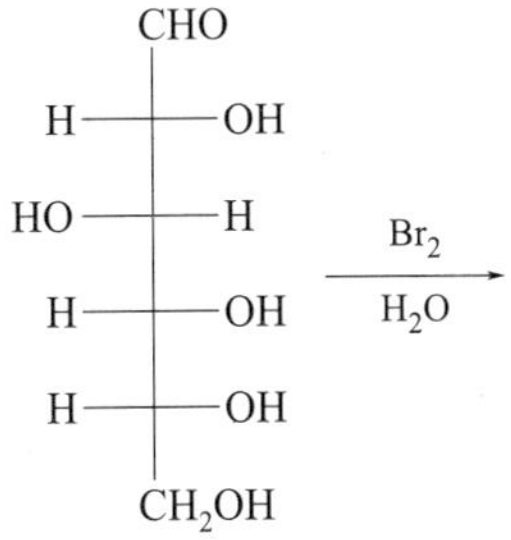

（2）葡萄糖 $\xrightarrow{托伦试剂}$

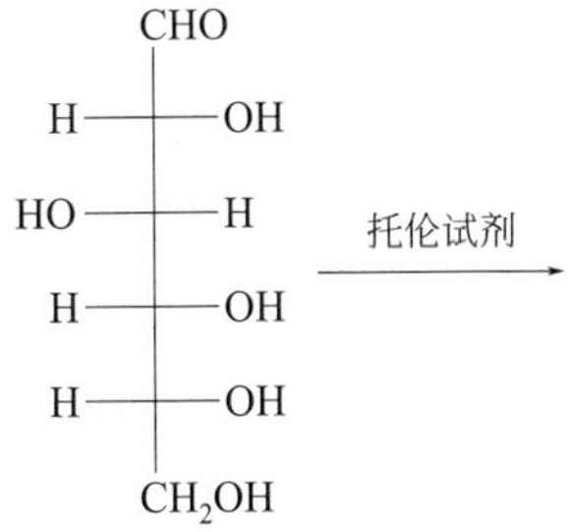

四、重要的单糖

1. 葡萄糖

葡萄糖为无色或白色晶体,熔点为146℃,易溶于水,难溶于乙醇,具有甜味,但甜度仅为蔗糖的74%。葡萄糖在葡萄中的含量比较高,因此称为葡萄糖。此外,人和动物的血液中也含有葡萄糖,血液中的葡萄糖称为血糖,人正常的血糖浓度为 $3.9 \sim 6.1 \text{mmol} \cdot \text{L}^{-1}$。葡萄糖是人体所需能量的重要来源,在体内氧化1g葡萄糖可释放出15.6kJ的能量。在临床上,葡萄糖注射液可用于治疗水肿,并有强心利尿的作用;和氯化钠配成的葡萄糖-氯化钠注射液,可作为人体失水、失血时的补充液。

2. 果糖

纯净的果糖是白色晶体,熔点为105℃,易溶于水,可溶于乙醇和乙醚。果糖通常是黏稠的液体,不易结晶,具有左旋性,因此又称为左旋糖。果糖主要存在于水果和蜂蜜中,是蜂蜜的主要成分,也是蔗糖的组成成分。果糖是所有糖中最甜的糖,甜度是蔗糖的133%。在稀碱性条件下,果糖和葡萄糖可相互转化。

第三节 双糖

双糖是最重要的一种低聚糖,水解时能生成两分子单糖。双糖分为还原性双糖和非还原性双糖两类。常见的双糖有蔗糖、麦芽糖和乳糖,分子式均为 $C_{12}H_{22}O_{11}$,互为同分异构体。

一、麦芽糖

麦芽糖是白色的晶体,熔点为102℃,易溶于水,甜度低于蔗糖。麦芽糖存在于麦芽中,是由麦芽中的淀粉酶将淀粉水解的产物,在自然界中不以游离态存在。

从分子结构看,麦芽糖是由两分子α-D-葡萄糖脱去一分子水后的缩合产物,即一分子α-D-葡萄糖 C1 上的苷羟基和另一分子 α-D-葡萄糖 C4 上的醇羟基脱去一分子水。其结构如下:

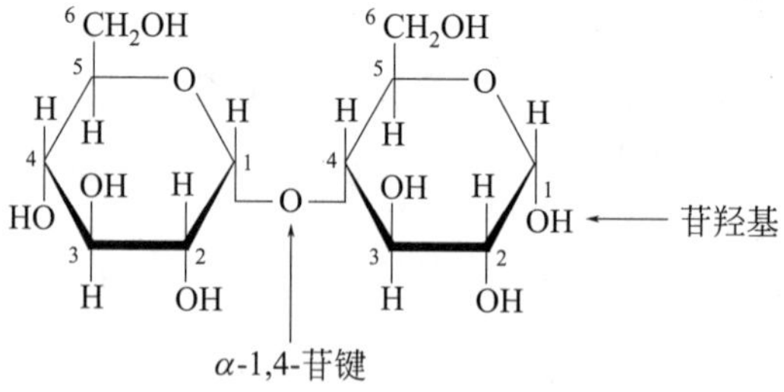

α-D-麦芽糖

由于分子中还保留了一个苷羟基,因此麦芽糖具有还原性,属于还原性糖,有变旋现象。麦芽糖在稀酸或酶的作用下,可水解得到两分子α-D-葡萄糖。

二、蔗糖

蔗糖就是生活中的食用糖,主要存在于甘蔗和甜菜中,各种植物的果实中也几乎都有蔗糖。纯净的蔗糖是白色晶体，熔点为180℃，易溶于水，难溶于乙醇，甜度比果糖低，但高于葡萄糖。

蔗糖由一分子α-D-葡萄糖上的苷羟基和一分子β-D-果糖上的苷羟基缩合形成，因此蔗糖分子中不含苷羟基，属于非还原性糖，不能跟托伦试剂和斐林试剂发生反应，不能发生成苷反应，也不能形成糖脎。蔗糖的结构如下：

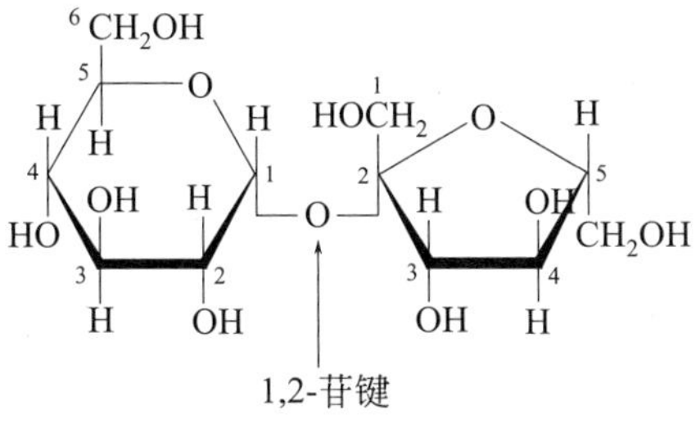

蔗糖

蔗糖在稀酸或酶的作用下，可水解生成一分子α-D-葡萄糖和一分子β-D-果糖。

三、乳糖

乳糖存在于哺乳动物的乳汁中，为白色粉末，来源比较少且甜度不高，极少用作营养品。乳糖是由一分子β-D-半乳糖的苷羟基和另一分子α或β-D-葡萄糖C4上的醇羟基脱水缩合而成的。以β-D-半乳糖的苷羟基和α-D-葡萄糖生成的α-乳糖为例，其结构如下：

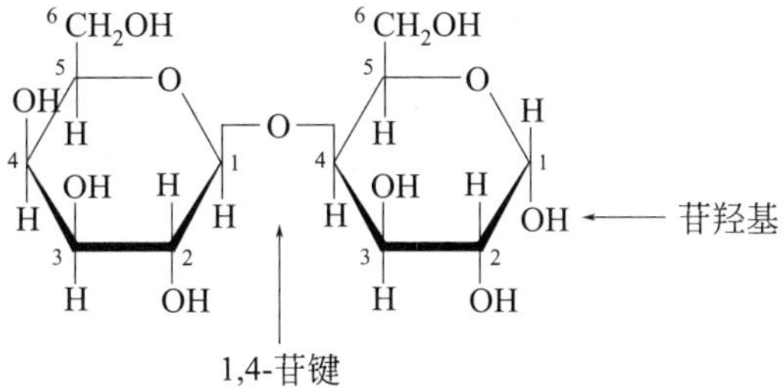

α-乳糖

乳糖分子属于还原性糖，有变旋现象。在稀酸或酶的作用下，乳糖能水解生成一分子D-半乳糖和一分子D-葡萄糖。

课内练习

> 用化学方法鉴别下列化合物。
> （1）葡萄糖　果糖　蔗糖　　　（2）麦芽糖　蔗糖

第四节　多糖

多糖在自然界中广泛存在，如淀粉和纤维素等，多糖没有甜味。多糖是由许多单糖分子脱水缩合而成的高分子化合物，分子中只保留了微量的苷羟基，且卷曲结构把微量的苷羟基隐藏起来,因此多糖没有还原性,不能和托伦试剂及斐林试剂反应,不能发生成苷反应,也不能生成糖脎。

多糖水解的最终产物是单糖,可用通式 $(C_6H_{10}O_5)_n$ 表示。在酸或酶的催化下,多糖能够水解,水解的最终产物是单糖。

一、淀粉

淀粉主要存在于植物的种子、果实和块茎中,大米中大约含 75%～80% 的淀粉,小麦中含 60%～65%,玉米中含约 65%,马铃薯中约含 20%。

1. 淀粉的结构

天然淀粉主要由直链淀粉和支链淀粉两部分组成,一般直链淀粉占淀粉含量的 10%～30%;支链淀粉占 70%～90%,与热水作用膨胀成糊状。

（1）直链淀粉　由数百乃至数千个 α-D-葡萄糖分子通过 α-1,4-苷键连接而成的线状聚合物,结构呈卷绕着的螺旋状,分子量为 150000～600000。由 D-(+)-葡萄糖通过 α-1,4-苷键连接而成的直链淀粉,结构如下:

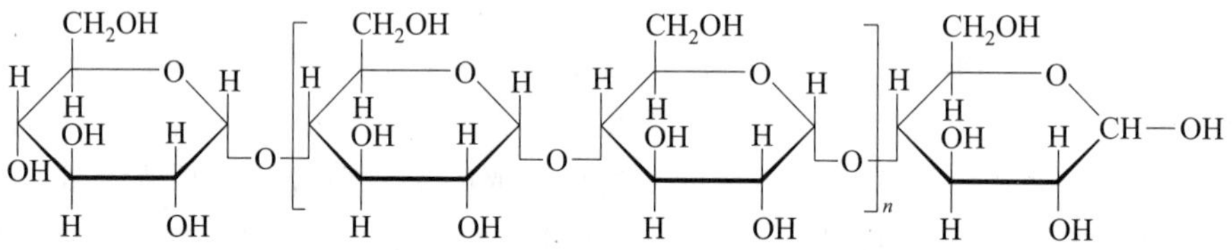

由于分子内氢键的作用,直链淀粉呈螺旋状,结构紧密,不利于水分子接近,因此不溶于水,但螺旋中间的空穴恰好可容纳碘分子,因此直链淀粉遇碘呈蓝色。

（2）支链淀粉　一般由数千到数万个 α-D-葡萄糖分子缩合而成。葡萄糖分子之间除了以 α-1,4-苷键连接成直链外,还有以 α-1,6-苷键相连而引出的支链。大约每隔 20～25 个葡萄糖有一个分支,其结构如下:

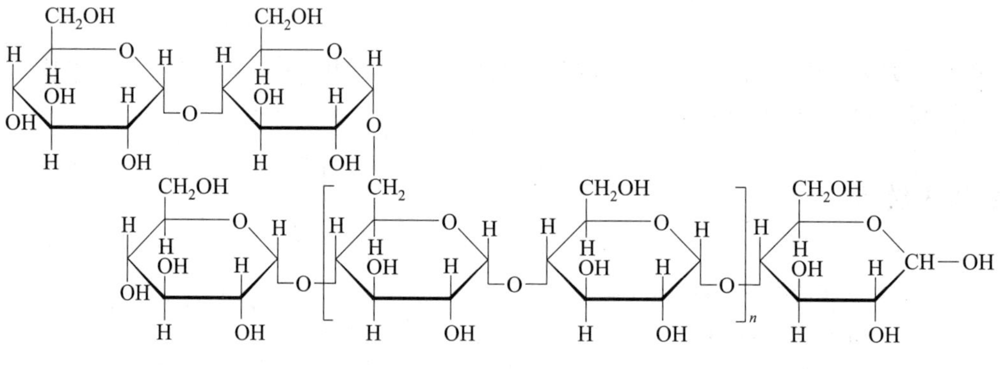

支链淀粉可和碘形成紫红色配合物。

2. 淀粉的性质

（1）淀粉与碘的反应　直链淀粉遇碘呈蓝色,加热蓝色消失,冷却后又重新显色;支链淀粉与碘作用呈紫红色。

（2）淀粉的水解　淀粉在稀酸或酶的作用下可逐步水解生成一系列产物,最终生成物是 D-葡萄糖。水解过程如下:

$$(C_{10}H_{10}O_5)_n \xrightarrow{水解} (C_6H_{10}O_5)_m \xrightarrow{水解} C_{12}H_{22}O_{11} \xrightarrow{水解} C_6H_{12}O_6$$
$$\text{淀粉} \qquad\qquad \text{糊精} \qquad\qquad \text{麦芽糖} \qquad \text{D-葡萄糖}$$

其中，糊精是比淀粉小的多糖，溶于水，可用作黏合剂。

淀粉没有还原性，因此不能发生银镜反应，不能和斐林试剂反应，也不能生成糖脎。

二、纤维素

纤维素是自然界中分布最广的多糖，是构成植物茎干和细胞壁的主要成分，是植物的支撑物质。棉花中纤维素含量高达98%，木柴中纤维素含量约为50%～70%，蔬菜中也含有较多的纤维素。

纤维素分子是由成千上万个 β-D-葡萄糖分子间脱水，以 β-1,4-苷键连接而成的线性分子。纯净的纤维素是白色、无臭、无味的固体，不溶于水，也不溶于一般的有机溶剂。纤维素在稀酸和稀碱溶液中均不发生反应，在高温、高压下，才能被浓硫酸水解成最终产物葡萄糖。由于人胃中没有分解纤维素的酶，因此不能消化纤维素，故纤维素没有营养价值，不属于人体必需的营养素。但近年来，人们发现食物中的纤维素能促进消化液的分泌，增强肠道蠕动，吸收肠内有毒物质，可防止直肠癌发生。因此，科学家认为纤维素是膳食中不可缺少的重要组成。

课内练习

> 用化学方法鉴别下列化合物。
> （1）蔗糖　淀粉　　（2）淀粉　葡萄糖　纤维素

拓展窗

白糖、红糖和冰糖

白糖、红糖和冰糖是人们经常食用的甜味物质。红糖的制取原料是甘蔗或甜菜，首先将甘蔗或甜菜压出汁，把杂质过滤掉后，在滤液中通入 CO_2，将滤液中的石灰石沉淀成碳酸钙，接着再将碳酸钙沉淀过滤掉，即可得蔗糖的水溶液。蔗糖水溶液经减压蒸发、浓缩和冷却，就会有红棕色的结晶物析出，即红糖。白糖是在红糖的基础上得到的，首先将红糖溶于水，加入活性炭脱色，再过滤，接着加热、浓缩、冷却滤液，就能得到白色晶体白糖了。若把白糖加热到一定温度除去水分，即可得到无色透明的晶体冰糖。

本章小结

一、糖的定义和分类

1. 定义

糖类化合物是多羟基醛、多羟基酮或水解生成多羟基醛或多羟基酮的物质。

2. 分类

糖类化合物按结构分为醛糖和酮糖；根据能否水解以及水解后生成的产物，糖类化合物分为单糖、低聚糖和多糖。

二、单糖

1. 单糖的结构

（1）开链式结构　用费歇尔投影式表示，醛基或酮基放在上端。一般采用 D/L 标记法命名。费歇尔投影式中最大编号手性碳连接的羟基在右边的为 D-型，在左边的为 L-型。例如：

D-(+)-葡萄糖

D-(−)-果糖

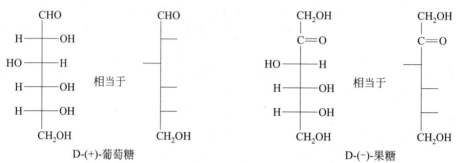

（2）环状结构　糖分子中的羟基可与羰基发生分子内加成反应，形成环状的半缩醛（酮）结构，即糖的环状结构，一般用哈沃斯式表示。

单糖的哈沃斯式：单糖的五元环状结构称为呋喃糖，六元环状结构称为吡喃糖。

α-D-吡喃葡萄糖

β-D-吡喃葡萄糖

α-D-吡喃果糖

β-D-吡喃果糖

α-D-呋喃果糖

β-D-呋喃果糖

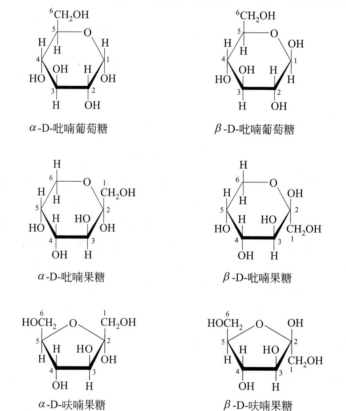

2. 单糖的化学性质

（1）氧化反应

① 被溴水氧化

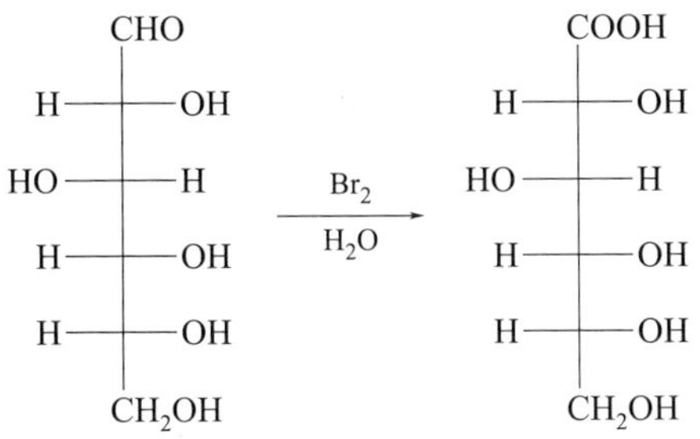

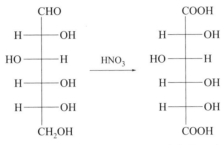

D-葡萄糖酸

② 被稀硝酸氧化

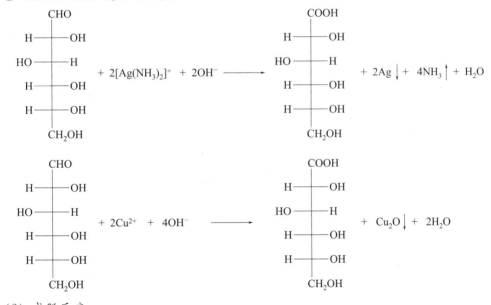

D-葡萄糖二酸

③ 被托伦试剂和斐林试剂氧化

（2）成脎反应

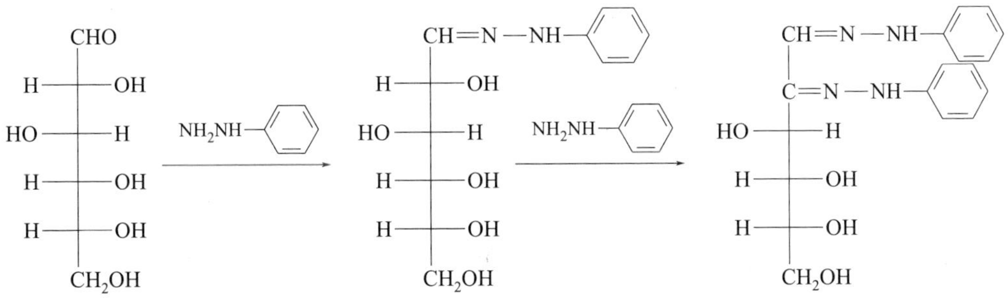

D-葡萄糖   D-葡萄糖苯腙   D-葡萄糖脎

(3) 成苷反应

(4) 颜色反应　所有的糖均会发生莫立许反应，显紫色环；酮糖，例如果糖、蔗糖，与塞利凡诺夫试剂加热很快呈现鲜红色。

三、双糖

双糖分为还原性双糖和非还原性双糖。

(1) 还原性双糖　例如麦芽糖、乳糖，分子中仍保留一个苷羟基。

(2) 非还原性双糖　例如蔗糖，分子中没有苷羟基。

四、多糖

① 多糖是单糖分子以苷键结合而成的高分子化合物，可用通式 $(C_6H_{10}O_5)_n$ 表示。多糖没有甜味，无固定熔点，没有变旋现象，不和托伦试剂反应，也不发生成苷反应。

② 淀粉分为直链淀粉和支链淀粉。直链淀粉遇碘呈蓝色；支链淀粉遇碘呈紫红色。

③ 纤维素的结构单位也是 D-葡萄糖，其为白色纤维状固体，不溶于水，也不溶于稀酸、稀碱和一般的有机溶剂，无还原性。纤维素比淀粉更难水解，最终水解产物是 D-葡萄糖。

习题

一、单选题

(1) 下列化合物中具有还原性的是（　　）。
　　A. α-D-葡萄糖甲苷　　B. 蔗糖　　　　C. 淀粉　　　　D. 葡萄糖

(2) 下列关于葡萄糖、果糖的叙述，不正确的是（　　）。
　　A. 它们均有变旋现象　　　　　　B. 它们均能与托伦试剂作用析出银镜
　　C. 它们都能使溴水褪色　　　　　D. 葡萄糖是醛糖，果糖是酮糖

(3) 不能用来鉴别葡萄糖和蔗糖的是（　　）。
　　A. 溴水　　　　B. 塞利凡诺夫试剂　　C. 托伦试剂　　D. 莫立许试剂

(4) 下列化合物中不属于多糖的是（　　）。
　　A. 淀粉　　　　B. 纤维素　　　　C. 糖原　　　　D. 蔗糖

(5) 能发生银镜反应的化合物是（　　）。
　　A. 蔗糖　　　　B. 果糖　　　　C. 淀粉　　　　D. 葡萄糖甲苷

(6) 鉴别葡萄糖与果糖选用的试剂是（　　）。
　　A. 溴水　　　　B. 托伦试剂　　　C. 莫立许试剂　　D. 斐林试剂

(7) 下列化合物中属于双糖的是（　　）。
　　A. 葡萄糖　　　B. 蔗糖　　　　C. 果糖　　　　D. 淀粉

(8) 下列化合物中属于还原性双糖的是（　　）。
　　A. 葡萄糖　　　B. 蔗糖　　　　C. 果糖　　　　D. 麦芽糖

(9) 葡萄糖与甲醇反应，脱水形成的键称为（　　）。

      A. σ 键   B. π 键   C. 苷键   D. 肽键

（10）下列化合物中有变旋现象的是（   ）。

      A. 蔗糖   B. 淀粉   C. 纤维素   D. 果糖

（11）可用于区分还原性糖和非还原性糖的试剂是（   ）。

      A. 溴水   B. 托伦试剂   C. 羰基试剂   D. 碘-碘化钾

（12）下列化合物中水解后生成不同物质的是（   ）。

      A. 麦芽糖   B. 蔗糖   C. 淀粉   D. 纤维素

（13）下列叙述正确的是（   ）。

      A. 果糖分子中无醛基，是非还原性糖

      B. 葡萄糖和果糖都是单糖，都不发生水解反应

      C. 麦芽糖和蔗糖都是双糖，都能发生水解反应，而且产物不同

      D. 淀粉和纤维素都是高分子化合物，不溶于水

（14）下列化合物中不能发生银镜反应的是（   ）。

      A. 葡萄糖   B. 蔗糖   C. 麦芽糖   D. 果糖

二、完成下列反应式

(1)
$$\begin{array}{c} \text{CHO} \\ \text{H}\!-\!\!\!-\!\text{OH} \\ \text{HO}\!-\!\!\!-\!\text{H} \\ \text{H}\!-\!\!\!-\!\text{OH} \\ \text{H}\!-\!\!\!-\!\text{OH} \\ \text{CH}_2\text{OH} \end{array} \xrightarrow{\text{Br}_2 / \text{H}_2\text{O}}$$

(2)
$$\begin{array}{c} \text{CHO} \\ \text{H}\!-\!\!\!-\!\text{OH} \\ \text{HO}\!-\!\!\!-\!\text{H} \\ \text{H}\!-\!\!\!-\!\text{OH} \\ \text{H}\!-\!\!\!-\!\text{OH} \\ \text{CH}_2\text{OH} \end{array} \xrightarrow{\text{托伦试剂}}$$

(3)
$$\begin{array}{c} \text{CH}_2\text{OH} \\ \text{C}\!=\!\text{O} \\ \text{HO}\!-\!\!\!-\!\text{H} \\ \text{H}\!-\!\!\!-\!\text{OH} \\ \text{H}\!-\!\!\!-\!\text{OH} \\ \text{CH}_2\text{OH} \end{array} \xrightarrow{\text{C}_6\text{H}_5\text{NHNH}_2(\text{过量})}$$

(4) β-D-吡喃葡萄糖 $\xrightarrow[\text{干 HCl}]{\text{CH}_3\text{OH}}$

三、用化学方法鉴别下列各组化合物

(1) 果糖　麦芽糖　蔗糖　　　(2) 葡萄糖　果糖　淀粉

(3) 纤维素　淀粉　果糖　　　(4) 葡萄糖　果糖　蔗糖　淀粉

四、下列哪些是还原性糖？

(1) 葡萄糖　　(2) 蔗糖　　(3) 麦芽糖　　(4) 果糖

(5) 淀粉　　(6) 纤维素　　(7) 乳糖

五、写出 D-葡萄糖分子的开链式结构式和哈沃斯投影式。

六、推导题

化合物 A，分子式为 $C_6H_{12}O_6$，与托伦试剂发生银镜反应，但不能与溴水反应，与过量的苯肼反应生成化合物 B。将蔗糖水解可得到化合物 A 和 C。试写出化合物 A、B 和 C 的构造式。

第十五章
氨基酸、蛋白质和核酸

学习目标

1. 掌握氨基酸的分类与命名；
2. 掌握氨基酸重要的化学性质；
3. 了解蛋白质的组成、结构和性质；
4. 了解核酸的组成和功能。

案例导入

蛋白质具有多种功能。首先人体是由无数细胞构成的，蛋白质是其重要部分，因此构成和修补人体组织是蛋白质最主要的生理功能。人体细胞要不断更新，所以每天都必须摄入一定量的蛋白质，作为构成和修补组织的"建筑材料"。人体内蛋白质的种类数以千计，其中包括人类赖以生存的无数的酶类、多种激素、抗体等，这些酶、激素、抗体大都由蛋白质构成。此外，蛋白质还参与调节渗透压和体内酸碱平衡以及供给能量。

既然蛋白质对于人体健康具有重要作用，那么哪些食物能供给人体蛋白质呢？供给人体蛋白质的食物分植物性食物与动物性食物两类。植物性食物如豆类的蛋白质含量为20%～40%；动物性食物蛋白质的含量一般为10%～20%。我国以谷类为主食，因此我国人民膳食中来自谷类的蛋白质仍然占相当大的比例。目前认为，优质蛋白质（动物蛋白和豆类蛋白）占蛋白质总摄入量的30%以上，即能很好地满足营养需要，较为合理。儿童、青少年正处在生长发育阶段，膳食中动物和豆类蛋白应占蛋白质总摄入量的50%。

蛋白质广泛存在于生物体内，是组成细胞的基础物质，是动物肌肉、皮肤、毛发、指甲、羽毛和骨骼等的主要组成物质。所有蛋白质都是由α-氨基酸构成的，可以说，α-氨基酸是蛋白质的基本组成单位。要学习蛋白质的结构和性质，应首先学习α-氨基酸的相关知识。

第一节 氨基酸

氨基酸可看作羧酸分子烃基上氢原子被氨基（—NH_2）取代后的衍生物。人们发现的天然氨基酸有300多种，构成蛋白质的氨基酸20多种。自然界中最常见的，α-氨基酸，也是构成生命基础物质蛋白质的基本单元，其结构如下：

$$\underset{\underset{NH_2}{|}}{R}CHCOOH$$

一、氨基酸的分类和命名

1. 氨基酸的分类

根据氨基和羧基相对位置的不同，氨基酸可分为α-氨基酸、β-氨基酸、γ-氨基酸等。例如：

  α-氨基丙酸   β-氨基丙酸   γ-氨基丁酸

根据结构中碱性基团氨基和酸性基团羧基数目的不同，氨基酸还可分为酸性氨基酸、碱性氨基酸和中性氨基酸。氨基酸分子中氨基和羧基数目相等的为中性氨基酸，羧基数目多于氨基数目的为酸性氨基酸，氨基数目多于羧基数目的为碱性氨基酸。例如：

  丙氨酸   谷氨酸   赖氨酸
 （中性氨基酸） （酸性氨基酸）   （碱性氨基酸）

2. 氨基酸的命名

氨基酸习惯上根据其来源采用俗名命名，例如，甘氨酸因具有甜味而得名；丝氨酸最早从蚕丝得到，天冬氨酸则来源于天门冬植物。

氨基酸也可用系统命名法命名。命名方法与其他取代酸相同，即以羧酸为母体，氨基作为取代基，氨基的位次以阿拉伯数字或希腊字母标示。例如：

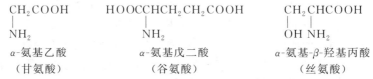

 α-氨基乙酸 α-氨基戊二酸 α-氨基-β-羟基丙酸
 （甘氨酸）   （谷氨酸）   （丝氨酸）

蛋白质水解可得到各种α-氨基酸的混合物，表15-1列出了由多数蛋白质水解得到的α-氨基酸，其中带"＊"号的为人体必需氨基酸，这些氨基酸只能从食物中得到，不能在人体内合成。

表 15-1　蛋白质中存在的 α-氨基酸

构造式	名称	简写
$CH_2(NH_2)COOH$	甘氨酸（α-氨基乙酸）	甘(Gly)
$CH_3CH(NH_2)COOH$	丙氨酸（α-氨基丙酸）	丙(Ala)
$CH_2(OH)CH(NH_2)COOH$	丝氨酸（α-氨基-β-羟基丙酸）	丝(Ser)
$CH_2(SH)CH(NH_2)COOH$	半胱氨酸（α-氨基-β-巯基丙酸）	半胱(Cys)

续表

构造式	名称	简写
$CH_3CH(OH)CH(NH_2)COOH$	*苏氨酸(α-氨基-β-羟基丁酸)	苏(Thr)
$CH_3SCH_2CH_2CH(NH_2)COOH$	*蛋氨酸(α-氨基-γ-甲硫基丁酸)	蛋(Met)
$(CH_3)_2CHCH_2CH(NH_2)COOH$	*亮氨酸(α-氨基-γ-甲基戊酸)	亮(Leu)
$HOOCCH_2CH(NH_2)COOH$	天冬氨酸(α-氨基丁二酸)	天门冬(Asp)
$HOOCCH_2CH_2CH(NH_2)COOH$	谷氨酸(α-氨基戊二酸)	谷(Glu)
$H_2NCNH(CH_2)_3CH(NH_2)COOH$ $\quad\ \ \|$ $\quad\ NH$	精氨酸(α-氨基-δ-胍基戊酸)	精(Arg)
$H_2N(CH_2)_4CH(NH_2)COOH$	*赖氨酸(α,ω-二氨基己酸)	赖(Lys)
$(CH_3)_2CHCH(NH_2)COOH$	*缬氨酸(α-氨基-β-甲基丁酸)	缬(Val)
$CH_3CH_2CHCH(NH_2)COOH$ $\qquad\ \|$ $\qquad CH_3$	*异亮氨酸(α-氨基-β-甲基戊酸)	异亮(Ile)
〔苯基〕-$CH_2CH(NH_2)COOH$	*苯丙氨酸(α-氨基-β-苯基丙酸)	苯丙(Phe)
〔吲哚基〕-$CH_2CH(NH_2)COOH$	*色氨酸[α-氨基-β-(3-吲哚)丙酸]	色(Try)

课内练习

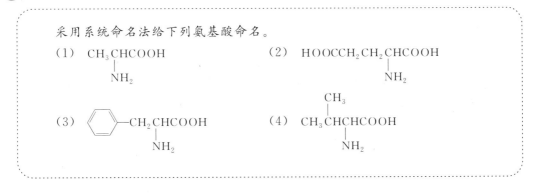

二、氨基酸的性质

1. 物理性质

α-氨基酸都是无色晶体，易溶于水，难溶于乙醇、乙醚、苯等有机溶剂。熔点比相应羧酸或胺类高，一般在 200~300℃ 之间。

2. 化学性质

氨基酸分子中既含有氨基又含有羧基，因此具有羧酸和胺两类化合物的性质。此外，由于氨基和羧基之间的相互影响，氨基酸还具有一些特殊的化学性质。

（1）氨基酸的两性和等电点　氨基酸分子中既有酸性基团又有碱性基团，因此它可以和酸作用生成盐，也可以和碱作用生成盐，故氨基酸是一种两性物质。氨基酸结构随酸碱性的变化而变化，如下图所示：

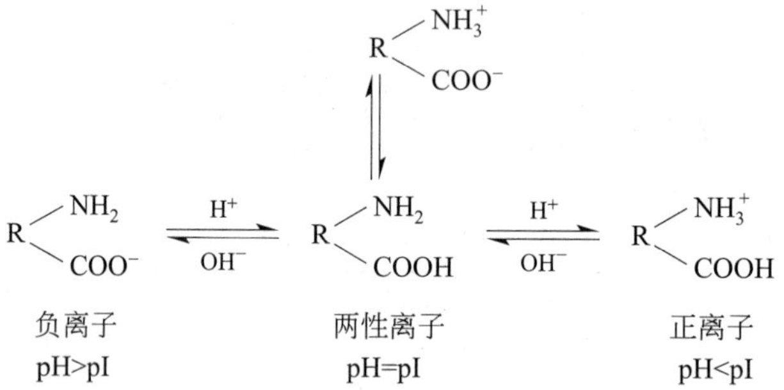

$$R-\underset{COO^-}{\overset{NH_2}{\underset{|}{C}}} \underset{OH^-}{\overset{H^+}{\rightleftharpoons}} R-\underset{COOH}{\overset{NH_2}{\underset{|}{C}}} \underset{OH^-}{\overset{H^+}{\rightleftharpoons}} R-\underset{COOH}{\overset{NH_3^+}{\underset{|}{C}}}$$

负离子　　　　两性离子　　　　正离子
pH>pI　　　　pH=pI　　　　　pH<pI

在碱性条件下，氨基酸以负离子形式存在，如果此时将氨基酸置于一个特定的电场中，氨基酸向电场正极移动；而在酸性环境下，氨基酸以正离子形式向电场负极移动。当溶液调节到一定 pH 时，氨基酸所带正电荷和负电荷的数目相等，整体呈电中性，即净电荷为零，氨基酸在电场中不发生迁移，此时溶液的 pH 称为氨基酸的等电点，用 pI 表示。

不同氨基酸的分子结构不同，其等电点也不同，这表明等电点为电中性而不是酸碱性为中性（pH=7）。不同氨基酸的等电点如下：中性氨基酸 pI=5.0～6.3；酸性氨基酸 pI=2.8～3.2；碱性氨基酸 pI=7.6～10.8。

✱ 反应应用

> 在等电点时，氨基酸在水中的溶解度最小，易结晶析出。利用这一特点可以分离和鉴别一些氨基酸。

（2）与茚三酮的显色反应　α-氨基酸水溶液与茚三酮的水合物作用，生成蓝紫色化合物，此反应比较灵敏，常用于鉴别 α-氨基酸。

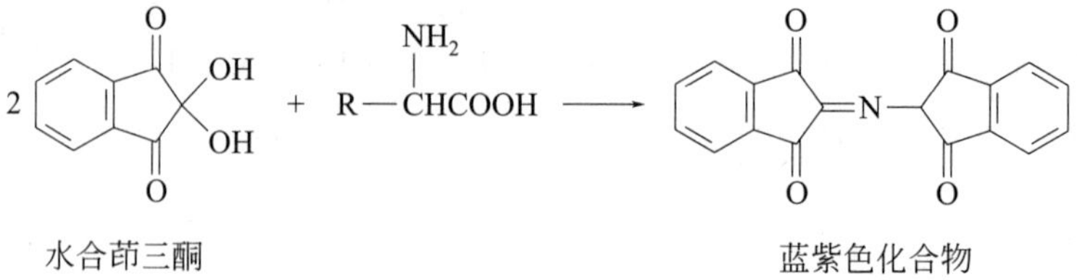

水合茚三酮　　　　　　　　　　　　　　　　蓝紫色化合物

✱ 反应应用

> 茚三酮和 α-氨基酸作用呈蓝紫色，可用于鉴别 α-氨基酸。

> **课内练习**
>
> 已知苯丙氨酸的 pI=5.5，赖氨酸的 pI=9.7。当 pH=6.0 时，这两种氨基酸的存在形式是正离子还是负离子？在外电场作用下，它们分别向哪个方向移动？

第二节 蛋白质

蛋白质是构成生物体各种组织的基础物质，在生命活动中起着决定性作用。蛋白质主要由 C、H、O、N 和 S 等元素组成，有些还有磷、铁、镁、铜、锌和碘。蛋白质的分子量一般在一万到几百万，甚至达数千万，如烟草花叶病毒蛋白质的分子量高达 4000 万。

一、蛋白质的结构

1. 肽与多肽

天然蛋白质是由 α-氨基酸组成的，而一个 α-氨基酸分子的羧基和另一个氨基酸分子的氨基可发生脱水反应生成肽，肽分子中所含的酰胺键叫做肽键，肽键的形成如图 15-1 所示。肽根据含有氨基酸的数目分为二肽、三肽和四肽等，而由多个氨基酸组成的肽统称多肽。对于蛋白质而言，组成其结构的氨基酸一般为 100 个以上（有时为 50 个以上）。

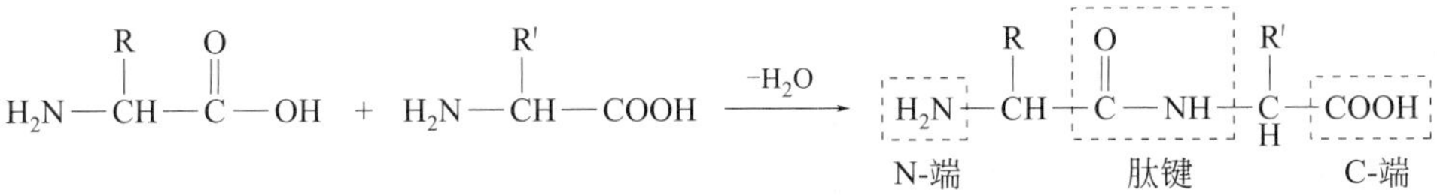

图 15-1 肽键的形成

2. 蛋白质的四级结构

蛋白质是由氨基酸以"脱水缩合"方式组成的多肽链经盘曲折叠形成的具有一定空间结构的物质。研究表明，蛋白质具有一级、二级、三级和四级结构。

一级结构：又称初级结构或基本结构，是指蛋白质多肽链中氨基酸的排列顺序。多肽链是蛋白质分子的基本结构，肽键是蛋白质分子内的主要连接方式，有些蛋白质就是由一条多肽链构成的，有些蛋白质由两条或两条以上的多肽链构成。

二级结构：蛋白质分子中的多肽链按照一定的规律卷曲（如 α-螺旋结构）或折叠（如 β-折叠结构）形成的特定空间结构。蛋白质的二级结构主要依靠肽链中氨基酸残基亚氨基（—NH—）上氢原子和羰基上氧原子之间形成的氢键而实现的。

三级结构：在二级结构的基础上，肽链还按照一定的空间结构盘绕、折叠、卷曲，进一步形成更复杂的三级结构。

四级结构：具有三级结构的多肽链按一定空间排列方式结合在一起形成的聚集体结构。

二、蛋白质的性质

1. 蛋白质的两性和等电点

蛋白质分子中的肽链含有 N-端和 C-端，所以与氨基酸类似，蛋白质也有等电点。在不同 pH 溶液中，蛋白质以不同形式存在，其平衡体系如下：

$$P\begin{cases}NH_2\\COO^-\end{cases} \underset{OH^-}{\overset{H^+}{\rightleftharpoons}} P\begin{cases}NH_2\\COOH\end{cases} \underset{OH^-}{\overset{H^+}{\rightleftharpoons}} P\begin{cases}NH_3^+\\COOH\end{cases}$$

（中间经 $P\begin{cases}NH_3^+\\COO^-\end{cases}$ 两性离子）

负离子 pH>pI；两性离子 pH=pI；正离子 pH<pI

调节溶液的 pH，当蛋白质分子所带的正、负电荷数相等，即净电荷为零时，溶液的 pH 称为该蛋白质的等电点 pI，此时蛋白质的溶解度最小。由于不同蛋白质由不同的氨基酸组成，因此都有其特定的等电点，在同一 pH 下所带的净电荷不同，因此在电场中移动的方向和速率也各不相同。根据此原理可利用电泳法将混合的各种蛋白质分离开，这与不同种类氨基酸的电泳分离类似。

2. 蛋白质的胶体性质

蛋白质是生物大分子，其溶液具有胶体溶液的一般特性，如丁达尔效应、电泳现象和布朗运动等。蛋白质不能透过半透膜，利用这一性质可进行蛋白质的透析，以除去蛋白质溶液中低分子量的杂质。

3. 蛋白质的变性

在热、强酸碱、强氧化、重金属盐、甲醛、乙醇、苯酚和电磁辐射等作用下，蛋白质特定的空间构象发生改变，导致其物理、化学性质发生改变，生物活性丧失，这称为蛋白质的变性，蛋白质的变性是不可逆的。

在生活中，人们经常利用蛋白质变性的特性，如从原始先民以火炙肉到如今的煎炒烹炸，加热使食物中的蛋白质变性，一方面更有利于消化酶水解，另一方面使食物中抑制消化酶活性的蛋白质失活，变为食物中营养成分的一部分。医院用酒精、消毒水和紫外灯杀灭细菌防止病人感染；在误食含重金属的物质后，饮用牛奶或蛋清可以减轻重金属对身体的毒害。

4. 蛋白质的盐析

在蛋白质水溶液中加入浓的无机盐（如氯化钠、硫酸钠等）时，蛋白质从溶液中析出，这种作用称为盐析。盐析过程是可逆的，析出蛋白质的分子结构不发生改变，再加之不同蛋白质盐析所需盐的最低浓度不同，可用于不同蛋白质的分离。

5. 蛋白质的显色反应

蛋白质能和一些试剂作用生成有色物质，人们可根据颜色反应来鉴别蛋白质。
① 茚三酮反应　蛋白质与茚三酮的水合物反应生成蓝紫色物质，可用于鉴别蛋白质。
② 黄蛋白反应　带有芳基的蛋白质和浓硝酸共热显黄色的反应。此反应可用于检测蛋

白质或多肽分子中是否存在苯丙氨酸和酪氨酸。生活中，人的指甲或皮肤遇到浓硝酸后会变为黄色，即这个原理。

第三节 核酸

核酸是储存、复制及表达生物遗传信息的生物大分子化合物，存在于一切生命体中，如病毒、细菌、植物和动物。

一、核酸的组成

核酸的组成元素有 C、H、O、N、P 等，核酸一般不含 S，而含有的 P 比较多，大约为 9%～10%。根据其结构中戊糖（五碳糖）的不同，核酸可以分为脱氧核糖核酸（DNA）和核糖核酸（RNA）两大类。脱氧核糖核酸主要分布在细胞核内，而核糖核酸主要分布于细胞质内。

核酸作为一种生物大分子，也是由基本结构单元聚合而成的，这些基本结构单元被称为核苷酸。核苷酸由核苷和磷酸组成，核苷由碱基与戊糖构成，这些碱基可分为两类，一类是嘧啶碱，一类是嘌呤碱。

DNA 中，含有腺嘌呤、鸟嘌呤、胸腺嘧啶和胞嘧啶四种碱基；RNA 中，含有腺嘌呤、鸟嘌呤、尿嘧啶和胞嘧啶四种碱基。

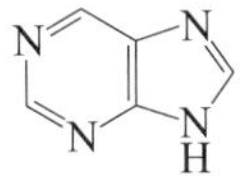

嘌呤 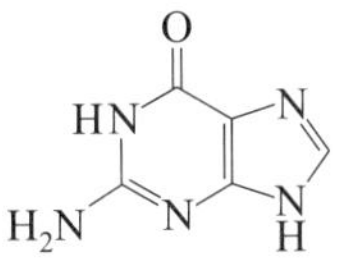　　鸟嘌呤(G)　　腺嘌呤(A)

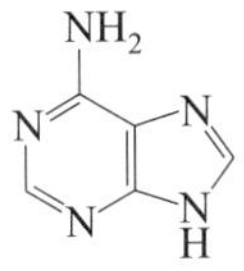

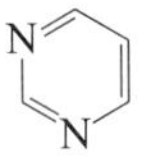

嘧啶 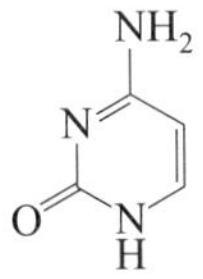　　胞嘧啶(C)　　尿嘧啶(U)　　胸腺嘧啶(T)

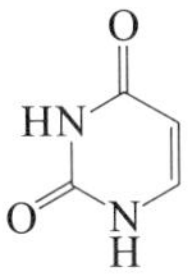

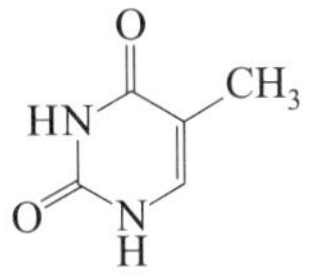

二、核酸的功能

DNA 是生物遗传信息的携带者和传递者，是储存、复制和传递遗传信息的主要物质基础。在新生命形成时的细胞分裂过程中，DNA 按照自己的结构精确复制，将遗传信息一代一代传递下去。RNA 在蛋白质合成过程中起着重要作用。

人是由细胞构成的，每个细胞中都含有核酸。DNA 是细胞核心——细胞核的主要成分，RNA 是细胞质的组成成分之一，可以说，核酸是制造人体的基础。现发现近 2000 种遗传性疾病和 DNA 的结构有关，例如白化病是由 DNA 分子上缺乏产生促黑色素生成的酪氨酸酶的基因造成的；肿瘤、部分糖尿病等也都与核酸有关。

拓展窗

如何选择蛋白质食物？

蛋白质是六大营养素之一，因此保证蛋白质的供给是关系身体健康的重要问题。生活中，人们应如何选择蛋白质才能保证足够的营养呢？

每天应摄取足够数量和质量的蛋白质食物。牛奶中蛋白质的含量是非常高的，鸡蛋也富含蛋白质。此外，鱼虾、牛肉、猪肉和鸡肉中也富含蛋白质。植物蛋白，如豆腐、豆浆，也富含优质蛋白质。这些优质蛋白可被人体很好地吸收和利用，建议每天摄取这些食物以补充蛋白质。

生活中，注意各种食物的合理搭配。食物的合理搭配可有效提高蛋白质营养价值。每日摄入的蛋白质最好是植物蛋白和动物蛋白的搭配，而植物蛋白大约占1/3，动物蛋白占2/3。蛋白质的混合食用可使其中的氨基酸相互补充，从而显著提高营养价值。

保证每餐摄入一定质和量的蛋白质。若一次摄入过量的蛋白质，则会造成蛋白质的浪费。反之，若摄入的蛋白质不足，则会使人感到乏力，体重下降，抵抗力和免疫力下降。

本章小结

一、氨基酸的命名

氨基酸的系统命名：以羧酸为母体，氨基作为取代基，氨基的位次以阿拉伯数字或希腊字母标示。例如：

$$\underset{\substack{\text{α-氨基乙酸} \\ \text{（甘氨酸）}}}{\underset{|}{\text{CH}_2\text{COOH}} \atop \text{NH}_2} \qquad \underset{\substack{\text{α-氨基戊二酸} \\ \text{（谷氨酸）}}}{\underset{|}{\text{HOOCCHCH}_2\text{CH}_2\text{COOH}} \atop \text{NH}_2} \qquad \underset{\substack{\text{α-氨基-β-羟基丙酸} \\ \text{（丝氨酸）}}}{\underset{|\quad|}{\text{CH}_2\text{CHCOOH}} \atop \text{OH NH}_2}$$

二、氨基酸的化学性质

1. 氨基酸的两性和等电点

氨基酸分子中既含有羧基，又含有氨基，是一种两性物质。在不同的酸碱环境中，氨基酸的结构变化如下：

$$\underset{\substack{\text{负离子} \\ \text{pH>pI}}}{R\text{—}\underset{\text{COO}^-}{\overset{\text{NH}_2}{<}}} \underset{\text{OH}^-}{\overset{\text{H}^+}{\rightleftharpoons}} \underset{\substack{\text{两性离子} \\ \text{pH=pI}}}{R\text{—}\underset{\text{COO}^-}{\overset{\text{NH}_3^+}{<}}} \underset{\text{OH}^-}{\overset{\text{H}^+}{\rightleftharpoons}} \underset{\substack{\text{正离子} \\ \text{pH<pI}}}{R\text{—}\underset{\text{COOH}}{\overset{\text{NH}_3^+}{<}}}$$

中间还有一步：$R\text{—}\underset{\text{COOH}}{\overset{\text{NH}_2}{<}} \rightleftharpoons R\text{—}\underset{\text{COO}^-}{\overset{\text{NH}_3^+}{<}}$

2. 与茚三酮的显色反应

α-氨基酸水溶液与茚三酮的水合物作用，生成蓝紫色化合物。

三、蛋白质的化学性质

1. 蛋白质的两性和等电点

在不同 pH 溶液中，蛋白质以不同形式存在，其平衡体系如下：

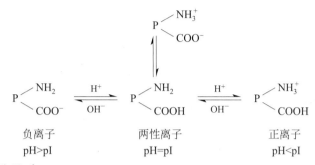

2. 蛋白质的胶体性质

蛋白质是生物大分子，其溶液具有胶体溶液的一般特性。

3. 蛋白质的变性

在热、强酸碱、强氧化、重金属盐、甲醛、乙醇、苯酚和电磁辐射等作用下，蛋白质会变性且变性是不可逆的。

4. 蛋白质的盐析

在蛋白质水溶液中加入浓的无机盐，蛋白质从溶液中析出，这种作用称为盐析。盐析可用于不同蛋白质的分离。

5. 蛋白质的显色反应

(1) 茚三酮反应 蛋白质与茚三酮的水合物反应生成蓝紫色物质，可用于鉴别蛋白质。

(2) 黄蛋白反应 含有芳烃的蛋白质和浓硝酸共热显黄色的反应，此反应可用于检测蛋白质或多肽分子中是否存在苯丙氨酸和酪氨酸。

 习题

一、判断题（正确的打"√"，错误的打"×"）

(1) 等电点时氨基酸为两性离子，净电荷为零，此时氨基酸溶液呈中性。（　　）

(2) 氨基酸是两性化合物，既能溶于酸，又能溶于碱。（　　）

(3) pH<pI 时，氨基酸主要以正离子形式存在，在电场中向正极移动。（　　）

(4) 亮氨酸的等电点 pI=6.02，则亮氨酸在 pH=7 的溶液中带负电。（　　）

二、填空题

(1) 根据氨基和羧基相对位置的不同，氨基酸分为_____、_____、_____。

(2) 氨基酸溶液的 pH>pI 时，氨基酸以_____离子存在（填正或负）；氨基酸溶液的 pH<pI 时，氨基酸以_____离子存在（填正或负）；当氨基酸溶液正、负电荷相等时，净电荷为零，这一点称为_____。

(3) 蛋白质能发生_____、_____等颜色反应。

三、完成下列反应式

(1) $\text{CH}_3\text{CHCH}_2\text{COOH} \xrightarrow{\text{HCl}}$
      |
      NH_2

(2) $\text{CH}_3\underset{\underset{\text{NH}_2}{|}}{\text{CH}}\text{CH}_2\text{COOH} \xrightarrow{\text{NaOH}}$

四、下列化合物在给定 pH 时带正电荷还是负电荷？

(1) 胰岛素（pI=5.3）在 pH=2 的溶液中
(2) 丝氨酸（pI=5.68）在 pH=6 的溶液中
(3) 天冬氨酸（pI=2.77）在 pH=5 的溶液中
(4) 酪氨酸（pI=5.66）在 pH=3 的溶液中

五、鉴别下列各组化合物

(1) $\text{CH}_3\underset{\underset{\text{NH}_2}{|}}{\text{CH}}\text{CH}_2\text{COOH}$ $\text{CH}_3\text{CH}_2\underset{\underset{\text{NH}_2}{|}}{\text{CH}}\text{COOH}$

(2) $\text{CH}_3\underset{\underset{\text{NH}_2}{|}}{\text{CH}}\text{COOH}$ $\text{CH}_3\underset{\underset{\text{NHCOCH}_3}{|}}{\text{CH}}\text{COOH}$

六、 请解释氨基酸为何易溶于水，而不易溶于有机溶剂。

七、 核酸的基本结构单元是什么？这个基本结构单元最终可以分解成哪些部分？

实验部分

第十六章 有机化学实验的基本知识

第一节 有机化学实验的目的及学习方法

一、有机化学实验的目的

有机化学实验知识是高等职业技术教育化工类学生必备的知识素质之一，是培养高素质化学、化工类技能人才，提高职业岗位技能的重要组成部分。有机化学实验的主要目的如下：

① 使学生掌握有机化学实验的基本操作技能，培养学生的实验动手能力。
② 验证常见有机化合物的性质，使学生掌握重要有机化合物的鉴别方法。
③ 使学生学会常用有机化学实验装置的安装与操作。
④ 培养学生正确观察实验现象及准确记录实验数据的能力。
⑤ 培养学生实事求是的科学态度和独立分析问题、解决问题的能力。

二、有机化学实验的学习方法

要做好有机化学实验，不仅要有正确的学习态度，还要有正确的学习方法。顺利完成有机实验的三个重要环节是：预习实验、规范进行实验操作和认真书写实验报告。

1. 预习实验

实验前，要认真预习，明确实验目的、实验原理、实验步骤和实验方法，并认真书写预习报告。预习报告一般包括实验目的、实验原理、实验仪器和试剂，注意：写预习报告时应避免全盘照抄，实验步骤应简明扼要。

2. 规范进行实验操作

做实验时，学生应按照操作规程和预定步骤进行，不得随意更改试剂用量和加料顺序。实验过程中，应认真观察实验现象，并如实记录，不得随意更改实验结果。

3. 认真书写实验报告

实验结束后，应认真总结，分析实验现象，整理实验数据，并得出结论。实验报告由学生独立完成，不得抄袭。

第二节　有机化学实验常用玻璃仪器

仪器名称	主要用途及注意事项	仪器名称	主要用途及注意事项
圆底烧瓶	主要用途： 25mL、50mL 一般用作接收瓶；100~500mL 用作反应瓶、回流装置及用于加热。 注意事项： 避免直火加热，隔石棉网或各种加热浴加热	量筒	主要用途： 粗略量取一定体积的液体。 注意事项： ① 不能加热； ② 不能在其中配制溶液； ③ 不能在烘箱中烘烤
三口烧瓶	主要用途： 用作反应瓶，三口可分别安装搅拌器、冷凝管、温度计等	烧杯	主要用途： ① 反应容器； ② 用于溶解样品，配制溶液。 注意事项： 加热时应置于石棉网上
接液管	主要用途： ① 承接液体，上口接冷凝管，下口接接收瓶； ② 单尾接液管可用于简单蒸馏，支管出尾气；也可用于减压蒸馏，支管连接减压系统	漏斗	主要用途： ① 一般过滤； ② 引导溶液入小口容器。 注意事项： ① 滤纸铺好后，应低于漏斗上边缘5mm； ② 可过滤热溶液，但不能用火直接加热
蒸发皿	主要用途： ① 用于溶液的蒸发、浓缩、结晶； ② 干燥固体物质。 注意事项： ① 盛液量不超过容积的2/3； ② 可直接加热，受热后不能骤冷； ③ 应使用坩埚钳取、放蒸发皿	研钵	主要用途： ① 研磨固体； ② 混合固体物质。 注意事项： 不能撞击；不能烘烤
分液漏斗	主要用途： ① 用于分离两种互不相溶的液体； ② 制备反应中用于加液体(多用球形及滴液漏斗)。 注意事项： ① 活塞上涂凡士林，使转动自如； ② 磨口旋塞必须原配	布氏漏斗和吸滤瓶	主要用途： 用于晶体或粗颗粒沉淀的减压过滤。 注意事项： ① 先开抽气管，再过滤；过滤完毕，先分开抽气管与吸滤瓶的连接处，后关抽气管； ② 不能用火直接加热
(a) (b) (c) 冷凝管	主要用途： ① 蒸馏操作中作冷凝用； ② 球形冷凝管(c)适用于加热回流； ③ 直形(b)、空气(a)冷凝管用于蒸馏。 注意事项： ① 从下口进冷却水，上口出水； ② 蒸馏温度超过140℃时，选用空气冷凝管	蒸馏头	主要用途： 与圆底烧瓶、冷凝管等连接成蒸馏装置。 注意事项： 每次用完要拆洗干净

第十七章
有机化学实验的基本操作

第一节 常用的熔点测定方法和温度计的校正

在大气压下,固体物质被加热到一定温度时,由固态转变为液态,此时的温度为该物质的熔点。物质分为晶体和非晶体,晶体有熔点,而非晶体没有熔点。对熔点影响较大的两个因素分别是压强和纯度,一般所说的熔点,通常是指一个大气压下的熔点。纯净的有机化合物一般都有固定熔点,初熔至全熔的温度范围称为熔距或熔程,一般不超过 0.5~1℃。当含有杂质时,熔点将下降,熔距也将增大。因此熔点测定也是一个测定纯度的重要方法。

有机化合物的熔点一般不超过 350℃,较易测定,可通过熔点测定鉴定未知有机物和判断有机物纯度。用熔点测定法鉴定某未知物时,即使测得未知物的熔点和某已知物的熔点相同或相近,也不能断定它们为同一物质。还要测其混合物的熔点,若混合物的熔点保持不变,则认为它们为同一物质。若测得混合物熔点降低,熔程增大,则说明它们属于不同的物质。

测定熔点的方法大体分为两类:毛细管法和熔点仪测定法。

一、毛细管法

毛细管法是一种经典的方法,优点是简单、方便,缺点是测定过程中晶形变化看得不甚清楚。此法测得的熔点不是一个温度点,而是一个范围,称为熔距或熔程,常常略高于真实熔点。影响测量结果准确度的因素有:加热速率,毛细管壁厚薄,直径大小,样品颗粒粗细及样品装填是否均匀、结实等,最重要的是温度计的准确程度。尽管如此,此法的准确度仍可满足一般的要求,其最大的优点是样品用量少,操作方便。

1. 选择熔点管

选用内径约 1~1.2mm,长约 7~7.5cm,一端封闭的毛细管作熔点管。

2. 装填样品

取少量干燥并研成粉末的样品(约 0.1g),放在干净的表面皿上,聚成一堆。然后将熔点管开口一端垂直插入样品堆,使样品进入管内。再把熔点管开口端向上竖立在桌面上蹾几下。最后,让熔点管开口端向上,通过一长约 30~40cm 的玻璃管垂直自由落下,反复几次,使样品装填得比较紧密、结实,保证装填的样品高度为 2~3mm。此外,一个试样最好同时装三根毛细管备用。

3. 安装熔点测定装置

毛细管法中应用最多的仪器是提勒管，如图 17-1 所示。将提勒管竖直固定在铁架台上，加入导热液，使液面高度略高于上支口约 1cm。管口装有缺口的塞子，温度计插在其中，刻度向着塞子的缺口。用橡胶圈把装有样品的熔点管固定在温度计下端（橡胶圈应在导热液液面以上，以免橡胶圈过热熔化），使样品部分靠在温度计水银球的中部。温度计的水银球位于提勒管上、下支口的中间。加热时，火焰必须与提勒管的倾斜部分接触，如图 17-1 所示，受热的液体因温度差而发生对流循环，使温度均匀。

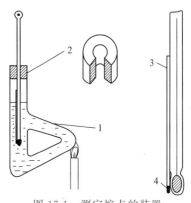

图 17-1 测定熔点的装置
1—提勒管；2—缺口塞；
3—熔点管；4—样品

4. 测定熔点

每种样品，至少要测定两次。升温速率是准确测量熔点的关键。第一次测定时，可快速加热，加热速率控制为每分钟上升约 5℃，测得样品的大概熔点。第二次测定，要等到导热液的温度下降至熔点以下 20~30℃ 时，换一根新的装有样品的毛细管进行测定。

开始升温时速度可快些，当温度离熔点 15℃ 时，应调小火焰，使温度每分钟上升 1~2℃。一般可在加热中途移去热源，看温度是否上升，若温度立即停止上升，则说明加热速率比较适中。当接近熔点时，加热速率要更慢，每分钟上升约 0.2~0.3℃。此时应注意观察温度上升和毛细管中样品的变化情况。样品将依次出现"发毛""收缩""液滴（塌落）""澄清"等现象（图 17-2）。记下样品有液滴出现（始熔）和样品全部消失（全熔）时的温度，其差值即该化合物的熔程。例如，某样品在 134.0℃ 时开始收缩，134.8℃ 时有液滴出现，135.8℃ 时全部变为液体，应记录为：熔点 134.8~135.8℃。

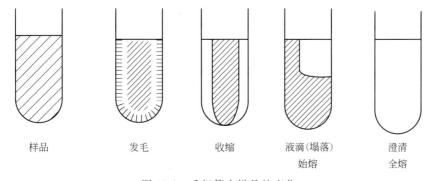

样品　　发毛　　收缩　　液滴(塌落)　　澄清
　　　　　　　　　　　　　始熔　　　　全熔

图 17-2 毛细管中样品的变化

熔点测定完毕，去除温度计，注意不要马上冲洗温度计，以防破裂。

5. 实验内容

测定尿素、肉桂酸、尿素和肉桂酸（1∶1）混合物的熔点。

二、熔点仪测定法

1. 显微熔点仪测定熔点

用显微熔点仪测定熔点的优点是样品用量少，能精确观测到样品熔化的过程。不同型号的熔点测定仪（图 17-3）的原理基本相同，都是通过显微镜观察样品加热时的熔化过程。显微熔点仪的型号很多，这里介绍一下 WRX-4 型显微熔点仪的操作：将样品置于两片洁净的载玻片之间，放在加热台上，调节反光镜、物镜和目镜，使显微镜对准样品。开始时将升温旋钮调高，快速加热，当温度低于熔点 10～15℃ 时，调节升温旋钮，使升温速率降到每分钟上升 1～2℃。注意观察样品的变化，当棱角开始变圆时，是"始熔"，表示样品开始熔化，记录始熔温度；样品完全变为液体时，记录此时温度，即全熔温度。可重复测定几次。

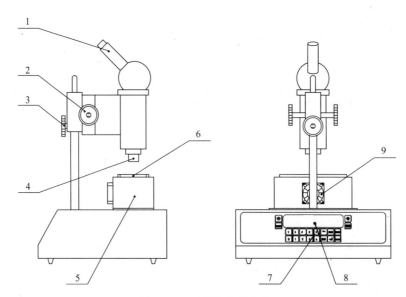

图 17-3　显微熔点测定仪
1—目镜筒；2—显微镜调焦旋钮；3—显微镜锁紧旋钮；4—物镜筒；5—电热炉座；6—载玻片；
7—仪器操作面板；8—LCD 液晶显示屏；9—冷却风扇

2. 数字熔点仪测定熔点

数字熔点仪采用光电检测、数字温度显示等技术，利用物质熔化过程中透光率的变化来测量熔点，初熔、全熔温度自动显示，能自动控制温度变化速率，使熔点测定更快、更精确。

三、温度计的校正

测定的熔点与真实熔点常有偏差，这主要是由温度计的误差引起的。因此，在使用前，最好先校正温度计。温度计校正有两种方法，一种是取一标准温度计，在相同条件下比较其与待校温度计所指示的温度值；另一种是采用纯有机物的熔点作为校正标准。校正时选择数种已知熔点的纯化合物作为标准，测定它们的熔点，以测得的熔点为纵坐标，测得的熔点与真实熔点的差值为横坐标，绘制校正曲线。根据测得的温度，查校正曲线可得到对应的校正值。例如，用温度计测得某化合物的熔点为 100℃，在校正曲线中查得 100℃时温度计误差值为 -1.3℃，则校正后的温度值为 101.3℃。

用熔点法校正温度计的标准样品熔点见表 17-1，校正时可以根据需要选择。

表 17-1 标准样品的熔点

样品	熔点/℃	样品	熔点/℃
水-冰	0	苯甲酸	122.4
对二硝基甲苯	174	尿素	132.7
α-萘胺	50	对羟基苯甲酸	214.5～215.5
二苯胺	53	水杨酸	159
对二氯苯	53.1	对苯二酚	170
苯甲酸苄酯	71	3,5-二硝基苯甲酸	205
萘	80.55	蒽	217
间二硝基苯	90.02	酚酞	262～263
二苯乙二酮	95～96	蒽醌	286
乙酰苯胺	114.3	邻苯二酚	105

实训项目一 熔点的测定和温度计的校正

熔点的测定

一、目的要求

1. 了解熔点测定的意义
2. 掌握熔点测定的操作技术

二、实验指导

加热样品,温度不断上升,当温度上升到熔点时,开始有少量液体出现,此后固-液相平衡。继续加热,温度不再变化,而固相不断转变为液相。固体全部熔化后,继续加热则温度呈线性上升。记录下样品有液滴出现(始熔)和样品全部消失(全熔)时的温度,其差值即该化合物的熔程。

在接近熔点时,加热速率一定要慢,每分钟温度上升不超过 2℃。只有这样,测得的熔点才比较精确。

三、实验步骤(2 课时)

1. 准备仪器和试剂

仪器:提勒管、温度计(150℃)、熔点管(内径 1～1.2mm,长约 7～7.5cm,一端封闭的毛细管)、长玻璃管(内径约 0.5cm,长约 30～40cm)、表面皿、橡胶圈等。

试剂:导热液(液体石蜡)、肉桂酸、尿素、尿素和肉桂酸混合物(1:1)。

2. 操作步骤

(1) 装填样品 取少量样品(约绿豆大小)放于表面皿上,研成粉末;然后,把样品密实地装入熔点管(毛细管)中。注意,所装样品的高度约为 2～3mm。

(2) 安装熔点测定装置 将提勒管竖直固定在铁架台上。加入导热液,使液面高度略高于上支口约 1cm。用橡胶圈把装有样品的熔点管固定在温度计下端(橡胶圈应在导热液液面以上,以免橡胶圈过热熔化),使样品部分靠在温度计水银球的中部。温度计的水银球位于提勒管上、下支口的中间。然后，把温度计插入一个有缺口的塞子中，温度计刻度向着塞子的缺口。

（3）测定熔点　用热源加热提勒管的倾斜部分，记录始熔和全熔温度，即熔点。每个样品一般测定2~3次。

3. 温度计的校正

① 绘制曲线：从表17-1中选择一组纯有机化合物作为标准，以测得的熔点为纵坐标，测得的熔点与纯有机化合物熔点的差为横坐标，绘制曲线。

② 根据绘制曲线查得任一温度对应的校正值。

③ 对测得的熔点进行校正。

四、实验思考

① 为什么说可通过测定熔点检验有机物纯度？
② 影响熔点测定准确度的因素有哪些？
③ 第一次测定熔点时的样品管能否再做第二次测定？为什么？
④ 测定熔点时加热速率对测定结果有何影响？
⑤ 两个样品的熔点均为134℃，其混合物的熔点也为134℃，这表明什么？

五、实验拓展

鉴定新合成的化合物是否是某种化合物时，可采用混合熔点法。测定合成物和已知物混合物的熔点时，若为同一种物质，则测得的熔点和已知化合物的熔点相同。

第二节　常压蒸馏和沸点的测定

液体受热时，其蒸气压逐渐升高，当蒸气压升高到与外界大气压相等时，液体开始沸腾，此时的温度为该液体的沸点。液体沸点的大小与外界大气压有关，外界大气压越大，液体沸点越高；反之，外界大气压越小，沸点越低。人们通常所说的沸点是指液体在一个大气压（101.325kPa）下沸腾时的温度。

测定沸点的方法很多，常用的有常量法和微量法，其中，常量法液体用量较大（10mL以上）。

一、常量法

通过蒸馏测定液体沸点的方法叫常量法，其测定装置与蒸馏装置相同。常压蒸馏就是将液体加热至沸腾，使其变成蒸气，再将产生的蒸气冷凝为液体的过程。常压蒸馏可以测定化合物的沸点，也可以分离沸点相差较大且不能形成共沸的混合物，一般要求被分离混合物的沸点相差30℃以上。由于在一定压力下，纯液态有机物有恒定的沸点，蒸馏过程中沸点变动很小，沸距为0.5~1.5℃，不纯的液态有机物沸点不恒定，蒸馏过程中沸点变动比较大，沸距较长，因此，也可利用蒸馏鉴定液体（形成共沸物的除外）的纯度。

1. 蒸馏仪器的选择

蒸馏仪器有60mL蒸馏烧瓶、冷凝管（直形或空气）、蒸馏头、100℃温度计、接液管、

50mL 锥形瓶、50mL 量筒、玻璃漏斗。需要特别说明的是温度计和冷凝管，所选温度计的量程应至少高于被蒸馏物沸点 30℃；而冷凝管的选择取决于被蒸馏物的沸点，若被蒸馏物的沸点在 140℃以上，则选用空气冷凝管，在 140℃以下时，选用直形冷凝管。

2. 蒸馏装置的安装

安装蒸馏装置一般从热源（电炉、电热套或水浴等）开始，"从下而上，自左至右"进行安装，如图 17-4 所示。根据热源的高低，用铁夹把蒸馏烧瓶固定在铁架台上，注意保证蒸馏烧瓶在热源的正上方，且瓶底与石棉网保持一定距离（1cm 左右）。然后安装冷凝管，先调整其位置与蒸馏头支管同轴，再用夹子夹在冷凝管中心，使之固定在另一铁架台上。最后，再在冷凝管尾部连接接液管和锥形瓶。整个装置安装后，要求无论从正面或侧面看，全套仪器轴线都必须在同一平面内，所有铁夹和铁架台都应尽可能整齐地放在仪器的后面（同一侧）。

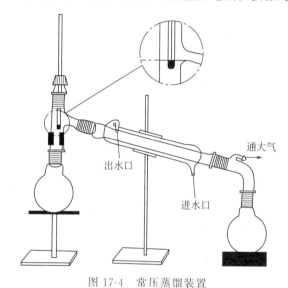

图 17-4 常压蒸馏装置

安装完毕后，接通冷凝水，注意冷凝管的下端支口为进水口，上端支口为出水口，出水直接排入水池。

3. 加料

取下蒸馏烧瓶或通过漏斗，向蒸馏烧瓶内加入待蒸馏物（液体体积为烧瓶容积的 1/3～2/3），加入 2～3 粒沸石，插入温度计。

4. 加热蒸馏

检查装置，确认连接紧密后，先向冷凝管中通水，然后用热源慢慢加热蒸馏烧瓶。瓶内液体沸腾后，蒸气逐渐上升，待接触到温度计水银球时，温度计读数急剧上升。此时，调节热源，控制蒸馏速度，以每秒出 1～2 滴馏出液为宜（蒸馏速度过快，高沸点的液体会被带出），此时的温度就是馏出液的沸点。

5. 数据记录和馏出液收集

在沸点之前一般也有液体馏出，称为前馏分，应弃去。当温度趋于稳定时，馏出液就是纯净的物质，立刻更换一个干净且干燥的锥形瓶，接收馏分。注意记下这部分液体馏出第一滴时的温度和收集到最后一滴的温度，即沸程。当瓶内只剩少量液体（约 0.5～1mL）时，继续加热,温度计读数会突然下降,即可停止蒸馏。注意不能将瓶内液体蒸干,以免烧瓶炸裂。称量所收集馏分的质量,并计算回收率。

6. 拆除蒸馏装置

蒸馏结束后,应先停止加热,待装置冷却后,再停止通冷凝水。仪器拆卸顺序与安装时相反。注意:温度计冷却后才能洗涤,以免破裂。

二、微量法

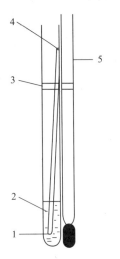

图 17-5 微量法测定沸点装置
1—开口端;2—液体样品;3—橡胶圈;
4—封口端;5—温度计

取两根粗细不同均一端封闭的毛细管,一根长 7~8cm,直径约 5mm;另一根长 4~5cm,直径约 1mm。在粗毛细管中加入 4~5 滴乙醇,再将细毛细管开口向下插入粗毛细管中,组成沸点管。用橡胶圈将此沸点管固定在温度计水银球的中部,如图 17-5 所示。然后,将温度计放入提勒管(内有导热液❶)中,温度计的位置与测定熔点装置相同(注意使橡胶圈在导热液的上面)。慢慢加热浴液,加热速率一般控制在每分钟 4~5℃。气体受热膨胀,内管中会有断断续续的小气泡。液体沸腾时,会出现一连串的小气泡,此时应停止加热,使浴温慢慢下降,气泡逸出的速率也逐渐减小。当气泡停止逸出而液体刚要进入内管的瞬间(此时要细心观察),毛细管内的蒸气压与外界的大气压相等,记录此时的温度,即该液体的沸点。

重复测定一次,每次测定均需更换毛细管,两次测得的沸点误差应不超过 1℃。

实训项目二 常压蒸馏和沸点的测定

常压蒸馏与沸点
的测定

一、目的要求

1. 了解常压蒸馏提纯和分离液体有机物的方法
2. 掌握常压蒸馏和沸点测定的操作技术

二、实验指导

① 安装蒸馏装置时,应使得所有铁架台整齐地放在仪器后面。
② 蒸馏时,要在蒸馏烧瓶内加入沸石,以防过热暴沸。
③ 蒸馏烧瓶内的液体不可蒸干,以防烧瓶炸裂。
④ 控制蒸馏速度为每秒出 1~2 滴馏出液为宜,因为蒸馏速度过快,高沸点的液体也会被带出。

---

❶ 若被蒸馏液体的沸点低于 100℃,浴液选用水;沸点为 100~220℃,浴液选用液体石蜡;沸点为 220~250℃,浴液选用浓硫酸。

三、实验步骤（2课时）

1. 准备仪器和试剂

仪器：60mL 蒸馏烧瓶、直形冷凝管、100℃温度计、接液管、50mL 锥形瓶、50mL 量筒、玻璃漏斗、蒸馏头。

试剂：无水乙醇、30%乙醇、沸石。

2. 操作步骤

(1) 安装蒸馏装置　按照图 17-4 安装蒸馏装置，从热源开始，按照"从下而上，自左至右"的顺序，所有铁架台整齐地放在仪器后面。

(2) 加料　取下蒸馏烧瓶或者通过玻璃漏斗从蒸馏头上口加入 20mL 无水乙醇（液体体积为烧瓶容积的 1/3~2/3），然后加入 2~3 粒沸石，插入温度计。

(3) 加热　先接通冷凝水，再开始加热。当液体开始沸腾时，蒸气上升，当到达温度计水银球时，温度计读数急剧上升。此时，调小加热速率，控制馏出液的速度为每秒 1~2 滴。

(4) 观察沸点和收集馏液　当温度趋于稳定（约 77℃）时，记录此时的温度，即沸点。并及时更换一个干净且干燥的锥形瓶，收集 77~79℃的馏分。当瓶内只剩少量液体（大约 1mL）时，停止加热。

(5) 拆除蒸馏装置　先停止加热，再停止通冷凝水。然后，按照与安装相反的顺序拆除装置。注意：温度计应冷却后再洗。

四、实验思考

① 什么叫沸点？
② 沸点恒定的液体一定是纯物质吗？

五、实验拓展

物质的沸点与外界大气压有关，人们通常所说的沸点是指 101.325kPa 下的沸点。若是其他大气压，应注明大气压大小。

第三节　旋光仪和旋光度的测定

一、旋光仪

测定旋光度的仪器称为旋光仪，一般主要由光源、起偏镜、样品管和检偏镜组成。市售的旋光仪有目测（图 17-6）和自动显示两种（图 17-10）。目测旋光仪的原理如图 17-7 所示：光源发出的光经过起偏镜，变为只在一个方向振动的偏振光。偏振光通过装有旋光性物质的样品管时，偏振光的振动平面会向左或向右旋转一定的角度。只有将检偏镜向左或向右旋转同样的角度才能使偏振光通过，到达目镜。向左或向右旋转的角度可以从旋光仪刻度盘上读出，即该物质的旋光度 α。

物质的旋光度与溶液的浓度（c）、溶剂的性质、温度（t）、样品管长度（l）及测定时所用光源的波长（λ）等诸多因素有关，因此常用比旋光度 $[\alpha]_\lambda^t$ 表示：

$$[\alpha]_\lambda^t = \frac{\alpha}{lc}$$

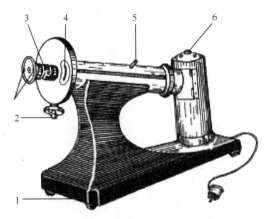

图 17-6 目测旋光仪

1—底座；2—刻度盘转动手轮；3—视度调节螺旋；4—刻度盘游标；5—镜盖手柄；6—灯罩

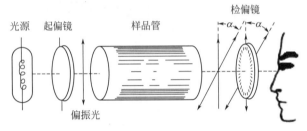

图 17-7 旋光仪

式中　α——测得的旋光度；

　　　t——测定时的温度，℃；

　　　λ——测定时所用光源的波长，nm；

　　　l——样品管长度，dm；

　　　c——溶液浓度，$g \cdot mL^{-1}$。

用目测旋光仪测定时，通过目镜可看到三种情况：如图 17-8(a) 所示，当中明亮，两旁较暗，此时，检偏镜的偏振面与通过棱镜的光的偏振面平行；如图 17-8(b) 所示，当中较暗，两旁明亮，此时检偏镜的偏振面与起偏镜的偏振面平行；而图 17-8(c) 整个视场明暗度一致，此位置为 0 度。在测定时，应把视场调节成明暗相等的均一视场。

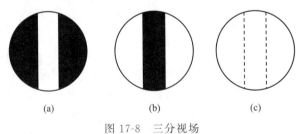

图 17-8 三分视场

二、操作方法

1. 目测旋光仪

这里介绍 WXG-4 圆盘旋光仪的操作方法。

(1) 接通电源　预热 5min，使发光稳定。

(2) 配制待测溶液　用天平准确称取一定量的待测样品，在容量瓶中定容，配成样品溶液。

(3) 装待测样品溶液和蒸馏水　打开样品管一端的螺丝帽盖，用蒸馏水洗干净，并用待测样品溶液润洗 2～3 次。将样品管直立，装入待测样品溶液直至液面凸出管口，将玻璃盖片沿管口边缘平推盖好，以不产生气泡为宜。旋紧螺丝帽盖，但不能太紧，否则影响测定结果。

用同样的方法，取另一个样品管装蒸馏水，作校正零点用。

(4) 校正零点　旋光仪发光稳定后，把装有蒸馏水的样品管放入旋光仪（注意：使圆泡一端朝上）。旋转视度调节螺旋使三分视场清晰，转动刻度盘转动手轮使主刻度盘的 0°与刻度盘游标的 0°对准，观察视场内是否明暗度一致，若不一致，旋转刻度盘转动手轮使其一致，并记下读数。重复 2～3 次，取平均值，即校正零点。

(5) 测定旋光度　将装有待测样品溶液的样品管放入旋光仪，旋转刻度盘转动手轮使三分视场明暗度一致（注意：此时稍左转或右转就变成另外两种视场），然后，记下读数，则读数与零点之间的差值即该物质的旋光度。重复测定 2～3 次，取平均值。

(6) 计算　记下样品管的长度及测定时的温度，然后按公式计算其比旋光度。通过测定未知浓度待测样品溶液的旋光度，确定其浓度。

① 待测样品溶液不能含有微粒，否则应过滤除去。

② 样品管使用后，应及时用蒸馏水洗干净，擦干、放好。

③ 刻度盘分两个半圆，分别为 0～180°，读数时，先读游标 0 落在刻度盘上的整数值，再根据游标尺与刻度盘重合线从游标尺上读出小数值（图 17-9）。

④ 仪器连续使用时间不宜超过 4h，如使用时间过长，应熄灯 10～15min，待灯冷却后再使用。

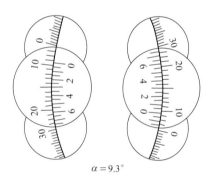

图 17-9　读数示意图

2. 数字式旋光仪

使用数字式旋光仪时，可直接从面板读出旋光度，自动按键即可复测，非常便捷，而且灵敏度比较高。以 WZZ-1S 自动指示旋光仪为例，介绍一下它的操作。

① 开机预热：接通 220V 电源，打开电源开关，预热 5min 使钠灯发光稳定。

② 打开光源开关，在直流供电下点亮钠灯。

③ 打开测量开关，此时数码管显示数字。

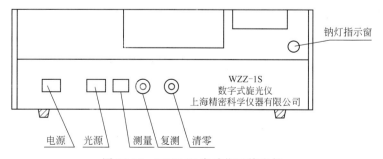

图 17-10　WZZ-1S 自动指示旋光仪

④ 校正零点：在已准备好的样品管中注入蒸馏水或待测样品的溶剂，放入试样槽中，按下"清零"按键，使数码管示数为零。

⑤ 测定：把装有待测样品的样品管放入试样槽中，符号管上方的红点（表示示数稳定）亮后再读取读数。

⑥ 重复测定：按下"复测"按键，读数，取几次测量的平均值作为测量结果。

实训项目三　旋光度的测定

旋光度的测定

一、目的要求

1. 了解旋光仪的构造
2. 学会使用旋光仪测定旋光度
3. 学习比旋光度的计算

二、实验指导

① 校正零点时，注意零点的正负值，可能是正值，也可能是负值。

② 测定旋光度时，通过旋转刻度盘转动手轮所找的明暗度一致的三分视场比较暗，此时稍左转或右转就变成另外两种视场，不要把明亮的视场当作所找视场。

③ 若样品管中有气泡，应把气泡赶到样品管凸出的圆泡处，以免影响测定。

④ 要记下样品管的长度及测定时的温度，以便计算。

三、实验步骤（1课时）

1. 准备仪器和试剂

WXG-4圆盘旋光仪、5％葡萄糖溶液、未知浓度的葡萄糖溶液。

2. 操作步骤

（1）接通电源　打开开关，预热5min。

（2）校正零点　把装有蒸馏水的样品管放入旋光仪（圆泡端朝上）。旋转视度调节螺旋使三分视场清晰，转动刻度盘转动手轮使主刻度盘的0°与刻度盘游标的0°对准，观察视场并同时旋转刻度盘转动手轮，直到视场明暗度一致。通过放大镜读取读数并记下，重复2~3次，取平均值，即校正零点。

（3）测定旋光度　将装有5％葡萄糖溶液的样品管放入旋光仪，旋转刻度盘转动手轮使三分视场明暗度一致，记下读数，则读数与零点之间的差值即该物质的旋光度。重复测定2~3次，取平均值。用同样的方法测定未知浓度葡萄糖溶液的旋光度，记下读数。

（4）数据处理　记下样品管的长度及测定时的温度，然后按公式计算其比旋光度。并通过计算，求出未知浓度的葡萄糖溶液的浓度。

四、实验思考

① 影响物质旋光度的因素有哪些？

② 甲测定时找到一个非常明亮的且明暗度一致的视场，然后开始读数，其操作正确吗？

第四节　阿贝折射仪和折射率的测定

一、阿贝折射仪

折射率是液体有机化合物重要的物理常数之一，利用折射率可鉴定未知有机物，也可确定沸点相近的混合物的组成。

阿贝折射仪的光学原理：当光线从介质 A（例如空气）进入介质 B（例如丙酮）时，若它的传播方向不与两个介质的界面垂直，则光的方向发生改变（图 17-11）。根据折射定律，一定波长的单色光从介质 A 进入介质 B 时，两个介质的折射率（n_A 与 n_B）之比与入射角 α 正弦和折射角 β 正弦之比成反比：

$$n_A/n_B = \sin\beta/\sin\alpha$$

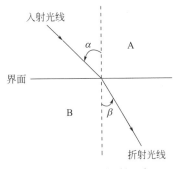

图 17-11　光的折射现象

若 A 是真空，则 $n_A=1$，上式变为 $n_B=\sin\alpha/\sin\beta$。

一个介质的折射率就是光线从真空进入这个介质时的入射角 α 和折射角 β 的正弦之比，即绝对折射率。通常都把空气看作近似真空标准。物质的折射率与入射光波长 λ、温度 t 及压力等因素有关，常用 n_D^t 表示，即以钠光为光源，在 t 时测得的折射率。

当物质的入射角接近或等于 $90°$ 时，$\sin\alpha=1$，此时的折射角达到最大，称为临界角 β_0，此时，$n=1/\sin\beta_0$。测得临界角就可得到折射率，这就是阿贝折射仪测定折射率的原理。

在临界角以内的区域有光线通过，是明亮的；临界角以外的区域没有光线通过，是暗的，临界角上正好是"半明半暗"。液体介质不同，临界角不同，通过目镜观察到的明暗界线位置也不同。每次测定时，应使明暗界线与"＋"字交叉线重合（表示光线入射角为 $90°$），此时的读数就是被测液体的折射率。

二、操作方法

阿贝折射仪在早些年一般都是双目的，即目镜和读数镜，单目折射仪是双目折射仪的改进型。最近几年，又出现了数字折射仪，但价格比较昂贵，所以还没有得到广泛应用。在这里，介绍一下目前应用较多的单目折射仪的操作。图 17-12 为 2WAJ 型阿贝折射仪的结构图，下面介绍一下它的操作及注意事项。

1. 阿贝折射仪的校正

① 将阿贝折射仪置于靠近窗户的桌面上，套好温度计，将恒温器接头与恒温水浴相连，并调节到所需测量温度，恒温 20min 左右。

② 开启棱镜，滴 1~2 滴丙酮或无水乙醇于镜面上，合上棱镜，待镜面全部被润湿后，再打开棱镜，用镜头纸轻轻揩拭镜面。

③ 用标准试样校正。在折射棱镜的抛光面上滴加 1~2 滴溴代萘，再贴上标准试样的抛光面，当读数视场指示标准试样上的值时，从目镜中观察明暗界线和"＋"字交叉线是否重合，若有偏差，用螺丝刀旋转折射仪后侧小孔内的螺钉使明暗界线和"＋"字交叉线重合。

2. 测定

阿贝折射仪经校正后才能用于测定。

① 恒温后，打开棱镜，用擦镜纸蘸少量乙醇或丙酮后轻轻擦洗上下镜面（单向擦，不

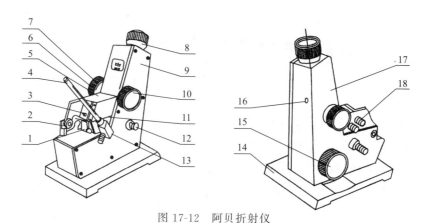

图 17-12　阿贝折射仪

1—反射镜；2—转轴；3—遮光板；4—温度计；5—进光棱镜座；6—色散调节手轮；7—色散值刻度圈；8—目镜；
9—盖板；10—手轮；11—折射棱镜座；12—照明刻度盘聚光镜；13—温度计座；14—底座；
15—刻度调节手轮；16—小孔；17—壳体；18—恒温器接头

要来回擦）。待溶剂挥发后，用干净滴管均匀滴 2~3 滴待测液体于折射棱镜表面，小心地关闭棱镜，用手轮 10 锁紧棱镜，使液体铺满整个镜面。

② 打开遮光板 3，合上反射镜 1，调节目镜视度，使"十"字交叉线成像清晰。旋转刻度调节手轮 15，并在目镜视场中找到明暗分界线的位置［图 17-13(a)］。

③ 再旋转色散调节手轮 6，使分界线不带任何色彩，得到清晰的明暗界线［图 17-13(b)］。再微调刻度调节手轮 15，使分界线位于"十"字交叉线的中心［图 17-13(c)］。再适当转动照明刻度盘聚光镜 12，使刻度清晰，此时目镜视场下方显示的数值即被测液体的折射率。

④ 记录读数与温度，重复 2~3 次。

⑤ 打开折射棱镜，用擦镜纸轻轻吸干被测液体，再用丙酮或乙醇润湿擦镜纸，将棱镜处理干净。待溶剂挥发后，合上两块棱镜。

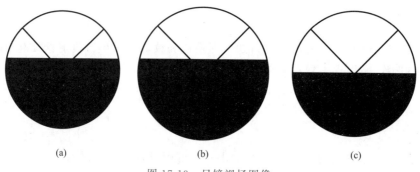

(a)　　　　　　　　(b)　　　　　　　　(c)

图 17-13　目镜视场图像

三、注意事项

① 折射仪应放在干燥且空气流通的室内，不能放在日光直射或靠近热源的地方。仪器应避免强烈震动或撞击，以防损伤光学零件及影响精密度。

② 每测定一次样品后，测下个样品前，必须用丙酮或乙醇洗净镜面。不能用纸来回揩擦，以防把玻璃面擦花。而是把擦镜纸贴在棱镜面上，用中指轻轻按住，吸下溶有污物的丙酮。重复几次后，敞开镜面，让溶剂挥发。

③ 滴样品时，滴管勿接触棱镜，其他任何硬物均不可接触镜面。

④ 加样时，液层均匀，充满视场，无气泡。
⑤ 用完后，拆下连接恒温槽的胶皮管，将仪器擦净，放入盒中。

实训项目四 折射率的测定

一、目的要求

1. 了解阿贝折射仪的构造
2. 学会使用阿贝折射仪测定折射率

二、实验指导

① 每测定一次样品后，测下个样品前，必须用丙酮或乙醇洗净镜面。
② 阿贝折射仪的量程为 1.300~1.700，若液体折射率不在这个范围内，就不能用阿贝折射仪测定。
③ 滴加液体时，滴管不要触及棱镜。
④ 滴加待测样品时，要注意使液层均匀，充满棱镜，并且无气泡。

三、实验步骤（1课时）

1. 准备仪器和试剂

阿贝折射仪、松节油、丙酮（无水乙醇）。

2. 操作步骤

本实验在恒温下进行，不用恒温水浴调节温度。阿贝折射仪经校正后才能用于测定。

（1）加样 打开棱镜，用擦镜纸蘸少量乙醇或丙酮后轻轻擦洗上下镜面。待溶剂挥发后，用干净滴管均匀滴 2~3 滴待测液体于折射棱镜表面，小心地关闭棱镜，并锁紧棱镜，使液体铺满整个镜面。

（2）对光 打开遮光板，合上反射镜，调节目镜视度，使"+"字交叉线成像清晰。然后旋转刻度调节手轮，并在目镜视场中找到明暗分界线的位置。

（3）消色 再旋转色散调节手轮，直到得到清晰的明暗界线。

（4）精调 再微调刻度调节手轮，使分界线位于"+"字交叉线的中心。

（5）读数 适当转动照明刻度盘聚光镜，使刻度清晰，从目镜读出折射率（位于下面的刻度），并记下测定时的温度，重复测定 2~3 次。

（6）清洗 测好样品后，打开折射棱镜，用擦镜纸轻轻吸干被测液体，再用丙酮或乙醇单向擦洗镜面。待溶剂挥发后，合上两块棱镜，旋紧锁钮。

四、实验思考

① 折射率的定义是什么？它与哪些因素有关？
② 每次测定前，为什么要清洗上下棱镜镜面？

五、实验拓展

此折射仪也可测定蔗糖内糖量浓度，操作与测定液体折射率的方法相同，只是读数时读上面的刻度。

第五节　分馏

分馏也是一种分离、提纯液体有机物的方法，主要用于沸点相差不大的液体有机物的分离。分馏操作需利用分馏柱，让分馏柱内的混合物进行多次汽化和冷凝，当上升的蒸气与下降的冷凝液互相接触时，上升的蒸气部分冷凝放出的热量使下降的冷凝液部分汽化，两者之间发生了热量交换。这样继续多次，就相当于进行了多次的气-液平衡，即达到了多次蒸馏的效果。结果靠近分馏柱顶部易挥发组分的比例高，烧瓶里高沸点组分的比例高。因此，只要分馏柱足够高，最终便可将沸点不同的物质分离出来。

实训项目五 乙酸乙酯和乙酸异戊酯的分馏分离

一、目的要求

1. 了解分馏的原理
2. 掌握分馏装置的操作和技术

二、实验指导

① 漏斗下端的斜口应正对抽滤瓶的支管。
② 停止抽滤时，应先拔掉滤瓶上的连接管，再关闭开关。

三、实验仪器和试剂

仪器：韦氏分馏柱（1支），普通蒸馏装置（1套），电热套（1个），温度计（1支），蒸馏烧瓶（50mL，4个，可作为接收瓶）。

试剂：乙酸乙酯和乙酸异戊酯的混合溶液。

四、实验步骤（2课时）

1. 安装分馏装置

注意各磨口之间的连接，并在分馏柱外缠绕石棉网。

2. 加料

量取25mL乙酸乙酯和乙酸异戊酯的混合溶液，加入蒸馏烧瓶内。安装分馏柱、蒸馏烧瓶和温度计，并连接好冷凝管等，通冷凝水。

3. 加热

用电热套缓慢加热，注意观察温度变化，记录蒸出第一滴液体时的温度。此时收集的为前馏分。

4. 接收乙酸乙酯馏分

当温度升至77℃并趋于稳定后，换个干净的接收瓶，并保持原来的加热强度。此时接收的是乙酸乙酯馏分。

5. 接收混合馏分

当温度呈下降趋势时，再换个接收瓶，同时加大加热强度。此时接收的是混合馏分。

6.接收乙酸异戊酯馏分

当温度升至142℃并趋于稳定后,换个干净的接收瓶,并保持原来的加热强度直至大部分馏出液蒸出。此时接收的是乙酸异戊酯馏分。

7.停止加热

瓶内剩余少量液体时,停止加热,先关闭热源,稍冷后,关闭水,按与安装相反的顺序拆装置。

8.称量

称量乙酸乙酯和乙酸异戊酯,计算产率。

第六节　重结晶

重结晶是利用混合物中各组分在某溶剂中溶解度的不同或在同一溶剂中不同温度下溶解度的不同,而使它们相互分离的方法。

固体有机物在某溶剂中的溶解度与温度有关,一般温度升高,溶解度增大。若将不纯的固体有机物溶解在热溶剂中制成饱和溶液,冷却后,因有机物溶解度的下降而变成过饱和溶液,进而析出晶体。

利用某种溶剂对被提纯物质和杂质溶解度的不同,可使被提纯物质从过饱和溶液中析出,而杂质则全部或大部分保留在溶液中,经过滤,得到比原来纯净的晶体,这个过程称为重结晶。重结晶是提纯固体有机物常用的方法之一。

重结晶提纯的过程如下。

(1) 选择合适的溶剂　在接近溶剂的沸点下,将被提纯的固体有机物溶解,制成饱和溶液。

(2) 脱色和热过滤　加入活性炭脱色,并将热溶液趁热过滤以除去不溶性杂质。

(3) 减压抽滤　冷却滤液,晶体析出,抽滤,则将可溶性杂质留在了滤液中。

(4) 纯度检查　洗涤晶体,干燥后测定其熔点。若纯度不合格,可再进行一次重结晶。

实训项目六　乙酰苯胺的重结晶

一、目的要求

1.掌握重结晶提纯固体有机物的原理
2.掌握减压抽滤操作

二、实验指导

① 漏斗下端的斜口应正对抽滤瓶的支管。
② 停止抽滤时,应先拔掉滤瓶上的连接管,再关闭开关。

三、实验仪器和试剂

仪器:减压抽滤装置(1套),烧杯,锥形瓶,表面皿,酒精灯,滤纸。

试剂：粗乙酰苯胺。

四、实验步骤（4课时）

1. 溶解

称取 5g 粗乙酰苯胺，置于 250mL 烧杯中，加水，并加热至沸腾，直至溶解（若不溶解，可加少量热水，继续加热至溶解）。

2. 脱色、热过滤和减压抽滤

在溶液中加入约 1g 活性炭，煮沸 5～10min，趁热用热漏斗过滤，并用锥形瓶收集滤液。注意：过滤过程中，应一边加热，一边过滤！

滤液冷却后，析出乙酰苯胺晶体，抽滤。晶体抽出后，用玻璃塞压挤，继续抽滤，尽量除去母液。然后，用少量蒸馏水洗涤晶体，并抽滤至干。重复两次。

3. 称重

晶体洗涤干净后，放于表面皿上，晾干，称重。

4. 停止蒸馏

当蒸馏瓶里剩余少量液体时，停止蒸馏，切记不要蒸干！！此时必须先旋开螺旋夹，然后移开热源。冷却后，停止通冷凝水，拆卸装置。

五、附录（菊花形滤纸的折叠方法）

如图：把滤纸折成对半，再折为四分之一，以 2 对 3 叠出 4，以 1 对 3 叠出 5 [图(a)]；以 2 对 5 叠出 6，以 1 对 4 叠出 7 [图(b)]；以 2 对 4 叠出 8，以 1 对 5 叠出 9 [图(c)]。此时滤纸形状如图(d)所示。注意在折叠时不可将滤纸中心压得太紧，以防过滤时滤纸底部发生破裂。再将滤纸执于左手，把 2 与 8 间，8 与 4 间，4 与 6 间以及 6 与 3 间依次朝相反方向折叠，直至叠到 9 与 1 间为止，如同折扇一样。并稍加压紧 [图(e)]，然后将滤纸打开，注意观察 1 与 2 应有同样的折面 [图(f)]。再将此两面向内方向对折，使每一面成为两个小折面，比其他折面浅一半 [图(g)]。最后再将各折叠处重新轻轻压叠，然后打开放入漏斗中使用。

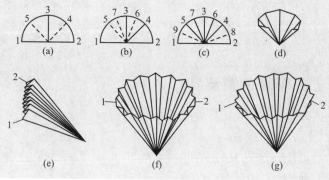

第七节　水蒸气蒸馏

水蒸气蒸馏是将水蒸气通入不溶或难溶于水但有一定挥发性的有机物中，使该有机物在低于 100℃ 时，随水蒸气一起被蒸馏出来。

一、原理及应用范围

当水和不溶或难溶于水的化合物一起存在时，根据道尔顿分压定律，整个体系的蒸气压为各组分蒸气压之和。即 $p = p_A + p_B$，其中 p 为总蒸气压，p_A 为水的蒸气压，p_B 为不溶或难溶于水的化合物的蒸气压。当混合物各组分的蒸气压总和等于外界大气压时，混合物开始沸腾，此时的温度即它们的沸点。所以混合物的沸点比其中任何一组分的沸点都要低。因此，常压下应用水蒸气蒸馏，能在低于 100℃ 的情况下将高沸点组分与水一起蒸出来。

水蒸气蒸馏是一种用来分离和提纯液态或固态有机化合物的方法，常用于下列几种情况：①某些沸点高的有机物，常压蒸馏虽可将其与副产品分离，但易将其破坏；②混合物中含有大量树脂状杂质或不挥发杂质，采用蒸馏、萃取等方法都难以分离；③从较多固体反应物中分离出被吸附的液体。

被提纯物质必须具备以下几个条件：①不溶或难溶于水；②共沸腾下与水不发生化学反应；③在 100℃ 左右时，必须具有一定的蒸气压。

二、水蒸气蒸馏装置

图 17-14 是实验室常用的水蒸气蒸馏装置。它由水蒸气发生器、蒸馏、冷凝和接收器四个部分组成。水蒸气发生器一般为金属制品，也可用圆底烧瓶代替。盛水量以不超过容积的

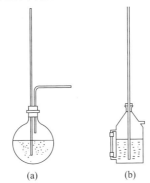

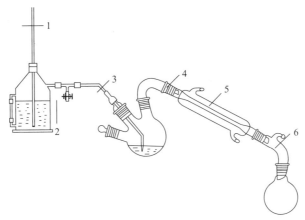

图 17-14　水蒸气蒸馏装置
(a) 圆底烧瓶水蒸气发生器；(b) 金属制水蒸气发生器
1—安全管；2—T形管螺旋夹；3—水蒸气导入管；4—馏出液导出管；5—冷凝管；6—接液管

2/3 为宜，不宜太满，否则沸腾时水易冲至烧瓶。水蒸气发生器内部插入一支接近底部的长玻璃管，作为安全管。当容器内压较大时，水就沿安全管上升，从而调节内压。在操作中，如果发生不正常现象，应立刻打开夹子，使其与大气相通。

水蒸气发生器的蒸气导出管经T形管与伸入三口烧瓶的水蒸气导入管连接，T形管的支管套有一短的橡胶管并配有螺旋夹。其作用是可随时排出在此冷凝下来的积水，并可在系统内压骤增或蒸馏结束时，释放蒸气，调节内压。

三口烧瓶内盛放待蒸馏的物料，伸入其中的水蒸气导入管应尽量接近瓶底，以便水蒸气能与被蒸馏物质充分接触。三口烧瓶的一侧口通过蒸馏弯头依次连接冷凝管、接液管和接收瓶，另一侧口用塞子塞上。混合蒸气通过蒸馏弯头进入冷凝器中被冷凝，并经由接液管进入接收瓶中。

三、水蒸气蒸馏操作流程

1. 加料并检查装置气密性

把待蒸馏物倒入三口烧瓶中，其体积约为烧瓶容积的1/3。操作前，检查水蒸气蒸馏装置气密性，确保严密不漏气。

2. 蒸馏

先把使水蒸气发生器与三口烧瓶相连接的T形管上的夹子打开，再通冷凝水，最后加热水蒸气发生器。当有水蒸气从T形管的支管冲出时，再旋紧夹子，使蒸气通入烧瓶中，这时可以看到瓶中的混合物翻腾不息，不久在冷凝管中就会出现有机物和水的混合物。调节火焰，控制馏出液的速度约为每秒2~3滴。为了使水蒸气不过多地在烧瓶内冷凝，在蒸馏时通常也可用小火将烧瓶加热。

操作时，要随时注意安全管中水柱是否发生不正常上升现象，以及烧瓶中液体是否发生倒吸现象，一旦发生上述现象，应立即打开T形管螺旋夹，然后移去热源。排除故障后，方可继续蒸馏。

3. 停止蒸馏

当馏出液澄清、透明时，一般可停止蒸馏。这时应打开T形管螺旋夹，然后移去热源。再按"从右到左、从上到下"的顺序拆除装置。

实训项目七 八角茴香的水蒸气蒸馏

八角茴香
的水蒸气蒸馏

一、目的要求

1. 掌握水蒸气蒸馏的基本原理和装置
2. 熟悉水蒸气蒸馏的操作步骤，了解水蒸气蒸馏的应用范围

二、实验指导

① 为防止暴沸，可在水蒸气发生器中加入几粒沸石。
② 加热前先旋开T形管螺旋夹，直到有水蒸气冲出时再关上。

③ 蒸馏过程中，应注意观察安全管内水位的上升情况，如发现异常，立即打开螺旋夹，检查系统是否堵塞。

④ 八角茴香的馏出液需要较长时间才能澄清、透明，因此本实验只要求接收 150mL 馏出液。

⑤ 停止蒸馏时，先旋开螺旋夹，再移去热源，否则会倒吸。

三、实验仪器和试剂

仪器：水蒸气发生器、三口烧瓶、锥形瓶（250mL）、直形冷凝管、蒸馏弯头、接液管、长玻璃管（50cm）、T形管、T形管螺旋夹。

试剂：八角茴香、沸石。

四、实验步骤（2课时）

1. 安装仪器装置

在水蒸气发生器中加入大约 2/3 其体积的水，并加入 3 粒沸石。如图 17-14 所示，按照"从下到上，从左至右"的顺序装配。

2. 加料

称取 5g 八角茴香，放入如图 17-14 所示的三口烧瓶中。加入 10mL 水，连接好仪器。

3. 加热

检查装置气密性后，通冷凝水。打开 T 形管螺旋夹，开始加热。

4. 蒸馏

当有大量蒸气从 T 形管冲出时，立即旋紧螺旋夹，水蒸气进入三口烧瓶，开始蒸馏。若蒸馏速度不快，则可小火加热三口烧瓶。

5. 停止蒸馏

当三口烧瓶中剩余少量液体时，停止蒸馏，切记不要蒸干！！此时必须先旋开螺旋夹，然后移开热源。冷却后，停止通冷凝水，拆卸装置。

五、思考题

① 进行水蒸气蒸馏时，水蒸气导入管的末端为什么要插入到接近于容器底部？

② 在水蒸气蒸馏过程中，经常要检查什么事项？若安全管中水位上升很高，则说明什么问题，如何处理才能解决呢？

第八节　萃取

萃取，是一种利用物质在不同溶剂中的溶解度不同来进行分离和提纯的操作。萃取，能从液体或固体混合物中提取出所需要的化合物。这里仅介绍液-液萃取。

一、萃取原理——相似相溶规则

萃取和洗涤的原理是相同的，只是目的不同。应用萃取可以从固体混合物或液体混合物中提取出所需要的物质，而洗涤则是除去物质中的杂质。

萃取方法的主要理论依据是分配定律：在两种互不相溶的溶剂中，加入某物质，在一定温度和压力下达到平衡时,此化合物在两液相(A 和 B)中的浓度分别为 c_A 和 c_B,其比值是一定值,称为分配系数,即:

$$K = \frac{c_A}{c_B}$$

式中,c_A、c_B 分别为化合物在两种互不相溶的溶剂 A 和溶剂 B 中的物质的量浓度。

有机化合物在有机溶剂中的溶解度一般比在水中的大,用有机溶剂提取溶解于水的化合物是萃取的典型实例。通常一次萃取不能把所需要的化合物完全从溶液中萃取出来,需要多次萃取。设在 VmL 溶剂 A 中溶解 M_0g 的溶质,每次用 V_BmL 的溶剂 B 萃取。经过 n 次萃取后,M_n 为溶质在溶剂 A 中的剩余量。

$$M_n = M_0 \left(\frac{KV}{KV + V_B} \right)^n$$

式中,K 为分配系数。

实验证明,在相同溶剂用量的条件下,萃取操作遵循"少量多次"原则时,萃取效率较高。

二、萃取剂的选用

用于萃取的溶剂又叫萃取剂,常用的萃取剂有水、有机溶剂等。有机溶剂可将混合物中的有机产物提取出来,主要有苯、乙醇、乙醚和石油醚等。水可用来提取混合物中的水溶性产物,可根据具体需求加以选择。

有机溶剂是从水溶液中萃取有机物时用得最多的萃取剂。好的萃取剂是萃取成功的关键因素,它应具有以下条件:①与水不能互溶,也不能发生反应;②被萃取物质在萃取剂中的溶解度要比在水中的大;③沸点比较低,用蒸馏法容易除去;④毒性小,价格低。

三、萃取方法

1. 分液漏斗使用前的准备

将分液漏斗洗净后,取下旋塞,用滤纸吸干旋塞及旋塞孔道中的水分,在旋塞微孔的两侧涂上薄薄一层凡士林,然后小心地将其插入孔道并旋转几周,直到凡士林均匀、透明为止。在旋塞细端伸出部分的圆槽内,套上一个橡胶圈,以防操作时旋塞脱落。

先关好旋塞,在分液漏斗中装上水,观察旋塞两端有无渗漏现象;再打开旋塞,观察液体是否能通畅流下;然后,盖上顶塞,用手指抵住,倒置漏斗,检查严密性。确保分液漏斗旋塞关闭时严密,旋塞开启后畅通时方可使用。使用前必须关紧旋塞。

2. 萃取或洗涤操作

由分液漏斗上口倒入待萃取溶液和萃取剂,盖好顶塞。取下分液漏斗,用右手握住顶塞并抵住顶塞,左手持旋塞部位(用拇指和食指压紧活塞,中指和无名指分叉在漏斗两侧),倾斜漏斗并振摇,使两层液体充分接触,如图 17-15 所示。振摇几下后,应及时打开旋塞,

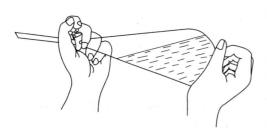

图 17-15 分液漏斗的振摇

排出因振摇而产生的气体。如果漏斗中盛有挥发性的溶剂或用碳酸钠溶液中和酸液，则更应注意排放气体。反复振摇几次后，将分液漏斗放在铁圈上静置分层。

3. 两相液体分离操作

当两层液体界面清晰后，便可进行分液操作。先打开顶塞，使漏斗与大气相通，再把分液漏斗下端紧靠在接收器的内壁上，然后缓慢打开旋塞，放出下层液体（图17-16）。当液面间的界线接近旋塞处时，暂时关闭旋塞，将分液漏斗轻轻振摇一下，再静置片刻，使下层液体聚集多一些，然后打开旋塞，小心放出下层液体。当液面间的界线移至旋塞小孔的中心时，关闭旋塞。最后把漏斗中的上层液体从上口倒入另一个容器中，切勿从旋塞放出，以免被残留在漏斗颈上的液体所沾污。

将水层倒回分液漏斗中，再加新的萃取剂萃取，一般萃取3~5次。在实验结束前，不要轻易把萃取后的溶液倒掉，以免搞错无法挽救。

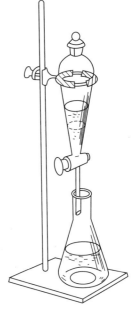

图 17-16 分离两相液体

实训项目八 萃取

萃取

一、目的要求

1. 掌握萃取的基本操作技术
2. 了解萃取的原理

二、实验指导

① 分液漏斗使用前应先检漏。
② 打开顶塞后，才能打开分液漏斗旋塞分液。
③ 分液漏斗的顶塞和旋塞必须原配。

三、实验仪器和试剂

仪器：分液漏斗、铁架台、烧杯。
试剂：5%苯酚水溶液、乙酸乙酯。

四、实验步骤（1课时）

1. 分液漏斗的准备
洗干净分液漏斗，装入水检查是否漏水。

2. 萃取
在分液漏斗中分别加入 20mL 5%苯酚水溶液和 10mL 乙酸乙酯，盖上顶塞。按照前面所述方法振摇和放气。

3. 分液
静置，当两层液体界面清晰后，开始分液操作。先打开顶塞，再把分液漏斗下端紧靠在接收器的内壁上,然后缓慢打开旋塞,放出下层液体。当液面间的界线移至旋塞小孔的中心时,关闭旋塞。最后把漏斗中的上层液体从上口倒入另一个容器中。

4. 重复萃取 3~5 次

将水层倒回分液漏斗中,再加新的萃取剂萃取,一般萃取 3~5 次。

五、思考题

① 本实验用乙酸乙酯萃取苯酚水溶液中的苯酚,分层后,上层是什么?

② 使用分液漏斗进行萃取时应注意什么?

第十八章
有机化合物性质实验

第一节 醇、酚、羧酸及其衍生物、糖的性质

一、醇的性质

(1) 氧化反应 伯醇可被强的氧化剂（$KMnO_4/H_2SO_4$ 溶液）氧化成酸，仲醇可被氧化成酮，而叔醇不能被氧化。

(2) 多元醇的特性 邻二醇能和氢氧化铜反应生成深蓝色化合物，此性质可用于鉴别具有邻二醇结构的多元醇。

二、酚的性质

(1) 与 $FeCl_3$ 的显色反应 酚类具有烯醇式结构，可与 $FeCl_3$ 反应生成有颜色的配合物。不同酚呈现出的颜色不同，可利用此性质鉴别酚类。

(2) 与溴水的反应 苯酚和饱和溴水生成三溴苯酚白色沉淀，反应非常灵敏，可用于苯酚的鉴别。

三、羧酸的性质

(1) 酸性 羧酸分子的烃基上引入不同取代基时，酸性强弱不同。连吸电子基，酸性增强，连供电子基，酸性减弱。此外，酸性强弱还和羧基的数目有关，碳原子数相近，羧基数目越多，酸性越强。

(2) 酯化反应 羧酸与醇在强酸（如硫酸等）催化和加热下，脱水生成酯，因此称为酯化反应。

(3) 氧化反应 羧酸中的甲酸由于含有醛基，因此能被高锰酸钾氧化，乙酸不能被高锰酸钾氧化。草酸具有还原性，也能被强氧化剂高锰酸钾的硫酸溶液氧化。

四、羧酸衍生物的性质

(1) 油脂的皂化 油脂属于酯类，在碱存在下水解生成的高级脂肪酸盐称为肥皂，此反应称为皂化反应。

(2) 乙酰乙酸乙酯的酮式-烯醇式互变异构 乙酰乙酸乙酯的酮式结构能够互变成烯醇式结构，并能相互转化，此现象称为互变异构现象。因为含有烯醇式结构，因此其能与三氯

化铁发生颜色反应。

五、糖的性质

(1) 还原性　与托伦试剂反应。所有的单糖都是还原性糖，能被托伦试剂氧化，有银镜生成。双糖中麦芽糖和乳糖是还原性糖，而蔗糖为非还原性糖。多糖一般无还原性，不能与托伦试剂反应。

(2) 颜色反应　与莫立许试剂及塞利凡诺夫试剂反应。

① 与莫立许试剂反应　在糖的水溶液中加入 α-萘酚的乙醇溶液，然后沿试管壁缓慢加入浓硫酸，不要振摇试管，则在糖溶液和浓硫酸的交界面出现一个紫色环，这称为莫立许反应。所有的糖都能与莫立许试剂发生颜色反应，此反应可用于鉴定糖类物质。

② 与塞利凡诺夫试剂反应　塞利凡诺夫试剂是间苯二酚的浓盐酸溶液。在酮糖的水溶液中加入塞利凡诺夫试剂，加热，很快出现鲜红色。而醛糖在同样条件下反应很慢，缓慢出现淡红色，常用于醛糖和酮糖的鉴别。

(3) 淀粉与碘的作用　直链淀粉与碘作用呈蓝色，加热蓝色消失，冷却后又重新显色。

实训项目九　醇、酚、羧酸及其衍生物、糖的性质

一、目的要求

1. 验证醇、酚、羧酸及其衍生物的主要化学性质
2. 掌握醇、酚、羧酸及其衍生物的鉴别方法
3. 验证糖类化合物的主要化学性质
4. 掌握糖类化合物的鉴别方法

二、实验指导

① 加热草酸时，将试管口略向下倾斜，以防固体中水分或倒吸石灰水使试管破裂。

② 浓硫酸有腐蚀性，小心使用。

③ 淀粉难水解，应适当延长反应时间。吸出 1 滴反应液置于白瓷板上，滴加 1 滴碘液，不显蓝色时，证明淀粉已水解完全。

三、实验仪器和试剂

仪器：试管、试管架、玻璃棒、水浴锅、点滴板。

试剂：蒸馏水、浓硫酸、正丁醇、仲丁醇、叔丁醇、甘油、乙醇(95%)、$CuSO_4$(5%)、三氯化铁(1%)、1%酚溶液、1%苯酚水溶液、饱和溴水、甲酸、乙酸、草酸、刚果红试纸、苯甲酸、10%氢氧化钠溶液、10%盐酸溶液、无水乙醇、饱和食盐水、0.5%高锰酸钾、3mol·L^{-1}硫酸、豆油、20%氢氧化钠溶液、10%乙酰乙酸乙酯的乙醇溶液、5% $AgNO_3$溶液、5%氢氧化钠溶液、2%氨水、2%葡萄糖、2%果糖、2%麦芽糖、2%蔗糖、2%淀粉、碘液、莫立许试剂、塞利凡诺夫试剂。

四、实验步骤（4课时）

1. 醇的性质

（1）氧化反应　取三支试管，在试管中各加入 1 滴 $KMnO_4$（0.5%）溶液和 1 滴浓硫酸，然后再分别加入正丁醇、仲丁醇和叔丁醇，振摇，观察溶液是否褪色，说明原因。

（2）多元醇的特性　取两支试管，各加入 5 滴 $CuSO_4$（5%）和 8 滴 NaOH（5%）溶液，在振摇下分别加入甘油、乙醇，观察实验现象，说明原因。

2. 酚的性质

（1）与 $FeCl_3$ 的显色反应　在点滴板上滴 1 滴 1% 的酚溶液，再滴入 1 滴 1% 的三氯化铁溶液，观察颜色变化。

（2）与溴水的反应　在试管中加入 5 滴 1% 的苯酚水溶液，再逐滴加入饱和溴水，观察现象。

3. 羧酸的性质

（1）酸性　取 3 支试管，各加入 1mL 蒸馏水，再分别加入 5 滴甲酸、乙酸和 0.2g 草酸，摇匀，然后用洁净的玻璃棒蘸取上述 3 种酸液，于同一条刚果红试纸上划线，比较各条线颜色深浅，并说明三种酸的酸性强弱顺序。

（2）酯化反应　在一干燥的试管中加入 10 滴乙酸和 20 滴无水乙醇，再逐滴加入 10 滴浓硫酸，摇匀后将试管浸在 60～70℃ 的热水浴中 10min。取出试管，待其冷却后加入 5mL 饱和食盐水，观察现象，注意浮在液面酯层的气味。

（3）氧化反应　取 3 支试管，各加入 20 滴 0.5% 高锰酸钾溶液和 10 滴 $3mol·L^{-1}$ 硫酸，摇匀，再分别加入 5 滴甲酸、乙酸和 0.2g 草酸，观察颜色变化。

4. 羧酸衍生物的性质

（1）油脂的皂化　在一试管中加入 20 滴豆油、20 滴 95% 乙醇和 20 滴 20% 氢氧化钠溶液，摇匀，放于沸水浴中加热约 30min。加入 10mL 温热的饱和食盐水，观察并解释现象。

（2）乙酰乙酸乙酯的酮式-烯醇式互变异构　在试管中加入 10 滴 10% 乙酰乙酸乙酯的乙醇溶液，1 滴 1% 三氯化铁溶液，溶液呈紫红色。边摇边逐滴加入数滴饱和溴水，紫红色褪去，稍待片刻紫红色又出现，解释原因。

5. 糖的性质

（1）还原性　与托伦试剂反应。

① 配制托伦试剂　在一试管中，加入 4mL 5% $AgNO_3$ 溶液和 1 滴 5% NaOH 溶液，生成黑色沉淀；再逐滴加入 2% 氨水直至生成的沉淀溶解，即得托伦试剂。

② 与托伦试剂反应　将制得的托伦试剂分装于 5 支洁净的小试管中，再分别加入 10 滴 2% 葡萄糖、2% 果糖、2% 麦芽糖、2% 蔗糖、2% 淀粉，然后，将 5 支试管同时放到 60～80℃ 热水浴中加热，观察现象。

（2）颜色反应　与莫立许试剂及塞利凡诺夫试剂反应。

① 与莫立许试剂反应　取 4 支试管，分别加入 10 滴 2% 葡萄糖、2% 麦芽糖、2% 蔗糖、2% 淀粉，再各加入 2 滴莫立许试剂，摇匀，将试管倾斜沿管壁慢慢滴入 20 滴浓硫酸，观察界面层的颜色变化。

②与塞利凡诺夫试剂反应　取 4 支试管，各加入 10 滴塞利凡诺夫试剂，再分别加入 2～3 滴 2%葡萄糖、2%麦芽糖、2%果糖、2%蔗糖，摇匀后，将 4 支试管同时放入沸水浴中加热 2min，观察现象。

(3) 淀粉与碘的作用　在试管中加入 1mL 水、2 滴 1%淀粉溶液和 1 滴碘液，观察现象。将试管置于沸水浴中，加热数分钟，观察有何变化。

五、实验思考

用简单的化学方法鉴别下列化合物：葡萄糖、果糖、蔗糖。

第二节　胺、氨基酸和蛋白质的性质

一、胺的性质

(1) 碱性　胺具有碱性，可与强酸发生中和反应溶于水，生成的盐呈酸性。在生成的铵盐中加入强碱，胺又游离出来。

(2) 酰基化反应　伯胺、仲胺可与酰基化试剂发生酰基化反应，如苯胺可与乙酸酐发生酰基化反应生成乙酰苯胺。

(3) 兴斯堡反应　伯胺、仲胺可与苯磺酰氯发生兴斯堡反应而生成白色晶体，叔胺不发生兴斯堡反应。伯胺与苯磺酰氯生成的晶体可与氢氧化钠反应而溶于碱液，而仲胺生成的晶体不溶于碱液。

(4) 苯胺与溴水的反应　苯胺与溴水的反应非常灵敏，立刻生成三溴苯胺白色沉淀。

(5) 苯胺的氧化　苯胺容易被氧化，能被氧化剂高锰酸钾和重铬酸钾氧化。

二、氨基酸和蛋白质的性质

(1) 氨基酸的两性　氨基酸既能和酸反应生成铵盐，又能和碱反应生成羧酸盐。

(2) 蛋白质的盐析　在蛋白质中加入大量无机盐 [如 $(NH_4)_2SO_4$、$NaCl$ 或 Na_2SO_4] 后，蛋白质发生凝聚从溶液中析出，这种作用称为盐析。由盐析得到的蛋白质性质未发生改变，仍可溶解在水中。

(3) 茚三酮反应　所有蛋白质都含有 α-氨基酸残基，故都可与茚三酮的水合物共热生成蓝紫色化合物，该反应称为茚三酮反应。可定性和定量测定 α-氨基酸。

(4) 黄蛋白反应　含苯环结构的蛋白质遇浓硝酸立即变成黄色，这称为黄蛋白反应。再加碱颜色变会深而显橙色。

(5) 蛋白质的变性　蛋白质在加热、紫外线、重金属等条件下可发生变性。

实训项目十　胺、氨基酸和蛋白质的性质

一、目的要求

1. 验证胺的主要化学性质

2. 掌握氨基酸和蛋白质的主要性质

二、实验指导

① 实验中用到沸水浴，可提前准备沸水浴。
② 浓硝酸注意小心使用。

三、实验仪器和试剂

仪器：试管、试管架、玻璃棒、水浴锅。

试剂：苯胺、蒸馏水、乙酸酐、饱和溴水、饱和重铬酸钾溶液、稀硫酸、N-甲基苯胺、N,N-二甲基苯胺、苯磺酰氯、浓盐酸、1% $CuSO_4$、10% NaOH、蛋白质溶液、酚酞、3 mol·L^{-1} HAc 和甲基橙、甘氨酸溶液、$(NH_4)_2SO_4$ 晶体、酪氨酸、茚三酮试剂、浓硝酸。

四、实验步骤

1. 胺的性质

(1) 碱性 取一支干净的试管，加入 2 滴苯胺，再加入 1mL 蒸馏水，振荡，观察是否溶解。摇动下，逐滴加入浓盐酸，观察是否溶解。再逐滴加入 10% NaOH 溶液，观察现象。

(2) 酰基化反应 取一干燥试管，加入 4~5 滴苯胺，再加入 5 滴乙酸酐，摇动，观察是否放热。放置 2~3min 后，加入大于 2mL 的蒸馏水，观察有何现象。

(3) 兴斯堡反应 取 3 支试管，各加入 3 滴苯胺、N-甲基苯胺和 N,N-二甲基苯胺，再加入 3 滴苯磺酰氯、5mL 10% NaOH 溶液。塞住管口，用力振荡。在水浴上温热，直到苯磺酰氯气味消失，冷却，观察并解释发生的变化。然后，各滴加浓盐酸将溶液酸化，观察并解释现象。

(4) 苯胺与溴水的反应 在试管中加入 3mL 蒸馏水和 1 滴苯胺，振荡使其溶解。取出 2mL，放在另一试管中，逐滴加入饱和溴水，观察并解释现象。

(5) 苯胺的氧化 在试管中加入 1mL 苯胺溶液，加入 3 滴饱和重铬酸钾溶液、10 滴稀硫酸，振摇，观察并解释现象。

2. 氨基酸和蛋白质的性质

(1) 氨基酸的两性 取 2 支试管，各加入 2mL 蒸馏水，1 支试管中加入 1 滴 10% NaOH 溶液和 1 滴酚酞；另一支试管中加入 2 滴 3 mol·L^{-1} HAc 和 1 滴甲基橙，然后分别加入 1mL 甘氨酸溶液，观察颜色变化。

(2) 蛋白质的盐析 在试管中加入 2mL 蛋白质溶液，再加入 $(NH_4)_2SO_4$ 晶体使其成为饱和溶液，观察并解释现象。再加入 1mL 蒸馏水，振荡，观察并解释现象。

(3) 茚三酮反应 取 3 支试管，分别加入 1mL 2 mol·L^{-1} 的甘氨基酸溶液、酪氨酸悬浊液和蛋白质溶液，再各加 3 滴茚三酮试剂，在沸水浴中加热 5~10min，观察并解释现象。

(4) 黄蛋白反应 在试管中加入 2mL 蛋白质溶液和 10 滴浓硝酸，摇匀，观察沉淀的颜色。放在沸水浴中，观察现象。冷却后，加入 10% NaOH 溶液，观察并解释现象。

(5) 蛋白质的变性

① 与重金属作用：取 1 支试管，加入 1mL 蛋白质溶液，然后加入 3 滴 1%$CuSO_4$，振摇，观察并解释现象。

② 受热沉淀：在试管中加入约 1mL 蛋白质溶液，沸水浴加热 3min，观察现象。再加入 1mL 蒸馏水，观察沉淀是否溶解。

五、实验思考

1. 为什么可以用煮沸的方法消毒医疗器械？
2. 为什么硫酸铜溶液可以杀菌，而铜器不宜用来装食物？

第十九章 有机物的制备和提取

实训项目十一 乙酸乙酯的制备

乙酸乙酯的制备

一、目的要求

1. 掌握乙酸乙酯的制备方法
2. 熟悉蒸馏、回流、分液和过滤等操作

二、实验原理

乙酸和乙醇在少量浓硫酸催化下生成乙酸乙酯,主反应如下:

$$CH_3COOH + CH_3CH_2OH \xrightleftharpoons{H_2SO_4} CH_3COOCH_2CH_3 + H_2O$$

该合成反应必须控制在一定温度范围内进行,温度太低,反应速率慢;温度太高,则发生副反应生成乙醚。副反应如下:

$$2CH_3CH_2OH \rightleftharpoons CH_3CH_2OCH_2CH_3 + H_2O$$

三、实验指导

① 浓硫酸有腐蚀性,小心使用。
② 滴加速度不宜太快,否则使反应温度迅速下降,同时会使乙酸和乙醇来不及作用而被蒸出。

四、实验仪器和试剂

仪器:三口烧瓶(125mL,干燥),直形冷凝管,滴液漏斗,分液漏斗,圆底烧瓶(100mL,干燥),锥形瓶(干燥),电热套,量筒(50mL),温度计(200℃,两支),蒸馏装置(一套),分馏柱,圆底烧瓶(25mL)。

试剂:无水乙醇,乙酸,浓硫酸,饱和碳酸钠溶液,饱和氯化钠溶液,饱和氯化钙溶液,无水硫酸钠,沸石。

五、实验步骤(4课时)

1. 安装仪器

按照图 19-1 安装实验装置,在三口烧瓶中加入约 10mL 乙醇,摇动下慢慢加入 10mL 浓硫酸并混合均匀,再加入几粒沸石。三口烧瓶一侧口插入温度计(到液面下),另一侧口安装滴液漏斗,中间口连接蒸馏装置。

2. 合成反应

仪器安装完成后,在滴液漏斗内加入由 14mL 乙醇和 14.3mL 乙酸组成的混合液,先向瓶内滴 3~4mL,然后将三口烧瓶用小火加热到 110~120℃,此时蒸馏管口有液体流出;再自滴液漏斗慢慢滴入其余的混合液(注意控制滴加速度和馏出速度大致相等),并维持反应温度为 110~120℃。

滴加完毕后,继续加热 15min,直至温度升高到 130℃ 不再有馏出液流出为止。

3. 萃取、干燥

馏出液中含有乙酸乙酯和少量乙醇、乙醚、水和乙酸,在摇动下慢慢向粗产物中加入大约 10mL 饱和碳酸钠溶液。将酯层移入分液漏斗,充分振摇(注意及时放气)后放置,分去下层水相。酯层用 10mL 饱和氯化钠溶液洗涤后,再每次用 10mL 饱和氯化钙溶液洗涤两次。弃去下层液,酯层自漏斗上口倒入干燥锥形瓶中,用少量无水硫酸钠干燥。

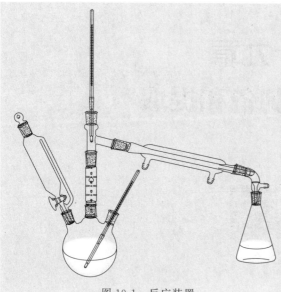

图 19-1 反应装置

4. 蒸馏

将干燥好的粗乙酸乙酯滤入 25mL 圆底烧瓶中,加入沸石后在水浴上进行蒸馏,收集 73~78℃ 馏分,称量,计算产率。

六、实验思考

① 酯化反应有什么特点?

② 本实验中浓硫酸起什么作用?本实验有哪些可能的副反应?

③ 本实验加入饱和碳酸钠溶液、饱和氯化钠溶液、饱和氯化钙溶液和无水硫酸钠时各有何副作用?

实训项目十二　黄连素的提取

一、目的要求

1. 掌握从植物中提取天然产物的原理和方法
2. 熟悉回流、蒸馏、重结晶等基本操作

二、实验原理

黄连的根、茎中含有多种生物碱,如小檗碱(黄连素)、甲基黄连碱等,黄连素的含量大约为 4%~10%。黄连素是黄色针状体,熔点为 145℃,可溶于乙醇,难溶于乙醚和苯,可溶于热水,其水溶液具有黄绿色荧光。黄连素可用于治疗细菌性痢疾、肠炎、上呼吸道感染等。

黄连素存在三种互变异构体，在自然界中多以季铵碱的形式存在。黄连素的盐酸盐、硫酸盐、硝酸盐均难溶于冷水，易溶于热水，其各种盐的纯化均比较容易。

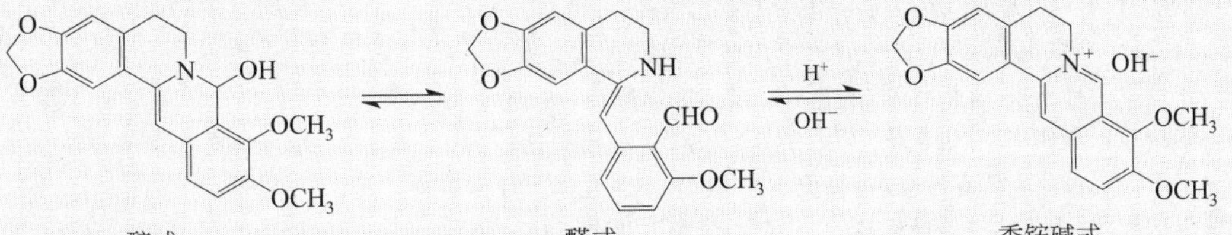

醇式　　　　　　　　　　醛式　　　　　　　　　　季铵碱式

三、实验指导

① 热水浴可自行用大烧杯制作。
② 注意不要蒸干！

四、实验仪器和试剂

仪器：研钵，圆底烧瓶（100mL，干燥），球形和直形冷凝管（各一支），蒸馏头（1个），接液管（1个），减压抽滤装置（1套），温度计（100℃，1支），烧杯（200mL，1个），锥形瓶（1个），石棉网（1块），托盘天平（1个）。

试剂：冰，黄连（10g），浓盐酸，丙酮（少量），95%乙醇，10%乙酸溶液。

五、实验步骤（4课时）

1. 浸提

称取 5g 用研钵研细的黄连，放入 100mL 圆底烧瓶中，加入 50mL 乙醇（95%）。安装球形冷凝管，在热水浴中加热回流约 30min，冷却并浸泡约 1h（考虑到上课时间有限，可适当缩短）。

2. 抽滤和洗涤

减压抽滤，将滤液倒入干净的圆底烧瓶中。滤渣用少量 95% 乙醇洗涤 2 次后，也倒入圆底烧瓶中。

3. 蒸馏

安装普通蒸馏装置，用水浴加热蒸馏，回收乙醇。当烧瓶内的残留液体呈棕红色糖浆状时，停止蒸馏，注意不要蒸干。

4. 溶解和抽滤

在烧瓶内加入 15mL 10% 的乙酸溶液，加热溶解，并趁热抽滤，除去不溶物，将滤液倒入干净的烧杯中，滴加浓盐酸至溶液出现混浊为止（约需浓盐酸 5mL）。然后，将烧杯置于冰-水浴中充分冷却，则有黄色晶体析出，即黄连素的盐酸盐。再减压抽滤，将滤饼倒入干净的烧杯中。

5. 重结晶（该步骤根据时间是否充裕，选做）

在上述盛放滤饼的烧杯中加少量水，隔石棉网小火加热，边搅拌边补加水直到晶体完全溶解。停止加热，将烧杯放入冰-水浴中冷却，抽滤，并用冰水洗涤两次，再用少量丙酮洗涤一次，压紧抽干。称量，计算产率。

参 考 文 献

[1] 王丽君.有机化学.2版.北京：化学工业出版社，2014.
[2] 郭建民.有机化学.2版.北京：科学出版社，2015.
[3] 张良军，孙玉泉.有机化学.北京：化学工业出版社，2009.
[4] 李靖靖，李伟华.有机化学.2版.北京：化学工业出版社，2015.
[5] 王彦广，吕萍，傅春玲等.有机化学.3版.北京：化学工业出版社，2015.
[6] 洪庆红.有机化学实验操作技术.北京：化学工业出版社，2009.
[7] 王莉贤.有机化学实验.上海：上海交通大学出版社，2009.
[8] 广东工业大学轻工化工学院有机教研组.有机化学实验.北京：化学工业出版社，2007.